国家社科基金
GUOJIA SHEKE JIJIN HOUQI ZIZHU XIANGMU
后期资助项目

秦至汉初历法研究

On the Calendric System of Qin and Early Han Dynasties

李忠林 著

中华书局
ZHONGHUA BOOK COMPANY

图书在版编目(CIP)数据

秦至汉初历法研究/李忠林著. —北京:中华书局,2016.1
(2024.4重印)
(国家社科基金后期资助项目)
ISBN 978-7-101-11305-1

Ⅰ.秦⋯ Ⅱ.李⋯ Ⅲ.古历法-研究-中国-秦代~汉代
Ⅳ.P194.3

中国版本图书馆 CIP 数据核字(2015)第 245133 号

书　　名	秦至汉初历法研究
著　　者	李忠林
丛 书 名	国家社科基金后期资助项目
责任编辑	罗华彤
责任印制	陈丽娜
出版发行	中华书局
	(北京市丰台区太平桥西里38号　100073)
	http://www.zhbc.com.cn
	E-mail:zhbc@zhbc.com.cn
印　　刷	三河市中晟雅豪印务有限公司
版　　次	2016 年 1 月第 1 版
	2024 年 4 月第 2 次印刷
规　　格	开本/710×1000 毫米　1/16
	印张 18¾　插页 2　字数 300 千字
国际书号	ISBN 978-7-101-11305-1
定　　价	58.00 元

国家社科基金后期资助项目出版说明

后期资助项目是国家社科基金设立的一类重要项目，旨在鼓励广大社科研究者潜心治学，支持基础研究多出优秀成果。它是经过严格评审，从接近完成的科研成果中遴选立项的。为扩大后期资助项目的影响，更好地推动学术发展，促进成果转化，全国哲学社会科学规划办公室按照"统一设计、统一标识、统一版式、形成系列"的总体要求，组织出版国家社科基金后期资助项目成果。

全国哲学社会科学规划办公室

目　录

序

彭裕商

忠林同志的博士后出站报告《秦至汉初历法研究》就要出版了,承他相请,要我在前边写几句话。屡辞而不获,就权且谈一下自己的几点认识吧。

我和忠林同志相识已经有近十年时间了。大约是在 2007 年,南京大学范毓周先生来信,介绍刚刚取得中国古代史专业博士学位的忠林同志来四川大学做博士后,我们之间的交往也就开始了。

进站后的第一件事就是选题。当时有许多博士后都愿意继续原先博士论文的方向,我也和忠林同志谈过这个想法,但他却坚持要暂时搁置博士论文的商周军事制度研究,从先秦转入秦汉,从自己熟悉的甲骨金文材料和兵制史转向新的领域:以出土简牍资料和科技史为研究方向。经过讨论,最终将他的出站报告选题定在了秦至汉初的历法,材料主要是出土简牍。我以前也做过一些甲骨金文断代的研究工作,深知其中的艰难。

第二年,也就是 2008 年的春天,忠林同志给我交了两篇论文,一篇是关于周家台秦简历谱校正的,一篇是关于秦和汉初历法置闰规则的。接着就发生了"5.12"大地震,川大的基础设施破坏比较严重,在将近一个月的时间里,图书馆的开放时间也不正常,许多人都在体育馆过夜。就是在这样的环境中,忠林同志心无旁骛,锐意进取,在暑假前后分两次向我提交了《秦至汉初(前 246 至前 104 年)历法研究》和《周家台秦简历谱系年与秦时期历法》两篇论文。至此,他的整个研究框架基本成型,最终形成了书稿《秦至汉初历法研究》。当年年底他以出站报告为题的项目也获得了博士后科学基金的支持。

关于从秦王政元年(前 246 年)到汉武帝太初改历(前 104 年)之间的历法,虽说《史记》《汉书》中有汉初"袭秦正朔","用秦之颛顼历"这样的记载,但验之出土历简,却往往不合。实际上,早在宋代的刘羲叟、清代的汪曰桢就已经发现这个问题了。进入 20 世纪 70 年代以后,由于简牍历朔资料的不断发现,一大批从事科技史研究的学者热烈讨论过这个问题,基本上形成了两派：一派以史书中"用秦之颛顼历"的记载为信史，不断修改朔小余的进朔数值，前后分别使用过 470、441、499（分母均为 940），这一派的学者较多；另一派则是以出土历简为中心，通过数学计算来推求当时历法的主要参数，这一派主要以张培瑜先生为代表。

应该说忠林同志的研究是以数学计算为主的，但是他能很好地与历史记载联系，得到的一些结论往往能与其他或后出的资料暗合，孤明先发，引人瞩目。比如，他推算得到秦时期历法的一个蔀首（具有历元近距的性质）恰恰在秦孝公元年（前 361 年）。秦孝公曾迁都咸阳，变法改革，在秦人的发展历史中具有不同寻常的地位。联系秦汉时人的天命思想，秦时期历法设元在孝公元年也就不仅仅是一种巧合了。再有，出土简牍中有一种具有记事簿册性质的文本，上面书有一年的日干支和月序，以前大都认为这就是《历谱》，并把月名下面的干支当成当月朔干支。忠林同志对周家台秦简历谱和岳麓书院藏秦简《质日》分别进行了详细的分析，指出了这类文书并不是历谱，其月名下的日干支是否为朔干支需要具体讨论，不可盲目认定。在岳麓书院藏秦简出现之前，他曾利用周家台秦简历谱给出了秦始皇三十五年全年朔干支，事后被岳麓书院藏秦简中的《卅五年质日》证明是正确的。

科学研究的基本精神就在于事前给出准确的结论，事后被证实或证伪。而不断证伪才是推动科学进步的不竭动力。忠林同志对秦至汉初历法的若干认识是在《里耶秦简（壹）》出版前作出的，目前看来尚未发现不符。希望他的结论能够经受得住更多出土历朔资料的检验，也希望他在科技史研究的道路上走得更远。

2015 年 3 月 23 日于四川大学

第一章　绪论

《史记·历书》云:"盖黄帝考定星历,建立五行,起消息,正闰余。"[①]《尚书·尧典》云:"期三百有六旬有六日,以闰月定四时,成岁。"传说时代是否存在一个岁实为 366 日的推步历法,已无从稽考,但从殷墟卜辞来看,即便商代晚期的历法也还很粗疏。

常玉芝先生的研究表明,殷商时期的历法中月有大小之分,并排有闰月,由此说明殷商历法是一种阴阳合历。[②] 但是,这一时期的历法中朔望月长不规范,闰月设置不规则的缺陷还是很明显的。常玉芝在《殷商历法研究》中举出多版卜辞证明这一时期存在一月含四个癸日的情况,由此说明殷商历法中的大月至少有 31 天,[③]同样,卜辞中存在一月仅含二个癸日的情况,这说明存在 29 天的小月。[④] 不过,常玉芝认为殷商历法中存在少于 29 天的月份是有问题的,她所举的卜辞为:

> 辛未卜,争贞:生八月帝令[多]雨。
>
> 贞:生八月帝不其令多雨。
>
> 丁酉日,至于甲寅,旬有八日。九月。
>
> ——《合集》10976 正

她认为,辛未日距丁酉日二十七天,如果假设辛未日是七月的最后一天,丁酉日为九月的首日,那么八月也只有壬申日至丙申日的二十五天。[⑤]

---

① 《史记》卷二十六《历书》,北京:中华书局,1982 年,第 1256 页。

② 常玉芝:《殷商历法研究》,长春:吉林文史出版社,1998 年,第 317 页。

③ 常玉芝所举为以下 6 版卜辞:《合集》16644＋《合集》16649＋《合集》16660,《合集》16751,《合集》26564,《合集》26667,《合集》26681,《英藏》2503＋《甲编》297,此处不再赘引,详参常玉芝《殷商历法研究》,第 275—281 页。(按:《合集》、《英藏》、《甲编》分别为《甲骨文合集》、《英国所藏甲骨集》、《殷虚文字甲编》的简称。)

④ 常玉芝用以证明小月的卜辞有以下 9 版:《合集》557,《合集》16676＋《合集》18933＋《合集》16721＋《合集》16725＋《合集》16752,《合集》11485,《合集》26682,《合集》22404,《合集》454 正,《合集》10976 正,《英藏》2627＋《合集》37970＋《合集》37974,《合集》37893,此处亦不征引,详参常玉芝《殷商历法研究》,第 282—295 页。

⑤ 《殷商历法研究》,第 292 页。

但从卜辞来看,甲寅日当在九月无疑,而丁酉日则不一定在九月。尽管如此,一个太阴月的长度超过 31 天,仍然是很粗疏的。[1]

另外,整个殷商时期年终置闰法与年中置闰法是并行的,而且多次出现过连闰,卜辞中记作"十四月"。如《合集》22847:"戊午卜……在十四月",晚商青铜器《小子𫓧簋》(《殷周金文集成》4138)中亦有"在十月四"。而属武丁时期的子组卜辞更有"十三月"、"十四月"见于同版的卜辞,即《合集》22897。显然失闰后连续置闰是这一时期的特征,这些都是历法粗疏的表现。由此看来殷商时期的历日不是通过严格推步所得。

西周末期出现了"朔",似乎能够看做具有推步历法体系的标志,[2]这是因为相对"朏"而言,"朔"日看不见月相,只能通过计算得到。不过,从《春秋》和《左传》中的朔闰记载推测,晚至春秋时期,先民的推步体系还很不完整。陈美东先生在《鲁国历谱及春秋西周历法》一文中,依据《春秋》所载年、月、日名干支对春秋时期的历法推步进行了详细分析。这一研究表明,春秋时鲁国的历法中连大月的设置有 15、19、21 等三种小周期组合的四种长周期,尚不是完全规整的推步历法,尤其在置闰问题上,需要经由时常的实测工作进行调整。[3]

但是,春秋晚期大约昭公二十年(前 522 年)以后的历家应该能够掌握 $365\frac{1}{4}$ 这一岁实数据和 19 年 7 闰的闰周。《左传》记载了两次冬至发生的时间,一次为僖公五年(前 655 年)"春王正月辛亥朔,日南至",一次为昭公二十年(前 522 年)"春王正月己丑,日南至"。古人观测冬至基本方法是在地平面立表,测量日中(正午)时的表影,表影最长的一天就是冬至日。由于测量方法简陋,误差较大,所得至日可能有两三天的误差。考虑到这两次实测"日南至"相距 133 年,这种误差会被大大降低。故此,当时的历家应该能够据次计算得到 $365\frac{1}{4}$ 的岁实数据。钱宝琮先生对此有过论述,并且认为昭公二十年

---

① 虽然真朔望月长短不定,但最长不超过 29 天 19 小时多。

② 西周金文中未见"朔"字,文献中最早关于"朔"的记载见于《诗经·小雅·十月之交》,原诗为:"十月之交,朔日辛卯,日有食之……"学者推算此次日食发生在周幽王六年(前 776 年)或周平王三十六年(前 735 年),参见中国天文学史整理研究小组《中国天文学史》,北京:科学出版社,1981 年,第 21 页。

③ 陈美东:《鲁国历谱及春秋西周历法》,《自然科学史研究》2000 年第 2 期。

(前 522 年)以后的历家还能够算得 19 年 7 闰的闰周。[①] 即使假定《左传》中的这两次"日南至"记录是《左传》的作者通过计算补入的,也能说明至少在《左传》成书的战国中期以前人们已经掌握了四分术的基本数据。

以 $365\frac{1}{4}$ 日为岁实的四分术是早期的推步历术,这一点古代西方文明也是如此。公元前 433 年,雅典天文学家默冬(Meton)提出了 19 年 7 闰的闰法,即著名的"默冬章法"。由于默冬在 19 年设置 235 个朔望月,共 6940 日,这样他得到的回归年长度为 365.2632 日,相应的朔望月长度为 29.53085 日。后来人们发现这种历法在经过一个周期,即 19 年后,新月的出现延迟四分之一日。卡利普斯(Callipus)在公元前 334 年提出新法,取 19 年的四倍 76 年为一周期,并将总日数减去一日,即 76 个回归年含 940 个朔望月,共 27759 日。[②] 这与中国早期四分术的基本数据完全相同。四分术之所以成为最早的推步体系,是因为 $365\frac{1}{4}$ 日这一数据具有简单接近回归年长度的特性。

中国在战国、秦至汉初行用四分历法,[③]由于起算时采用的历元不同,便出现了黄帝历、颛顼历、夏历、殷历、周历和鲁历等所谓的"古六历",[④]"古之六术,并同四分",且"古术之作,皆在汉初周末,理不得远"。[⑤] 更进一步,《史记》《汉书》《后汉书》中也有秦用颛顼历,汉承秦制、历用颛顼的记载。而令人困惑的是,简牍中见到的秦至汉初的实朔干支却与上述古六历不符。故此,重新考察这一时期的历法成为必要。

在历史上,秦至汉初历法成为一个学术问题契机于学者对这一时期朔闰表的考索。我国现存的历法术文最早的要算《汉书·律历志》所载的"三统历谱"和《史记·历书》所载的"历术甲子篇",但"历术甲子篇"只给出了四分术一蔀之中各月朔干支及小余和气干支及小余,并没有给出历法的计算起点,也就是"历元",因而它只是一个"四分历术"通谱。

---

① 钱宝琮:《从春秋到明末的历法改革》,《钱宝琮科学史论文选集》,北京:科学出版社,1983 年,第 434—435 页。

② 宣焕灿:《天文学史》,北京:高等教育出版社,1992 年,第 95 页;A. Pannekoek, *A History of Astronomy*,(Toronto:General Publishing Company, Ltd., 1989),p.108.

③ 后汉也曾行用过四分历。

④ 《汉书》卷二十一《律历志上》云:"三代既没,五伯之末史官丧纪,畴人子弟分散,或在夷狄,故其所记,有黄帝、颛顼、夏、殷、周及鲁历。"北京:中华书局,1962 年,第 973 页。

⑤ 沈约:《宋书》卷十三《律历下》,北京:中华书局,1974 年,第 308 页。

宋代刘羲叟作长历已经不能判明汉初历法原貌,遂认为"汉初用殷历,或云用颛顼历,今两存之"。[①] 清人汪曰桢《历代长术辑要》同时用殷历和颛顼历推算,认为"以史文考之,似殷术为合"。[②]

这里的殷历和颛顼历的起算历元是按唐代《开元占经》中的记载给出的,按照《开元占经》所记,颛顼历上元乙卯至今(开元二年甲寅)2761019年,人正己巳朔旦立春,殷历上元甲寅至今(开元二年甲寅)2761080年,天正甲子朔旦冬至。[③]

由于刘羲叟和汪曰桢所根据的实朔资料来自《史记》、《汉书》中的相关记载,且非常有限,今天以历简资料看来,其结论是不对的。

直到陈垣的《二十史朔闰表》,还是以殷历来排谱的,他在该书的《例言》中写道:"汉末改历前用殷历,或云仍秦制,用颛顼历,故刘氏、汪氏两存之,今考之纪志多与殷合,故从殷历。"[④]后来董作宾所作《中国年历简谱》也是参照陈垣的《二十史朔闰表》,不过他在汉初按照正月为岁首排谱。

不难看出,在制定秦至汉初朔闰表的过程中,无论是古之宿儒,还是今之大师,都因资料所限,不曾深入探讨过当时的历法。

但随着一批批历简的出土,这种情况有了明显的改观,学界已经不再局限于考得当时的历谱,而是力图搞清当时的历法。历法若明,则历谱自然就可推得。其学术标的也悄然发生了变化,原先为了探讨一份精准的历朔表,供文史工作者查阅,而现在则是在科技史的视域下,力图还原当时的历法数据,研究当时历学达到的水平,而朔闰表则成了副产品。

我们所说的历简主要有以下三批:

1、1972年山东临沂银雀山出土的汉武帝《元光元年历谱》;

2、1993年湖北荆门关沮乡周家台30号秦墓出土的秦始皇三十四年(前213年)、三十六年(前211年)、三十七年(前210年)和秦二世元年(前209年)历谱;

3、1983年湖北江陵张家山247号汉墓出土的汉初高祖、惠帝和高后

① 司马光:《资治通鉴目录》卷三,上海:商务印书馆,1936年,第43页。

② 汪曰桢:《历代长术辑要》,《丛书集成续编》第七十九册,台北:新文丰出版公司,1997年,第592页。

③ 瞿昙悉达:《开元占经》,北京:中央编译出版社,2006年,第752—757页。

④ 陈垣:《二十史朔闰表》,北京:中华书局,1962年,第1页。

三朝共 17 年的历谱。

由于历谱为当时的实历记录,是研究历法难得的第一手资料,每一批资料公布后都能引发一轮研究热潮,结论也会发生变化,下面我们对张培瑜、陈久金、陈美东、张闻玉、黄一农、饶尚宽等几位主要研究者取得的成果稍作介绍讨论。

张培瑜。(一)在元光元年历谱公布后,张培瑜先生发表了《汉初历法探讨》、《新出土秦汉简牍中关于太初前历法的研究》等文章,认为根据元光元年历谱可以判定其各月朔小余和气小余应该满足表 1 所列之关系。

表 1　张培瑜所排元光元年历谱气朔小余取值范围表

月份	朔干支	小余范围	小余(940)*	气	干支	小余(32)
十月	己丑	824—881	881	——	——	——
十一月	己未	383—440	440	冬至	丙戌	11
十二月	戊子	882—939	939	——	——	——
正月	戊午	441—498	498	立春	壬申	0
二月	戊子	0—57	57	——	——	——
三月	丁巳	499—556	556	——	——	——
四月	丁亥	58—115	115	——	——	——
五月	丙辰	557—614	614	——	——	——
六月	丙戌	116—173	173	夏至	戊子	31
七月	乙卯	615—672	672	立秋	甲戌	20
八月	乙酉	174—231	231	——	——	——
九月	甲寅	673—730	730	——	——	——
后九月	甲申	232—289	289	——	——	——

注:* 元光元年历谱合朔小余较颛顼历大 430—487。在四分术中,朔小余是以 940 为分母的。

尤其重要的是,张培瑜证明了这一历谱中气干支决定了气小余取值的唯一性。这是因为,立春节和夏至节相隔 9 个节气,时间间隔为

$$15\frac{7}{32} \times 9 = 136\frac{31}{32}$$

而壬申距离戊子为 137 天(含壬申和戊子),若立春壬申的小余大于或等于 1(分母是 32),则夏至就落在戊子后一日己丑,由此说明该历谱中立

春节的小余取值只能是0,从而其他气小余的取值也是唯一的。

张培瑜将讨论得到的气小余值和朔小余取值(范围)联立后,恢复了一种新的历法,这一历法在公元前672年五月甲子朔旦芒种夜半齐同,元光元年(前134年)与之相距538年,入丁酉蔀7年。各月朔小余如表1所示。张培瑜认为这种历法的置闰标准是这样的:汉初实行以冬至在十一月为置闰标准;文帝后元前后,改为以雨水在正月为置闰标准。

他还认为,银雀山2号汉墓出土竹简所涵古历就是秦始皇三十年所改行的新历,它是一种四分历。这可能就是历史上说的汉初所行用的"秦之颛顼历"。而此前秦国使用的是颛顼历。[①]

(二)在周家台30号秦墓竹简历谱和张家山汉墓竹简惠帝三年历谱公布以后,张培瑜经过研究调整了自己的看法,根据表2的计算,他指出:由汉元光元年和惠帝三年历谱,我们知道了汉初实际行用的历法,它推步合朔的朔小余要比殷历大152—183,比颛顼历大456—487。由秦始皇三十六、三十七年和秦二世元年历谱知道,秦末历法的合朔干支和时刻与殷历和颛顼历不相同,它的合朔时刻比殷历要大335—357分,比颛顼历大639—661分。如果考虑校改后的秦始皇三十四年历谱,合朔小余比殷历要大335—345分,比颛顼历大639—649分。(可参看表2)"因此,我们初步认为秦王政以及秦统一六国前后所用为'秦历'(即由周家台竹简所记的四年历谱推得的历法)……秦历的推步:公元前1779年正月甲子夜半朔旦立春"。[②] 其中云梦秦简《大事记》秦王政"廿年七月甲寅"中的"七月甲寅"与该历不符,但原简该处字迹漫漶,或以为当是"十月甲寅"。[③]

张培瑜的结论是:1、秦历和汉初历法皆与汉传颛顼历不合,也都不是殷历;2、秦汉初历法是不一样的;3、目前无法准确判断具体改历的时间;4、战国颛顼历仍然是一个谜。[④]

---

① 张培瑜:《汉初历法探讨》,本书编辑部编《中国天文学史文集》,北京:科学出版社,1978年,第82—94页;张培瑜:《新出土秦汉简牍中关于太初前历法的研究》,中国社会科学院考古研究所编《中国古代天文文物论集》,北京:文物出版社,1989年,第69—82页。

② 张培瑜、彭锦华:《周家台三〇号秦墓历谱竹简与秦、汉初的历法》,湖北省荆州市周梁玉桥遗址博物馆《关沮秦汉墓简牍》,北京:中华书局,2001年,第231—244页。

③ 其他学者也曾怀疑"七月甲寅"是"十月甲寅"之误,参见黄一农《秦王政时期历法新考》,《华学》第五辑,广州:中山大学出版社,2001年,第143—149页。

④ 同注①。

表 2　张培瑜所排周家台秦简历谱朔小余取值范围表

月份 \ 年份	秦始皇三十四年	秦始皇三十六年	秦始皇三十七年	秦二世元年
十月	戊戌 430—440	丙辰 685—695	辛亥 93—103	乙亥 0—10
十一月	丁卯 929—939	丙戌 244—254	庚辰 592—602	甲辰 499—509
十二月	丁酉 488—498	乙卯 743—753	庚戌 151—161	甲戌 58—68
正月	丁卯 47—57	乙酉 302—312	己卯 650—660	癸卯 557—567
二月	丙申 546—556	甲寅 801—811	己酉 209—219	癸酉 116—126
三月	丙寅 105—115	甲申 360—370	戊寅 708—718	壬寅 615—625
四月	乙未 604—614	癸丑 859—869	戊申 267—277	壬申 174—184
五月	乙丑 163—173	癸未 418—428	丁丑 766—776	辛丑 673—683
六月	甲午 662—672	壬子 917—927	丁未 325—335	辛未 232—242
七月	甲子 221—231	壬午 476—486	丙子 824—834	庚子 731—741
八月	癸巳 720—730	壬子 35—45	丙午 383—393	庚午 290—300
九月	癸亥 279—289	辛巳 534—544	乙亥 882—892	己亥 789—799
后九月	壬辰 778—788	——	乙巳 441—451	——

（三）在里耶秦简部分公布后，张培瑜根据里耶秦简和周家台秦简专文讨论了秦代历法。他根据表 3 指出里耶秦简 15 个朔日合朔小余比颛顼历大 533—730 分。[①]

表 3　张培瑜张春龙所排里耶秦简历朔小余取值范围表

年份	月份	朔干支	备注	材料出处	颛顼历
秦始皇廿六年	十月	甲寅	916—743	里耶秦简未公布材料	210
	五月	辛巳	649—476	里耶秦简 J1(16)9	庚辰 883
	八月	庚戌	266—93	里耶秦简 J1(8)134	己酉 500

[①]　张培瑜所说的 15 条朔干支不包括未公布的材料（黑体标出），但张培瑜等人所说的朔小余取值却存在明显误算，这是忽视了秦始皇廿七年二月丙子朔小余而以卅二年四月丙午朔小余来确定的上限，参见张培瑜、张春龙《秦代历法和颛顼历》，湖南省文物考古研究所《里耶发掘报告》，长沙：岳麓书社，2007 年，第 735—747 页；张培瑜：《根据新出历日简牍试论秦和汉初的历法》，《中原文物》2007 年第 5 期。

年份	月份	朔干支	备注	材料出处	颛顼历
廿七年	二月	丙子	939—766	里耶秦简 J1(16)5,J1(16)6	233
——	八月	甲戌	173—0	里耶秦简 J1(8)133	甲戌 407
廿八年	八月	戊辰	521—348	里耶秦简 J1(9)984	丁卯 755
廿九年	四月	甲子	753—580	里耶秦简未公布残简材料	47
——	九月	壬辰	268—195	里耶秦简未公布残简材料	辛卯 602
	后九月	辛酉	927—754	里耶秦简未公布残简材料	221
卅年	九月	丙辰	335—162	里耶秦简 J1(9)981	乙卯 569
卅二年	正月	戊寅	358—185	里耶秦简 J1(8)157	丁丑 592
	四月	丙午	915—742	里耶秦简 J1(8)152	209
卅三年	二月	壬寅	265—92	里耶秦简 J1(8)154	辛丑 499
——	三月	辛未	764—591	里耶秦简 J1(9)2	58
——	四月	辛丑	323—150	里耶秦简 J1(9)1	庚子 557
卅四年	六月	甲午	729—556	里耶秦简 J1(9)1	23
——	七月	甲子	288—115	里耶秦简 J1(9)2	癸亥 522
——	八月	癸巳	787—614	里耶秦简 J1(9)2	81
卅五年	四月	己未	478—305	里耶秦简 J1(9)1	戊午 812

资料来源：表中里耶秦简资料主要来自王焕林《里耶秦简校诂》，北京：中国文联出版社，2007 年。书中所引里耶秦简凡编号形如"J1(16)9"者，均引自该书，下不出注；里耶秦简未公布残简材料来自张培瑜、张春龙《秦代历法和颛顼历》，湖南省文物考古研究所《里耶发掘报告》，长沙：岳麓书社，2007 年，第 736 页。

张培瑜等进一步指出：

"至此，我们可以用两种方法推算秦国的历日：(一)采用汉传《颛顼历》，将步朔小余增加 639—649，以小雪在十月为设置后九月的依据；(二)采用我们复原的秦历：上元甲子乙卯，近距上元公元前 606 年，历元己巳朔旦霜降。以小雪在十月为设置闰月(后九月)的标准。(或上元甲子乙未，近距上元公元前 2126 年，历元气朔建正和设置闰月的标准同上)……

当然，因为资料仍感不足，所以不敢说我们复原的秦代历法一定全部准确无误。至此，我们可得出以下几点：

1、秦历(秦代历法)不是现在大家所说的《颛顼历》。

2、由于秦代历日与汉武帝元光元年(前134年)历日、张家山西汉初年古墓出土的汉初二十余年的历日不容,秦代历法和汉初历法是不一样的。

3、如果确如文献所言,'秦用《颛顼》'的话,那么当时的《颛顼历》,与汉传《颛顼历》是不同的。秦代《颛顼历》要步朔小余大于《颛顼历》600余分(以940为分母)。也就是说,是更后天的。由此看来,《颛顼历》确实'数有更易'。

4、秦代历法是后天的。是时《颛顼历》后天的数值约为0.37日……秦代历法的后天数值约为1.05日……

5、秦代历法是以小雪在十月为设置后九月的依据,而不是以冬至在十一月为置闰标准的……

6、确如历史所言,秦统一中国后,并未改历。我们复原的秦历很可能就是战国后期一直到秦亡秦国所施行的历法。"[1]

(四)2007年张培瑜根据目前所见的全部历日资料,包括上面提到的三批主要历简在内,详细讨论了秦和汉初的历法。

根据张家山汉墓竹简历谱复原汉初历法:近距上元甲子辛酉(公元前1020年)。历元正月己巳朔旦立春。张培瑜也知道这种历法不能满足元光元年历谱中的十二月朔干支,原简为戊子朔,根据上述历法推得己丑朔。

他还打破四分术给出一种全新的历法,这种历法的朔策比四分术略短,大约为 29.53084($29\frac{13271}{25000}$)天到 29.53082466($29\frac{663}{1249}$)天都可以满足要求。后者可以采用类似三统历法的推步方法。一蔀1249月,蔀日36884天,月长29.53082466日。每月大余加29,小余加663分。日1249分,小余满1249进位大余,15蔀为一统,四统为一元,统15蔀,18735月,553260天,日复甲子。元4统,74940月,2213040天,6059年。故岁实为365.2496734天($365\frac{311.8420766}{1249}$)。15蔀名蔀首日名:甲子,戊申,壬辰,丙子,庚申,甲辰,戊子,壬申,丙辰,庚子,甲申,戊辰,壬子,丙申,庚辰。

由于四分术是讨论秦汉初历法最基本的前提,张培瑜恢复的后一种非

① 张培瑜、张春龙:《秦代历法和颛顼历》,湖南省文物考古研究所《里耶发掘报告》,长沙:岳麓书社,2007年,第743—745页。

四分术历法,只能看做是一种假设条件下的讨论。

张培瑜恢复的秦历是这样的:秦历上元甲子乙卯(同颛顼历),近距上元公元前 606 年(乙卯),历元己巳朔旦霜降。置闰以小雪在十月为设置闰月(后九月)的标准。

或:上元甲子乙未,近距上元公元前 2126 年,历元气朔建正和设置闰月(后九月)的标准与上同。即,己巳朔旦霜降,置闰以小雪在十月为设置闰月(后九月)的标准。张培瑜并未讨论秦代历改问题,很显然他是用这种历法来涵盖秦王政元年至二世三年(前 207 年)这一时段的。①

陈久金、陈美东。陈久金、陈美东先生曾经在元光元年历谱公布后共同发表了《临沂出土汉初古历初探》、《从元光历谱及马王堆帛书〈五星占〉的出土再探颛顼历问题》等文章,他们认为根据元光元年历谱恢复的历法应该是在颛顼历(设元在公元前 366 年)的基础上朔小余余分增加 470,这种历法适用于秦王政九年至太初改历前,其中公元前 162 年置闰法有变化,但他们在秦王政时期是以正月为岁首排历的。此后各批历简公布后,未见他们有专文论及。②

张闻玉。张闻玉先生曾经以《元光历谱之研究》为题详细讨论了元光元年历谱,认为秦颛顼历实为殷历,汉初历法是以公元前 202 年为计算起点的四分历,只不过为了把汉高祖五年(前 202 年)子月癸亥朔(小余 778)改为甲子朔(小余 0)而人为将朔小余加大了 162 分。③

另外,饶尚宽先生认为,秦之以寅正十月为年始的"颛顼历",实为建寅为正的四分历,即殷历甲寅元,只不过每年起自十月(亥)终于九月(戊)而已;汉初袭秦正朔,行用"秦颛顼历",即以寅正十月为岁首,九月为岁末,置闰后九月的殷历甲寅元,到武帝太初元年曾进行了首次历法改革。④

黄一农。相比张培瑜、陈久金、陈美东等人,黄一农先生的研究起步较晚,他几乎是在上述三批历简公布后进入这一领域的。关于秦代历法,他

　　①　张培瑜:《根据新出历日简牍试论秦和汉初的历法》,《中原文物》2007 年第 5 期。
　　②　陈久金、陈美东的文章主要有:《临沂出土汉初古历初探》、《从元光历谱及马王堆帛书〈五星占〉的出土再探颛顼历问题》,本书编辑部编《中国天文学史文集》,北京:科学出版社,1978 年,第 66—81 页,第 95—117 页;《从元光历谱及马王堆帛书天文资料试探颛顼历问题》,中国社会科学院考古研究所编《中国古代天文文物论集》,北京:文物出版社,1989 年,第 83—103 页。
　　③　张闻玉:《元光历谱之研究》,《学术研究》1990 年第 5 期。
　　④　饶尚宽:《古历论稿》,乌鲁木齐:新疆科技卫生出版社,1994 年。

认为这一时期有过三次历改，"时机有可能是为了配合秦王政亲政（九年四月）、称帝（秦始皇二十六年）和二世即位此三大政治事件"。秦王政初期或使用古六历中之殷历，但加入进朔法（借半日），自十年起改用颛顼历，秦始皇二十六年改用殷历，秦二世元年（前 209 年）又改回殷历加进朔法，并改"正月"为"端月"，以突显历法之新。① 关于汉代历法，汉高祖称帝之前，仍沿用秦二世借 470/940 日的古殷历；五年二月称帝之后，则使用张苍所制定的借 499/940 日的古颛顼历；文帝后元元年以迄元封六年，则用借 470/940 日的古颛顼历（可能由公孙臣等人所修订）。②

上述研究大致可以分为两派，其中一派是将秦至汉初历法限定在古六历的范围内求解，主要以陈久金、陈美东、张闻玉、黄一农为代表，这一派主张秦和汉初的历法是以古六历为基础，主要是古颛顼历和古殷历。由于这两种历法显然不能和历简相容，作为修正，他们主张当时采用了进朔法，即将朔小余在计算时人为加大 470、441 或 499 分，这样做的目的是将蔀首月调为大月。另外，关于颛顼历是甲寅元还是乙卯元，他们之间也有不同的看法。下面分别申论之。

（一）借半日法。借半日法仅见于《汉书·律历志》，是武帝太初改历时邓平所论：

> 于是皆观新星度、日月行，更以算推，如闳、平法。法，一月之日二十九日八十一分日之四十三。先藉半日，名曰阳历；不藉，名曰阴历。所谓阳历者，先朔月生；阴历者，朔而后月乃生。平曰："阳历朔皆先旦月生，以朝诸侯王群臣便。"

这是在太初历的术法下讨论的，太初历的朔策为 $29\frac{43}{81}$。《汉书》所说的"先朔月生"，乃是一种实际新月发生在前，历面朔发生在后的现象，也就是所谓的历面天象发生在实际天象后的历法后天。由此，从清人姚文田、顾观光就开始怀疑秦至汉初的历法可能采用了人为加大朔小余的借半日

---

① 黄一农：《秦王政时期历法新考》，《华学》第五辑，广州：中山大学出版社，2001 年，第 143—149 页。

② 黄一农：《汉初百年朔闰析究——兼订〈史记〉和〈汉书〉纪日干支讹误》，《历史语言研究所集刊》第 72 本第 4 分册，第 769—771 页。

法,主张当时可能借用了 441 分,[①]陈久金、陈美东主张当时所借为 470 分,黄一农则主张秦至汉初历法进行过多次改动,各次借用的数值可能不同,分别有 470、441 或 499 分。加大 441 或 499 分并不刚好等于半日,论者称其为进朔法,虽于史无据,但考虑到四分术朔策为 $29\frac{499}{940}$,加大 441 分后也有"进半日"的效果,499 分从技术上利于处理数据,并且也能达到"进半日"的效果,故此两值也有可能被采用。其实,怀疑借半日法真正实施过的并不乏其人,中科院自然科学史研究所的薄树人先生就认为藉(借)半日法是邓平改历时的幌子。[②]

(二)颛顼历甲寅元和乙卯元。关于颛顼历的历元,历史上一直有甲寅元和乙卯元之争,[③]《新唐书·历志》引《洪范传》云:"历记始于颛顼上元太始阏蒙摄提格之岁,毕陬之月,朔日己巳立春,七曜俱在营室五度。"[④]这里所讲的颛顼历历元是甲寅年正月己巳朔日立春。《淮南子·天文训》:"太阴元始建于甲寅"……"日行一度……反复三百六十五度四分度之一,而成一岁。天一元始,正月建寅,日月俱入营室五度。"所说也是甲寅元。但《后汉书·律历志》所引刘洪、蔡邕等人所论颛顼历已经是乙卯元了。陈久金、陈美东根据马王堆汉墓帛书《五星占》认为,这是由于岁星纪年超辰造成的,干支纪年法是汉初改历后行用的,此后用干支纪年法回推岁星纪年法就有一年之差。而张闻玉则认为,颛顼历乙卯元是断取殷历甲寅元第十六蔀第 62 年为元造成的。但两说均以公元前 366 年人正甲寅朔旦立春为甲寅蔀蔀首,故其步朔没有差别。只是对颛顼历甲寅元和乙卯元形成的原因解释不同罢了。

以上两个问题是主张"古六历论"的学者讨论的问题,但张培瑜从未就借半日法和颛顼历乙卯元甲寅元问题发表过看法,他似乎并不认同借半日的存在,而乙卯元还是甲寅元对推朔影响不大,这或许是张培瑜不论及此

---

① 姚文田:《邃雅堂学古录》,道光七年归安姚氏刻本;顾观光也曾说:"颛顼夏术,为人正朔也。小余四百四十一以上,其月大。"参见顾观光《武陵山人遗书》卷九《六历通考》,光绪九年独山莫祥芝刻本,第 27—28 页。

② 薄树人:《〈三统历〉和〈太初历〉》,《薄树人文集》,合肥:中国科学技术大学出版社,2003 年,第 329—368 页。

③ 司马彪《后汉书·律历志》记颛顼历己巳元,是指颛顼历己巳朔旦立春,己巳是颛顼历第一个蔀首首日,这与甲寅元和乙卯元所指颛顼历历元元年干支不是一个问题。

④ 《新唐书》卷二十七志第一七上,北京:中华书局,1975 年,第 602—603 页。

两点的原因。大致说来,张培瑜是从历简出发,打破古六历甚至四分术的框架讨论问题,自成一派而与"古六历"论者相颉颃。另一方面,就未发表文章讨论新出历简一事来看,除后起的黄一农外,古六历论者几乎放弃了原先的主张。[1] 而黄一农对一些新出历简的系年和学界差异较大,[2] 且对秦至汉初历法的分段太多,流于琐碎,其对秦至汉初历法的主张非片言只语所能讨论,可看本章附录二《周家台秦简历谱系年与秦时期(公元前246—前207年)历法》。

张培瑜虽然放弃古六历,从历简出发排出了与时下所见历日资料完全相合的历谱,但他所主张的"固定节(中)气"置闰规则却很有讨论的必要。

在第二章表11中,我们列出各家所排历朔表的错误,其中张培瑜的历朔表排定于所有历简发现后,因而没有错误。但正如上面提到的,张培瑜关于秦至汉初历法的分段与置闰规则有必要重新讨论。

总之,秦至汉初历法疑窦丛生,并不像有些学者所认为的那样比较清楚了。有鉴于此,本书以出土历简为中心,对上起秦王政元年(前246年)下至汉武帝太初元年(前104年)的历法及其改革给出一个明确的答案,即对各时段历法的步朔历元、基本参数和置闰规则做出翔实的考订,对每次历改时主要历法变量的调整做出说明,作为证验依据,书中排出秦至汉初(公元前246—前104年)朔闰表(含历面后天数据)。

为了阅读方便,在此将全书思路及各个阶段的研究方法简述如下:

第一步,从文献和简牍资料中搜集秦至汉初的所有历朔资料,按其性质分为朔干支、日干支和气干支。

第二步,以简牍资料为中心对所搜集的历朔资料进行辨析。基本方法是:将相同的合并;将讹误的经过严格证伪后去除;对经过简单分析就可以补出的历日尽可能补齐。经过这样一个去伪存真的过程,就得到一个当时实际行用的历表。这个历表囊括了这一时段所有可见的实用历日,其真实性和唯一性是毋庸置疑的。

第三步,对历日密集的三组历简朔小余取值范围进行分析,来确定秦

---

① 陈久金在新出的一本科普性著作中表示:"经研究,秦及汉初至太初改历前,行用的是颛顼历,近年来出土的西汉及秦地出土的历谱及记事朔日干支,越来越证实了这个结论。"但似乎没有太多的根据,参见陈久金、张明昌《中国天文大发现》,济南:山东画报出版社,2008年,第103页。

② 比如,他认为书有"卅六年日"的周家台秦简历谱应该系于秦王政十年、十一年。

至汉初不同历法的行用时段。以周家台秦简历谱、张家山汉简历谱和银雀山汉简(元光元年)历谱为研究对象,对连大月前的朔小余取值范围进行讨论分析,从而得到一个较窄的数值区间,以此为基准向前向后推排,以校验其与实历是否相洽,据此就能探明该种历法的适用时段。

第四步,分析岁首建正与置闰规则。根据《史记》、《汉书》中的纪、表部分及《汉纪》的记述,很容易分析出当时的岁首和建正。置闰规则的讨论比较复杂,大致思路是这样的:首先根据文献和简牍资料中的"后九月"记载找出一部分闰年,然后根据不能连闰、不能连续出现一年一闰等四分术的基本置闰原则,将隐含的闰年找出,形成一个闰年表。以此表为基础,通过分析个别典型闰年中无中(节)气之月与闰月的对应情况就可以判明置闰规则,具体说来,就是要分析后九月所在年与对应的无中(节)气之月所在年的关系。

第五步,在对不同时段历法的历元、岁实朔策、岁首建正和置闰规则有了准确认知后,即可恢复出秦至汉初不同时段的历法,进而排出这一时期的朔闰表。

这项研究的意义大致有以下几点:

1、有助于完善早期历法的研究。四分历术是我国早期科技文化的瑰宝。其核心内容为取 $365\frac{1}{4}$ 为岁实,以 19 年 7 闰为闰周(其他数据如朔策等都可由此推得)。由于所取历元、岁首、建正等参数不同而形成不同的历法体系,所谓"古六历"即是因此而来。根据文献记载,秦一统后行用颛顼历,西汉太初元年(前 104 年)改历以前,承秦制亦用颛顼历,但也有学者以为是殷历或其他类型的四分历,战国、秦至汉太初改历以前的历法是学术界一直未能解决的问题。这一研究将为秦至汉历法的认识增添新的内容,并为进一步探索战国历法提供一个新的学术支点。

2、可以为文史研究提供一份精准的秦至汉初朔闰表。目前常见的几种朔闰表都不同程度的存在与实历不符的错误,而有的历表竟在张家山247 号汉简历谱、周家台秦简历谱和里耶秦简历日公布之后印行,这在一定程度上误导了读者。① 从这个意义上讲,学术界迫切需要一个精准的秦至汉初朔闰表。

---

① 　比如饶尚宽的《春秋战国秦汉朔闰表》于 2006 年由商务印书馆印行,但其中多处于与张家山汉简历谱、周家台秦简历谱不侔。

3、有助于出土文献的系年断代。目前许多新出简帛文献所属年代不明，对于一些含有历日或与历简伴出的文献，通过历谱是可以进行断代系年的。

4、有助于秦汉时期术数的研究。《汉书·艺文志》中术数为六略之一，而天文、历谱是术数略的前两类，是其他四类术数的根基。[①] 只有对秦汉时期的历法有一个准确的认识，才会更好的理解和研究秦汉时期的各种术数。

附录一　技术路线图

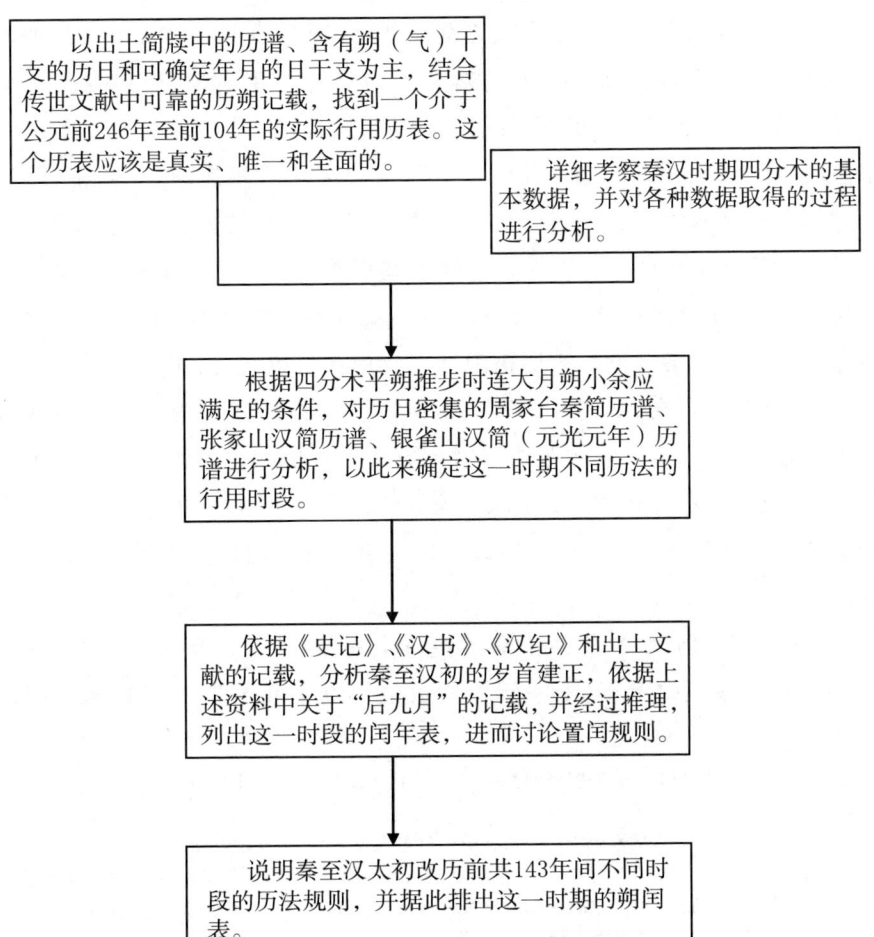

以出土简牍中的历谱、含有朔（气）干支的历日和可确定年月的日干支为主，结合传世文献中可靠的历朔记载，找到一个介于公元前246年至前104年的实际行用历表。这个历表应该是真实、唯一和全面的。

详细考察秦汉时期四分术的基本数据，并对各种数据取得的过程进行分析。

根据四分术平朔推步时连大月朔小余应满足的条件，对历日密集的周家台秦简历谱、张家山汉简历谱、银雀山汉简（元光元年）历谱进行分析，以此来确定这一时期不同历法的行用时段。

依据《史记》《汉书》《汉纪》和出土文献的记载，分析秦至汉初的岁首建正，依据上述资料中关于"后九月"的记载，并经过推理，列出这一时段的闰年表，进而讨论置闰规则。

说明秦至汉太初改历前共143年间不同时段的历法规则，并据此排出这一时期的朔闰表。

---

① 其他四类依次为五行、蓍龟、杂占和形法。

附录二　周家台秦简历谱系年
与秦时期(公元前 246—前 207 年)历法

　　湖北荆门关沮乡周家台 30 号秦墓共发现四件历谱,整理者依次定为秦始皇三十四年历谱(简 1—68)、三十六年历谱(简 69—79)、三十七年历谱(简 80—91)和秦二世元年历谱(木牍)。① 其中,三十四年历谱所记部分朔干支明显不符合平朔推步基本规则,张培瑜等经过推算给出了校正后的结果,② 然有论者以为张氏之说有牵合其先前著作《中国先秦史历表·秦汉初朔闰表》之嫌。③ 笔者也在文献范围内对此一历谱进行了考证,得出与张培瑜同样的结果,并指出了历谱致误的原因。④ 另外两件历谱,因为在第二谱第一简(即简 80)背面书有"卅六年日",且两谱前后相连,朔干支密合,遂定为始皇三十六年、三十七年历谱。但黄一农主张将这两件历谱分别系于秦王政十年和十一年,并对原历谱做了些微调整。⑤ 为方便称引,这里暂将简 69—79 所书历谱称为历谱 A,简 80—91 所书历谱称为历谱 B,惟秦始皇三十四年和秦二世元年历谱因其系年尚无争议,仍沿用原称谓。

　　另一方面,根据《史记·秦始皇本纪》所载,秦行颛顼历且在统一六国后历法有过改动,黄一农主张这一时期有过三次历改,"时机有可能是为了配合秦王政亲政(九年四月)、称帝(秦始皇二十六年)和二世即位此三大政治事件"。⑥ 黄氏关于"秦王政亲政"和"二世即位"的两次历改史无明载,值得商酌。

　　由此一来,历谱 A、B 系于秦始皇三十六年(前 211 年)、三十七年(前 210 年)还是秦王政十年、十一年便成了关乎秦王政至秦二世时期行用何

　　① 　湖北省荆州市周梁玉桥遗址博物馆:《关沮秦汉墓简牍》,北京:中华书局,2001 年,图版一至十五。

　　② 　张培瑜、彭锦华:《周家台三〇号秦墓历谱竹简与秦、汉初的历法》,湖北省荆州市周梁玉桥遗址博物馆《关沮秦汉墓简牍》,北京:中华书局 2001 年,第 231—244 页;张培瑜、张春龙:《秦代历法和颛顼历》,湖南省文物考古研究所《里耶发掘报告》,长沙:岳麓书社,2007 年,第 735—747 页。

　　③ 　刘信芳:《周家台秦简历谱校正》,《文物》2002 年第 10 期。

　　④ 　李忠林:《周家台秦简历谱试析》,《中国科技史杂志》2009 年第 3 期。

　　⑤ 　黄一农:《周家台 30 号秦墓历谱新探》,《文物》2002 年第 10 期。

　　⑥ 　黄一农:《秦王政时期历法新考》,《华学》第五辑,广州:中山大学出版社,2001 年,第143—149 页。

种历法,何时及怎样改历的大问题,故不得不论。今不辞固陋,敢呈一得之见,敬希聆教高明。

一、系于秦始皇三十六年、三十七年

为减少下文推证时枝蔓太多,我们先说明这一时期的岁首建正。

以前曾有学者根据《史记·秦本纪》中"改年始朝贺皆自十月朔",认为秦始皇二十六年(前221年)前曾以正月为岁首。[①] 其实并非如此,根据黄一农的考证,秦王政元年(前246年)至秦末皆建亥,以十月为岁首。[②] 今据新出历简对黄说再做一点补充。

我们按照这样的原则选取实历历点:1)秦王政二十六年(含二十六年)之前;2)十、十一、十二各月朔或普通日干支。共得到3个历点,分别是:

秦王政元年十二月癸亥(张家山247号汉墓竹简《奏谳书》)[③]

秦王政二年十月癸酉朔(张家山247号汉墓竹简《奏谳书》)[④]

秦始皇二十六年十月甲寅朔[⑤]

秦王政元年年前(正月之前)十二月朔当在戊申左右,年后(九月之后)十二月朔当在壬申左右,今癸亥后戊申15天,后壬申51天,不管使用哪种可能的历术,所得朔日应该围绕真朔,误差前后不会超过一两天。由此判定,秦王政元年十二月在年前。同样,我们可以判定秦王政二年十月癸酉朔和秦始皇二十六年十月甲寅朔均在当年正月之前,亦即,从秦王政元年至秦始皇二十六年当以十月为岁首无疑。

这里存在一个问题,秦始皇二十六年行用旧历还是新历? 笔者以为,秦始皇虽于二十六年统一六国后称帝,且当年对历法有所改动,新历应该从始皇称帝第二年,亦即二十七年(前220年)行用。这一点可根据《史记·秦始皇本纪》论定。

---

① 陈久金、陈美东:《从元光历谱及马王堆帛书〈五星占〉的出土再探颛顼历问题》,本书编辑部编《中国天文学史文集》,北京:科学出版社,1978年,第95—117页。

② 黄一农:《秦王政时期历法新考》。

③ 张家山二四七号汉墓竹简整理小组:《张家山汉墓竹简〔二四七号墓〕》(释文修订本),北京:文物出版社,2006年,第100页。

④ 同上书,第101页。

⑤ 该条为张培瑜等从里耶残简中考得,参见张培瑜、张春龙《秦代历法和颛顼历》,湖南省文物考古研究所《里耶发掘报告》,长沙:岳麓书社,2007年,第735—747页。

《秦始皇本纪》于是年先记王贲灭齐事：

> 二十六年，齐王建与其相后胜发兵守其西界，不通秦。秦使将军王贲从燕南攻齐，得齐王建。①

次记下令丞相、御史议帝号事，值得注意的是其中提到了"虏其王，平齐地"：

> 秦初并天下，令丞相、御史曰："异日韩王纳地效玺，请为藩臣，已而倍约，与赵、魏合从畔秦，故兴兵诛之，虏其王。……齐王用后胜计，绝秦使，欲为乱，兵吏诛，虏其王，平齐地。……今名号不更，无以称成功，传后世。其议帝号。"……王曰："去'秦'，著'皇'，采上古'帝'位号，号曰'皇帝'。他如议。"……制曰："……朕为始皇帝。后世以计数，二世三世至于万世，传之无穷。"②

帝号议定后才记改正朔一事，且此前称嬴政为"王"，此后为"始皇"，极为分明：

> 始皇推终始五德之传，以为周得火德，秦代周德，从所不胜。方今水德之始，改年始，朝贺皆自十月朔。衣服旄旌节旗皆上黑。数以六为纪，符、法冠皆六寸，而舆六尺，六尺为步，乘六马。更名河曰德水，以为水德之始。③

众所周知，纪传体史书的纪具有编年性质，以帝王系年，以年系事，事分先后。由记载次序极易看出，灭齐事已入始皇二十六年，改正朔在此后，由此知道二十六年的历谱是按"旧历"编制的，其历书已在二十五年底颁布行用。

同样，如果黄一农所言不错，秦王政九年（前238年）四月亲政后改历，则新历当从十年行用。但秦始皇崩于三十七年（前210年）七月，胡亥在当年九月前即位，由此看来，秦二世若进行过历改，则新历从二世元年（前209年）起用。

综前所述，可以判定以下事实：

---

①　《史记》，第235页。
②　同上书，第236页。
③　同上书，第237—238页。

1、秦王政元年至秦灭亡前均以十月为岁首；

2、据《史记》载，秦统一后改动了历法，新历从秦始皇二十七年起用；

3、若秦王政亲政后有历改发生，则新历必起用于秦王政十年（前 237 年）；而秦二世即位后若改历，则新历从二世元年（前 209 年）起用。

下面我们分析周家台秦简历谱 A、B 系于秦始皇三十六年（前 211 年）、三十七年（前 210 年）会有什么结果。

这两件历谱系于秦始皇三十六（前 211 年）、三十七年（前 210 年）后，则与秦始皇三十四年历谱构成一组历简。[①] 按照四分术，这组历谱各月朔小余必须满足表 4：[②]

表 4　周家台秦简历谱朔小余取值范围表

年份 月份	秦始皇 三十四年	秦始皇 三十六年	秦始皇 三十七年
十月	戊戌 440—395	丙辰 695—650	辛亥 103—58
十一月	丁卯 939—894	丙戌 254—209	庚辰 602—557
十二月	丁酉 498—453	乙卯 753—708	庚戌 161—116
正月	丁卯 57—12	乙酉 312—267	己卯 660—615
二月	丙申 556—511	甲寅 811—766	己酉 219—174
三月	**丙寅** 115—70	甲申 370—325	戊寅 718—673
四月	乙未 614—569	癸丑 869—824	戊申 277—232
五月	**乙丑** 173—128	癸未 428—383	丁丑 776—731
六月	甲午 672—627	壬子 927—882	丁未 335—290
七月	**甲子** 231—186	壬午 486—441	丙子 834—789
八月	癸巳 730—685	壬子 45—0	丙午 393—348
九月	癸亥 289—244	辛巳 544—499	乙亥 892—847
后九月	壬辰 788—743	——	乙巳 451—406

---

① 所谓"一组"历简，是指这些历简必定是由同一种历法推步得到，即历简涵盖的时段没有发生过历改。

② 其中三十四年历谱的黑体部分为校正过的朔干支，参见李忠林《周家台秦简历谱试析》，《中国科技史杂志》2009 年第 3 期。

今以古颛顼历、殷历分别推排秦始皇三十六年、三十七年历谱并与历简历谱相对照(见表5),发现25个朔干支中,古颛顼历和古殷历分别有15例和8例不符。如果加大半日(470,分母为940,下同),即使用借半日法,则分别有3例和4例不符,如表5。

表5 周家台秦简历谱与颛顼历殷历对照表

秦始皇三十六年历谱			秦始皇三十七年历谱		
历简历谱	古颛顼历	古殷历	历简历谱	古颛顼历	古殷历
丙辰	丙辰(46)	丙辰(350)	辛亥	庚戌(394)	庚戌(698)
丙戌	乙酉(545)	乙酉(849)	庚辰	己卯(839)	庚辰(257)
乙卯	乙卯(104)	乙卯(408)	庚戌	己酉(452)	己酉(756)
乙酉	甲申(603)	甲申(907)	己卯	己卯(11)	己卯(315)
甲寅	甲寅(162)	甲寅(466)	己酉	戊申(510)	戊申(814)
甲申	癸未(661)	甲申(25)	戊寅	戊寅(69)	戊寅(373)
癸丑	癸丑(220)	癸丑(524)	戊申	丁未(568)	丁未(872)
癸未	壬午(719)	癸未(83)	丁丑	丁丑(127)	丁丑(431)
壬子	壬子(278)	壬子(582)	丁未	丙午(626)	丙午(930)
壬午	辛巳(777)	壬午(141)	丙子	丙子(185)	丙子(489)
壬子	辛亥(336)	辛亥(640)	丙午	乙巳(684)	丙午(48)
辛巳	庚辰(835)	辛巳(199)	乙亥	乙亥(243)	乙亥(547)
——	——	——	乙巳	甲辰(742)	乙巳(106)

事实上,由于古六历同为四分术,且朔小余具有表6所列之关系,亦即,对同年同月之朔,古黄帝历所得小余较古夏历大51,古周历较古夏历大102,余类推。由表1、表2分析知,秦始皇三十六年、三十七年历谱朔小余取值范围较古颛顼历大604—649分,根据同月朔小余差值很容易判定古六历或经过进朔后的衍生历法(进朔值只可能取441、470、499中一种),[1]均不能与这

———————

① 加大470分就是借半日法,这在《汉书·律历志》中有蛛丝马迹的记载,加大441或499分并不刚好等于半日,论者称其为进朔法,虽于史无据,但考虑到四分术朔策为$29\frac{499}{940}$,加大441分后也有"进半日"的效果,499分从技术上利于处理数据,并且也能达到"进半日"的效果,故此两值也有可能被采用。

两年历谱相容。当然,如果将秦二世元年历谱也归于一组或不计秦始皇卅四年历谱,结论也不会改变。

表 6　古六历朔小余取值关系表

古六历	夏历	黄帝历	周历	颛顼历	殷历	鲁历
朔小余差	0	51	102	503	807	858

但《史记》、《汉书》中多次提到汉初袭秦正朔,用颛顼历,如《史记·历书》云:"汉兴,高祖曰'北畤待我而起',亦自以为获水德之瑞。虽明习历及张苍等,咸以为然。是时天下初定,方纲纪大基,高后女主,皆未遑,故袭秦正朔服色。"[1]《史记·张丞相列传》说得更加明白:"太史公曰:张苍文学律历,为汉名相,而绌贾生、公孙臣等言正朔服色事而不遵,明用秦之《颛顼历》,何哉?"[2]《汉书·律历志》云:"汉兴,方纲纪大基,庶事草创,袭秦正朔。以北平侯张苍言,用《颛顼历》,比于六历,疏阔中最为微近。然正朔服色,未睹其真,而朔晦月见,弦望满亏,多非是。"[3]由于这一缘故,从清人姚文田,到现代学者陈久金、陈美东、黄一农等先生都主张以古六历(主要是古颛顼历和古殷历)为基准,采用借半日法(470),或者其他可能的进朔值(441、449)来恢复秦和汉初的历法。陈久金、陈美东认为,秦王政九年至武帝太初改历前一直行用颛顼历,但朔小余增加 470 分,不过他们是以秦王政九年至统一六国前取正月为岁首步朔的。[4] 黄一农认为,秦王政初期或使用古六历中之殷历,但加入进朔法(借半日),自十年起改用颛顼历,秦始皇二十六年改用殷历,秦二世元年(前 209 年)又改回殷历加进朔法,并改"正月"为"端月",以突显历法之新。[5] 另外,张闻玉认为,秦颛顼历实为殷历,汉初历法是以殷历做基础,只不过是从公元前 202 年多加上 162 分计

---

①　《史记》,第 1260 页。

②　同上书,第 2685 页。

③　《汉书》,第 974 页。

④　陈久金、陈美东:《临沂出土汉初古历初探》、《从元光历谱及马王堆帛书〈五星占〉的出土再探颛顼历问题》,本书编辑部编《中国天文学史文集》,北京:科学出版社,1978 年,第 66—81 页,第 95—117 页;《从元光历谱及马王堆帛书天文资料试探颛顼历问题》,中国社会科学院考古研究所编《中国古代天文文物论集》,北京:文物出版社,1989 年,第 83—103 页;《临沂出土汉初古历初探》,《文物》,1974 年第 3 期。

⑤　黄一农:《秦王政时期历法新考》,《华学》第五辑,广州:中山大学出版社,2001 年,第 143—149 页。

算罢了。张闻玉的多加 162 分与进朔法无涉,他认为这是汉初为了将汉高祖五年(前 202 年)子月癸亥朔(小余 778)改为甲子朔(小余 0)而人为加大的。[①] 从上面将周家台秦简历谱 A、B 分别系于秦始皇三十六年(前 211 年)、三十七年(前 210 年)后所推结论来看,陈久金等与张闻玉的说法已经完全不能与近年新出的历简相容。下面我们着重讨论黄一农新近的观点。

二、系于秦王政十年、十一年?

黄一农是以周家台秦简历谱 A、B 分别系于秦王政十年和十一年来讨论秦时期历法的,黄氏还将历谱 A 的八月壬子朔调整为八月辛亥朔。[②]

需要指出的是,黄一农的这种看法与以下几点紧密相连:

1、周家台秦简历谱 A、B 系于秦始皇三十六年(前 211 年)、三十七年(前 210 年)与古六历及其衍生历法不能相容(这一点在上面已经得到证明);

2、所谓古六历的衍生历法是指将对应朔小余加大 470、441 或 449 分后得到的新历法,而不会有其他选择;

3、秦王政亲政,统一六国后,二世即位均有过改历(仅统一六国后改历于史有据)。

按照黄一农的说法及我们前文论定的新历起用时间,秦王政十年至二十六年行用古颛顼历,我们兹将这一时期所得实朔与颛顼历步朔结果相比较,成表 7,表中每年列出两行朔干支,下面一行是按颛顼历推步得到,并标明了朔小余,上面一行为历简所见实朔,其中秦王政十年、十一年朔干支即为周家台历谱 A、B 所载,秦王政廿年四月丙戌朔见于睡虎地秦墓竹简《语书》,[③]二十五年六月丙辰朔见于未公布里耶残简,[④]二十六年十月甲寅朔为张培瑜从里耶残简考得,上文已有说明,同年五月辛巳朔、八月庚戌朔见于里耶秦简。[⑤]

---

① 　张闻玉:《古代天文历法讲座》,桂林:广西师范大学出版社,2008 年,第 197—202 页。

② 　黄一农:《周家台 30 号秦墓历谱新探》,《文物》2002 年第 10 期。

③ 　睡虎地秦墓竹简整理小组:《睡虎地秦墓竹简》,北京:文物出版社,1978 年,第 15 页。

④ 　张培瑜:《根据新出历日简牍试论秦和汉初的历法》,《中原文物》2007 年第 5 期。

⑤ 　王焕林:《里耶秦简校诂》,北京:中国文联出版社,2007 年,第 35、116 页。

表 7　秦王政时期实朔与颛顼历对照表

秦王政	十月	十一月	十二月	正月	二月	三月	四月	五月	六月	七月	八月	九月	后九月
十年	丙辰	丙戌	乙卯	乙酉	甲寅	甲申	癸丑	癸未	壬子	壬午	**壬子**	辛巳	——
	丙辰 607	丙戌 166	乙卯 665	乙酉 224	甲寅 723	甲申 282	癸丑 781	癸未 340	壬子 839	壬午 398	辛亥 897	辛巳 456	——
十一年	辛亥	庚辰	庚戌	己卯	己酉	戊寅	戊申	丁丑	丁未	丙子	丙午	乙亥	——
	辛亥 15	庚辰 514	庚戌 73	己卯 572	己酉 131	戊寅 630	戊申 189	丁丑 688	丁未 247	丙子 746	丙午 305	乙亥 804	——
廿年	——	——	——	——	——	丙戌	——	——	——	——	——	——	
	戊子 884	戊午 443	戊子 2	丁巳 501	丁亥 60	丙辰 559	丙戌 118	乙卯 617	乙酉 176	甲寅 675	甲申 234	癸丑 733	癸未 292
廿五年	——	——	——	——	——	——	——	丙辰	——	——	——	——	
	己未 802	己丑 361	戊午 860	戊子 419	丁巳 918	丁亥 477	丁巳 36	丙戌 535	丙辰 94	乙酉 593	乙卯 152	甲申 651	——
廿六年	甲寅	——	——	——	——	——	——	辛巳	——	——	庚戌	——	
	甲寅 210	癸未 709	癸丑 268	壬午 707	壬子 326	辛巳 825	辛亥 384	庚辰 883	庚戌 44	庚辰 1	己酉 500	己卯 59	戊申 558

从表中可以看出,除过历谱 A 八月壬子朔不论,颛顼历所推秦始皇二十六年五月庚辰朔、八月己酉朔均较实历先一天,而从八月朔小余来看,颛顼历所推朔小余最多要比实历小 440 分。

如果将处于秦王政十年到廿六年的所有 29 条实历看做一组来分析其朔小余取值的话,问题变得更加清楚。如表 7 所示,为使这一时段各个历点涵于同一历法体系,我们可以暂时放弃古六历,适当调大朔小余。但由于历谱 A 为了满足古颛顼历的要求已经调整为八月辛亥朔,连带后面的九月辛巳朔和历谱 B 的十月辛亥朔,在历谱 A 的八、九两月形成连大月,于是历谱 A 的八月辛亥朔朔小余最大可调至 939,即可调大 42 分,把这一数值加在二十六年五月庚辰和八月己酉(朔及朔小余均依颛顼历推得)的朔小余之上,仍然不能超过 940,也就是说,实朔二十六年五月辛巳和八月庚戌与改动后并系于秦王政十年、十一年的历谱 A、B 在四分术内不能容于同一历法,更不要说限于古六历及其衍生历法了。事实上,即便对历谱 A 不作改动,只要径直将两历谱系于秦王政十年、十一年就会有与里耶秦简始皇二十六年八月庚戌朔在四分术内不相容的现象发生。读者可自行验证。

考虑到以古颛顼历推排的历法在这一时段的错误出现在"最后一年"——秦始皇二十六年(不算原周家台秦简历谱 A 八月壬子朔这一条),我们不妨放弃前面已经论定的"新历应该从始皇称帝第二年,亦即二十七年(前 220)行用"的结论,[①]假定新历在二十六年年初已经行用。这样做的目的仅仅是为了放宽"古六历及其衍生历法"的生存空间。

秦始皇二十六年"后属"以后,它将可以与秦始皇三十七年(前 210 年)以前的历点联立成一组,由于黄一农认定秦二世元年(前 209 年)改历,我们便不能在本组使用周家台秦简二世元年历谱。特别注意的是,我们是在黄一农将周家台秦简历谱 A、B 系于秦王政十年、十一年的前提下讨论,故同样不得使用这两件历谱,这与文中第一部分的讨论是完全不同的。

基于周家台秦简秦始皇三十四年历谱有明显错误,尽管笔者对此有过合理的校正,但为了更加谨慎,我们放弃使用周家台秦简秦始皇三十四年历谱(这显然减少了黄说被证伪的几率),如此一来,居于这一时段的实历历点就剩下 19 个,下表是以殷历(按照黄一农的说法,这一时期行用殷历)推步所得朔干支及小余与实历的对照。我们在表 8 备注栏内给出了这组历简朔小余取值的范围,它比殷历朔小余要大 229—402 分,[②]根据古六历

---

① 值得肯定的是,黄一农先生在《秦王政时期历法新考》一文所给朔闰表这一年是以历改前的旧历(古颛顼历)推排的。

② 张培瑜等先生曾经对 15 个已公布里耶秦简(除过廿六年十月甲寅和廿九年三个朔干支)分析后指出,该组历简较颛顼历朔小余大 533—730 分,即大殷历 229—426 分,这是忽视了秦始皇廿七年二月丙子朔小余而以卅二年四月丙午朔小余来确定的上限,可能是不对的,参见张培瑜、张春龙《秦代历法和颛顼历》,湖南省文物考古研究所《里耶发掘报告》,长沙:岳麓书社,2007 年,第 735—747 页;张培瑜:《根据新出历日简牍试论秦和汉初的历法》,《中原文物》2007 年第 5 期。

同月朔小余差的关系很容易判明,古六历及其衍生历法无一与这组历简相容。如果不考虑秦始皇廿六年的三个历点,结果也不会有丝毫改变,读者可自行验证。

表 8　秦始皇时期实朔与殷历对照表

年份	月份	朔干支	朔小余	材料出处	殷历
秦始皇廿六年	十月	甲寅	916—743	里耶秦简未公布材料	514
——	五月	辛巳	649—476	里耶秦简 J1(16)9	247
——	八月	庚戌	266—93	里耶秦简 J1(8)134	己酉 804
廿七年	二月	丙子	939—766	里耶秦简 J1(16)5,J1(16)6	537
——	八月	甲戌	173—0	里耶秦简 J1(8)133	癸酉 711
廿八年	八月	戊辰	521—348	里耶秦简 J1(9)984	119
廿九年	四月	甲子	753—580	里耶秦简未公布残简材料	351
——	九月	壬辰	268—195	里耶秦简未公布残简材料	辛卯 906
——	后九月	辛酉	927—754	里耶秦简未公布残简材料	525
卅年	九月	丙辰	335—162	里耶秦简 J1(9)981	乙卯 873
卅二年	正月	戊寅	358—185	里耶秦简 J1(8)157	丁丑 896
——	四月	丙午	915—742	里耶秦简 J1(8)152	513
卅三年	二月	壬寅	265—92	里耶秦简 J1(8)154	辛丑 803
——	三月	辛未	764—591	里耶秦简 J1(9)2	362
——	四月	辛丑	323—150	里耶秦简 J1(9)1	庚子 861
卅四年	六月	甲午	729—556	里耶秦简 J1(9)1	327
——	七月	甲子	288—115	里耶秦简 J1(9)2	癸亥 826
——	八月	癸巳	787—614	里耶秦简 J1(9)2	385
卅五年	四月	己未	478—305	里耶秦简 J1(9)1	176

资料来源:表中里耶秦简未公布残简材料来自张培瑜、张春龙《秦代历法和颛顼历》,湖南省文物考古研究所《里耶发掘报告》,长沙:岳麓书社,2007 年,第 736 页。

讨论到这里,我们可以坚定地说,秦代的历法无论进行怎样可能的分期,古六历及其衍生历法都无法与之相容。不消说,黄一农将周家台历谱A、B系于秦王政十年、十一年的做法不但是错误的,而且对维护"古六历及其衍生历法"在秦时期的"存活"毫无帮助。这也提醒我们,在探讨古代历法的学术进程中,没有充足理由而修改实历历谱的做法是不可取的。事实上,黄一农在里耶秦简公布之前也意识到了这一做法的不妥,试看黄氏在《秦王政时期历法新考》一文中所排的秦王政十年历谱,[①]如表9所示,朔干支均较历谱 A 实历后一月。

表9　黄一农所排秦王政十年历谱与历简对照表

月份	十	十一	十二	正	二	三	四	五	六	七	八	九	后九
黄谱	丁亥	丙辰	丙戌	乙卯	乙酉	甲寅	甲申	癸丑	癸未	壬子	壬午	**辛亥**	辛巳
历简	丙辰	丙戌	乙卯	乙酉	甲寅	甲申	癸丑	癸未	壬子	壬午	壬子	辛巳	——

很显然,黄氏这样做的目的是为了确保秦王政十年有闰,[②]黄一农在《秦王政时期历法新考》一文中并未给出当时的闰法,笔者怀疑黄氏在这年设闰是基于文献考得的“秦汉初置闰规律”(下文详)。顺便说一下,研究古代历法不给出当时的置闰法则至少是不全面的。一部完整的历法应该包括步朔与置闰两个方面,步朔决定着朔望月的起点,置闰决定着月序,缺一便不能排历。尽管对今人而言,为了寻找秦汉初的朔闰表,而使用文献中“后九月”的记载考得“置闰规律”是可以的,但对探索当时的历法却是不够的。这是因为,今人考得“置闰规律”是事后行为,而古人推排历书是事前行为,只能遵循某种“置闰法则”,而无法事前知道“置闰规律”。

三、回到原点:秦时期历法之步朔历元

让我们重新回到原点,即将周家台秦简历谱 A、B 置于秦始皇三十六(前 211 年)、三十七年(前 210 年)来探讨秦时期(前 246—前 207)的历法。

根据《史记》、《汉书》所载,秦行颛顼历,汉初袭秦正朔,亦行颛顼历,但我们在上文已经严格证明秦时期的实历与古六历及其衍生历法绝不相容,难道《史记》、《汉书》所载无据?

其实,两书也并非毫无根据。1972 年临沂银雀山发现的汉元光元年历谱既有全年的日干支,也有冬至、立春、夏至、立秋四个气干支,张培瑜明确指出,这四个气干支的小余与颛顼历相合,且取值是唯一的,但朔干支较

---

① 黄一农《秦王政时期历法新考》。

② 在《周家台 30 号秦墓历谱新探》一文中黄氏没有设置这一闰月,除了将原谱八月“壬子”改为“辛亥”外,没有别的不同。

颛顼历大 430—487 分。如果将该谱气、朔干支联立,按四分术求解,会得到一种新的历法,该历法在公元前 672 年 5 月甲子朔旦芒种齐同。[①] 但该历法设元在芒种,人们不易接受。我们不妨认为元光元年历谱的气干支是由颛顼历推得的,只是朔小余在颛顼历的基础上有所加大。[②] 这种设想符合秦汉初用颛顼历,"数有改易"的说法。在没有发现秦时期实历气干支之前,用颛顼历推排这一时期历法的"阳历因素"[③],而阴历因素,即朔小余调整数值,可由出土历简进行考察。

从秦王政元年至秦二世三年(前 207 年)灭亡前的实历历点共有 71 条,其中周家台 30 号秦墓竹简历谱共 50 条(三十四年历谱有过校正),里耶秦简 20 条(有 3 条与周家台秦墓竹简三十四年历谱重复),睡虎地秦简 1 条,张家山 247 号汉墓竹简 2 条,《吕氏春秋》1 条。经过计算这 71 条历点在同一种四分术中是相容的,其可能性有 11 种,考虑到秦统一六国后历法有过改动,故此将其分为两组,其朔小余取值分别如表 10 所示:

表 10　秦王政至秦二世三年实朔小余取值范围表

年份	月份	朔干支	资料出处	朔小余
秦王政二年 (前 245)	十月	癸酉	张家山汉简《奏谳书》	815—639
六年(前 241)	八月	丙子	同上	176—0
八年(前 239)	秋[④](七月)	甲子	《吕氏春秋·序意》	七月 872—696
廿年(前 227)	四月	丙戌	云梦睡虎地秦简《语书》	847—671
廿五年(前 222)	六月	丙辰	里耶秦简	823—647
秦始皇廿六年 (前 221)	十月	甲寅	同上	939—763

---

①　张培瑜:《新出土秦汉简牍中关于太初前历法的研究》,中国社会科学院考古研究所编《中国古代天文文物论集》,北京:文物出版社,1989 年,第 69—82 页;

②　张培瑜先生在新近发表的文章中也将这种设想作为探讨秦汉初历法的一种可能。

③　我们无法确定这一时期是否有严整的"二十四节气"概念,但至少应该有一个"冬至"概念来确定回归年的始讫,当不存在问题。

④　《吕氏春秋》中的这条材料虽然没有明确的月份,但可限定在秋季,即七、八、九三月。席泽宗先生曾根据马王堆汉墓出土帛书《五星占》论定当为"七月",此说可从,参见席泽宗:《中国天文学史的一个重要发现——马王堆汉墓帛书中的〈五行星〉》,本书编辑部编《中国天文学史文集》,北京:科学出版社,1978 年,第 30 页。

续表

年份	月份	朔干支	资料出处	朔小余
——	五月	辛巳	同上	672—496
——	八月	庚戌	同上	289—113
统一六国后				
秦始皇廿七年 （前220）	二月	丙子	同上	882—872
——	八月	甲戌	同上	116—106
廿八年（前219）	八月	戊辰	同上	464—454
廿九年（前218）	四月	甲子	同上	696—686
——	九月	壬辰	同上	371—361
——	后九月	辛酉	同上	870—860
卅年（前217）	九月	丙辰	同上	278—268
卅二年（前215）	正月	戊寅	同上	301—291
——	四月	丙午	同上	858—848
卅三年（前214）	二月	壬寅	同上	208—198
——	三月	辛未	同上	707—697
——	四月	辛丑	同上	266—256
卅四年（前213）	十月	戊戌	周家台秦简	440—430
——	十一月	丁卯	同上	939—929
——	十二月	丁酉	同上	498—488
——	正月	丁卯	同上	57—47
——	二月	丙申	同上	556—546
——	三月	丙寅	同上	115—105
——	四月	乙未	同上	614—604
——	五月	乙丑	同上	173—163
——	六月	甲午	同上	672—662
——	七月	甲子	同上	231—221
——	八月	癸巳	同上	730—720
——	九月	癸亥	同上	289—279

续表

年份	月份	朔干支	资料出处	朔小余
——	后九月	壬辰	同上	788—778
卅五年(前212)	四月	己未	里耶秦简	521—511
卅六年(前211)	十月	丙辰	周家台秦简	695—685
——	十一月	丙戌	同上	254—244
——	十二月	乙卯	同上	753—743
——	正月	乙酉	同上	312—302
——	二月	甲寅	同上	811—801
——	三月	甲申	同上	370—360
——	四月	癸丑	同上	869—859
——	五月	癸未	同上	428—418
——	六月	壬子	同上	927—917
——	七月	壬午	同上	486—476
——	八月	壬子	同上	45—35
——	九月	辛巳	同上	544—534
卅七年(前210)	十月	辛亥	同上	103—93
——	十一月	庚辰	同上	602—592
——	十二月	庚戌	同上	161—151
——	正月	己卯	同上	660—650
——	二月	己酉	同上	219—209
——	三月	戊寅	同上	718—708
——	四月	戊申	同上	277—267
——	五月	丁丑	同上	776—766
——	六月	丁未	同上	335—325
——	七月	丙子	同上	834—824
——	八月	丙午	同上	393—383
——	九月	乙亥	同上	892—882
秦二世元年(前209)	十月	乙亥	同上	10—0

续表

年份	月份	朔干支	资料出处	朔小余
——	十一月	甲辰	同上	509—499
——	十二月	甲戌	同上	68—58
——	正月	癸卯	同上	567—557
——	二月	癸酉	同上	126—116
——	三月	壬寅	同上	625—615
——	四月	壬申	同上	184—174
——	五月	辛丑	同上	683—673
——	六月	辛未	同上	242—232
——	七月	庚子	同上	741—731
——	八月	庚午	同上	300—290
——	九月	己亥	同上	799—789

秦统一前26年(含秦始皇二十六年)时间仅有8条朔干支,小余取值有176种可能性,其历法不能判明,暂付阙如。

秦统一后至灭亡前共有14年,但实历朔干支较多,有66条,小余取值仅有11种可能,即便不回推历元,仅根据上面的朔小余取值范围也可以给出秦始皇二十六年以降的朔闰表,表中除过秦始皇二十七年四月朔是丙子(小余0)或乙亥(小余939—930)不能决定外,其他干支都可唯一确定。如果将这一时期的66条实历朔干支与张家山247号汉墓竹简历谱联立求解的话,很容易发现两者存在断裂,经过计算,其断裂发生在秦二世元年(前209年)二月到高祖五年后(前202年)九月之间,遂可判定这是两种不同的历法数据推排所得,再联系《史记·张丞相列传》所载张苍曾经"绪正律历",我们推测这次历改发生在高祖称帝之时,也就是汉高祖五年正月。历改只是朔小余进行了调整。本文无意于讨论汉初百年的历法朔闰,只想就此说明秦统一后所行历法的下限。

虽然根据上面的分析也可以给出一个介于这一时段的朔闰表,其中"后九月"可依据后文的"秦至汉初(公元前246—前104年)实际闰年表"[①]推得,

---

只有两个朔干支是双解,即秦始皇二十七年四月乙亥(或丙子)朔和汉高祖四年五月丙寅(或丁卯)。对于求得这一时期朔闰表这个目标而言,这样出错的几率很低,换言之,这样的朔闰表是目前最善的答案。但对于寻找这一时期历法的真实面貌而言,却远远不够。有些人常常认为,如果有足够多的历点就能有把握的恢复某一时期的历法。然而,事实比这要复杂,以秦统一后到汉高祖五年正月来说,这期间共有 19 年,合 235 个朔望月,但四分术一蔀共有 940 个朔望月,一般说来,所得某一时段连续的朔望月少于 859 个,其小余取值就不唯一,换句话说,即便我们已经准确的知道了这 235 个朔望月干支,也不能遽定当时的历法。持"古六历"说的学者正是洞察到了这一点,才坚持在"古六历及其衍生历法"内求解,但正如我们上面严格推证的结论所表明的那样,"古六历及其衍生历法"断然不能与出土历简相容。科学研究就是这样不以我们的意志为转移,看来事情愈来愈明了了,却突然变得复杂,但事实如此,我们不得不面对。就本文讨论的问题而言,我们当下没有重拾古六历论调的理由。如何在十一种可能性中选择最可能的"一个"才是关键。

　　目前的实历资料表明,秦时期历法都较颛顼历更加后天,这说明它是在颛顼历基础上加大了朔小余值,一般说来,四分历较真值为大,"久则后天",为适应天象历改,只有调小朔小余的道理,而不该调大朔小余。这只能从天命论的思想出发得到解释,这一点诚如黄一农所言,"秦末汉初在制历时,或不见得根据合天与否来判断取舍,而是以政治附会作为主要依归。"[①]古人改历当是在大致不差的情况下,求得一个特殊的历点,这一历点具有浓厚的天命论色彩,而且应该是朔无余。推想古人可能有两种手段,第一种是直接将新历首日所在朔望月的小余加大或缩小(在本问题中应该是加大),使之成为朔无余,或者是调动新历第一个月的朔小余,使对应的朔无余的"历元"移动到一个具有天命色彩的历点。[②]下面试做分析。

---

　　①　黄一农:《汉初百年朔闰析究——兼订〈史记〉和〈汉书〉纪日干支讹误》,《历史语言研究所集刊》第 72 本第 4 分册,第 777 页。

　　②　在四分术中,当朔小余被人为地调大或调小 1,相当于前后相差一分半钟稍多,所回推得到的历元就要错动 81 个月。而事实上,古人很难测到朔气严格齐同的历点,许多所谓的朔气相齐只不过是朔与气在同一天而已,这样一来通过人为调整朔小余就能得到想要的历元。

从周家台 30 号秦墓竹简历谱秦二世元年(前 209 年)乙亥朔小余介于 0 到 10 之间,知道共有十一种可能的历元(朔无余的朔望月起算点),分别据该月 130、211、292、373、454、535、616、778、859、940 个朔望月,根据"秦至汉初(公元前 246—前 104 年)实际闰年表",[①]容易判定分别对应于公元前 285 年 10 月、前 279 年 5 月、前 272 年 11 月、前 266 年 6 月、前 259 年 1 月、前 253 年 7 月、前 246 年 2 月、前 240 年 9 月、前 233 年 3 月、前 227 年后 9 月、前 220 年 4 月。其中仅公元前 285 年在 10 月丙申朔,而且上推一蔀后为公元前 361 年 10 月丁巳朔(假定十月在岁首),这一年正是秦孝公元年,极具天命色彩,这或许不是巧合。由此我们推断,秦始皇二十七年行用的新历是将当年 10 月的朔小余定为 756,较颛顼历加大了 639 分,从而使得该历法的一个蔀首设在秦孝公元年 10 月朔无余,其"阳历因素"仍沿袭颛顼历,故还称颛顼历。惟其置闰规则值得探讨。

四、秦汉初历法之置闰规则(略)

　　(原文刊于《历史研究》2010 年第 6 期。为避免重复,有修改删节。)

---

① 　参看第二章第六节。

第二章　问题的提出与史料的考订

中国最早有明确的术文和行用时间的历法首推太初历,虽然朱文鑫《历法通志》中的《历法总目》将太初历列在第七,[①]前面依次为黄帝历、颛顼历、夏历、殷历、周历、鲁历等古六历,但从太初历以后各历法才注明了行用年限,因而同著中的《历法行用年表》则首列太初历,[②]日本学者薮内清《中国的天文历法》中的《历法与撰者及施行年次表》中也将太初历排在第一位。[③]

所以如此者,是因为西汉武帝太初元年(前 104 年)改历前行用的历法在史书中并无明载,尽管《史记·历书》中的"历术甲子篇"详细记载了四分术一蔀 76 年的岁首月朔余和冬至节气余,但它只是一个四分历术的通谱,显然据此不能推排秦至汉初的历表。严格说来,由于缺乏明确的记载,我们无法直接得到秦至汉初历法术文和行用时间。故此,通过历表重建来考察这一时期的历法规则成了唯一的学术取径,易言之,舍历表不足以论斯时之历法。在本部分我们将详细考索这一时期的实际历朔资料,以期得到一个时人行用过的历表,这个历表可以是断续的,但其真实性毋庸置疑。在此之前我们先指出秦至汉初历法成为一个学术问题的理据。

一　问题的提出

秦至汉太初以前的历法一直是困扰学界的难题。按,《史记·张丞相列传》载汉初"用秦之颛顼历",《汉书·律历志》论述更详:"汉兴,方纲纪大

---

① 朱文鑫:《历法通志》,上海:商务印书馆,1934 年,第 1—2 页。
② 同上书,第 31 页。
③ 〔日〕薮内清:《中国的天文历法》,东京:平凡社,1969 年,第 340 页。

基,庶事草创,袭秦正朔。以北平侯张苍言,用颛顼历,比于六历,疏阔中最为微近。"准此,则秦至汉初均用颛顼历。

关于颛顼历的基本内容,《淮南子·天文训》云:"太阴元始建于甲寅。"又云:"日移一度……反复三百六十五度四分度之一,而成一岁。天一元始,正月建寅,日月具入营室五度。"《后汉书·律历志》云:"……承秦,历用颛顼,元用乙卯。"刘昭注引蔡邕《月令论》云:"《颛顼历术》曰:天元正月己巳朔旦立春,具以日月起于天庙营室五度。"《新唐书·历志》引《洪范传》云:"历记始于颛顼上元太始阏蒙摄提格之岁,毕陬之月,朔日己巳立春,七曜俱在营室五度。"唐代的《开元占经》更是给出了颛顼历上元乙卯至开元二年的积年数 2761019,乙卯元是以己巳为立春合朔的蔀首。但考之实历,往往不合,而与古殷历所合较多,宋人刘羲叟就注意到了这一点,他的长历也是同时采用了两种历法布算。而到了清末,汪曰桢则认为汉初历法,似殷历为合。① 近人陈垣先生的《二十史朔闰表》便是以殷历步汉初朔闰的,他在该书的《例言》中写道:"汉末改历前用殷历,或云仍秦制,用颛顼历,故刘氏、汪氏两存之,今考之纪志多与殷合,故从殷历"。② 一时间纷争难断。

1972 年,银雀山汉墓出土了《元光元年历谱》,历谱与颛顼历和殷历都不能全部相合,13 个朔干支有 10 个与殷历推步合,7 个与颛顼历合,4 个气干支合于颛顼历。这说明秦至汉初的历法在颛顼历和殷历之间二者择一的想法已经被打破。一批从事古历研究的学者纷纷撰文,掀起了讨论秦至汉初历法的热潮。影响较大的有张培瑜、陈久金、陈美东、张闻玉等人。③ 其中,张培瑜恢复出了一种新的历法,这种历法在公元前 672 年 5 月甲子朔旦芒种夜半齐同,陈久金、陈美东采用了借半日法,即在颛顼历的推步结果上将朔小余增加 470 分,张闻玉则主张汉初历法是以公元前 202 年为起点,在殷历的基础上增加了 162 分,④台湾学者黄一农则主张秦汉时期

---

① 汪曰桢:《历代长术辑要》,《丛书集成续编》第七十九册,台北:新文丰出版公司,1997 年,第 592 页。

② 陈垣:《二十史朔闰表》,北京:中华书局,1962 年,第 1 页。

③ 诸家相关论著见绪论部分。

④ 殷历较颛顼历晚 304 分,再增加 162 分后,共晚 466 分,这与陈久金、陈美东的主张仅差 4 分。

的历法有过多次改革,但总是在"古六历"及其衍生历法中选择,[①]朱桂昌先生主张秦至汉初的历法是以颛顼历为基础对朔小余有所增减,即以颛顼历为基准,秦代曾增加朔余四分之三日,进朔705分,其时间在秦王政元年(前246年),汉代曾分两次减少朔余四分之一日,第一次退210分,时间在汉高帝元年(前206年),第二次退25分,时间在汉文帝后元二年(前162年),他还据此编排了这一时期的历表。[②]各家通过研究,分别给出了朔闰表。另外还有一些学者著有历表问世,如饶尚宽的《春秋战国秦汉朔闰表》,[③]徐锡祺先生的《西周(共和)至西汉历谱》。[④]

在上世纪八九十年代到本世纪初,通过考古工作者的不懈努力,发现了一大批简牍文书,其中有很多历日记载,还有一些或全或残的历谱。从这些历朔资料提供的当时实际行用的历谱来看,学界对这一时期历法的认识还很不成熟。表11列出了各家历谱与实历不符的干支,可供参考,[⑤]其中张培瑜在2007年根据新出历简重新考订了秦至汉初历朔,由于他的朔闰表是在材料发表之后推出,自然与现今发现的历朔资料没有冲突,但张培瑜的分析存在一定的商讨空间,下文专论。

---

① 黄一农:《秦汉之际(前220—前202年)朔闰考》,《文物》2001年第5期;黄一农:《秦王政时期历法新考》,《华学》第5辑,广州:中山大学出版社,2001年;《汉初百年朔闰析究——兼订〈史记〉和〈汉书〉纪日干支讹误》,《历史语言研究所集刊》第72本第4分册。

② 朱桂昌:《古四分历解说——晚秦汉初历法探原》,《颛顼历表新编》,《秦汉史考订文集》,昆明:云南大学出版社,2009年。另,朱氏最新出版的《颛顼历日表》,仍是依据《古四分历解说》与《颛顼历表新编》制定,详参朱桂昌《颛顼历日表》,北京:中华书局,2012年,凡例。他对秦至汉初历法有过三次调朔的认识有可取之处,但他所厘定的调朔时间与余分有误,故其排出的朔闰表也有与实朔不符的地方。

③ 饶尚宽:《春秋战国秦汉朔闰表》,北京:商务印书馆,2006年。

④ 徐锡祺:《西周(共和)至西汉历谱》,北京:科学技术出版社,1997年。徐表秦至汉初部分采用了陈久金等的说法,因此双方在这一时段的错误是雷同的,但为了引起使用者的注意,这里仍将其错误一并表出。

⑤ 文中实历材料出处编号可参看本章第二节,诸家历表来自上引相关文章或论著,其中张闻玉只给出了西汉初年各年首月朔干支及小余,其余为笔者计算得到后再与实历对比,饶尚宽的朔闰表中战国秦部分按无中置闰排列,在对比时按照归余于终的方法进行了调整。黄一农先生对周家台所出秦简历谱的系年与学界主流认识有根本性分歧,如他将秦始皇三十六年、三十七年历谱系于秦王政十年、十一年,但这一看法存在明显错误,笔者在《周家台秦简历谱系年与秦时期历法》(刊于《历史研究》2010年第6期)一文中有详细分析推证。在此仅以主流认识为准对黄谱进行比勘。

表 11　各家所排历谱勘误表

	各家历表所推朔干支	实历朔干支
陈久金和陈美东	秦始皇二十七年六月甲戌	秦始皇廿七年六月乙亥(015)
	八月癸酉	八月甲戌(014)
	三十年五月丁巳	卅年五月戊午(027)
	三十一年四月壬午	卅一年四月癸未(034)
	六月辛巳	六月壬午(036)
	三十二年八月甲辰	卅二年八月乙巳(045)
	三十三年十月癸卯	卅三年十月甲辰(047)
	三十四年正月丙寅	卅四年正月丁卯(058)
	三月乙丑	三月丙寅(060)
	五月甲子	五月乙丑(066)
	三十五年三月己丑	卅五年三月庚寅(071)
	五月戊子	五月己丑(073)
	七月丁亥	七月戊子(075)
	三十六年八月辛亥	卅六年八月壬子(080)
	三十七年十月庚戌	卅七年十月辛亥(081)
	十二月己酉	十二月庚戌081)
	二世元年十月甲戌	二世元年十月乙亥(085)
	十二月癸酉	十二月甲戌(085)
	二月壬申	二月癸酉(085)
	汉高祖十年正月癸巳	汉高祖十年正月甲午(094)
	惠帝二年十二月庚子	惠帝二年十二月辛丑(099)
	四年八月乙酉	四年八月丙戌(101)
张闻玉	汉高祖十年正月癸巳	汉高祖十年正月甲午(094)
	十一年五月乙卯	十一年五月丙辰(096)
	汉惠帝二年十二月庚子	汉惠帝二年十二月辛丑(099)
	四年八月乙酉	四年八月丙戌(101)
	六年十二月丁未	六年十二月戊申(103)
饶尚宽	秦王政六年八月乙亥	秦王政六年八月丙子(002)
	二十二年八月壬寅	廿二年八月癸卯(004)

续表

各家历表所推朔干支	实历朔干支
二十五年五月丙戌	廿五年五月丁亥（005）
秦始皇二十六年八月己酉	秦始皇廿六年八月庚戌（011）
二十七年八月癸酉	廿七年八月甲戌（014）
十一月丁未	十一月戊申（015）
三十年五月丁巳	卅年五月戊午（027）
七月丙辰	七月丁巳（029）
九月乙卯	九月丙辰（030）
三十一年四月壬午	卅一年四月癸未（034）
六月辛巳	六月壬午（036）
后九月己卯	后九月庚辰（038）
三十二年正月丁丑	卅二年正月戊寅（039）
八月甲辰	八月乙巳（045）
三十三年十月癸卯	卅三年十月甲辰（047）
二月辛丑	二月壬寅（049）
四月庚子	四月辛丑（051）
六月己亥	六月庚子（053）
三十四年正月丙寅	卅四年正月丁卯（058）
三月乙丑	三月丙寅（060）
五月甲子	五月乙丑（066）
七月癸亥	七月甲子（062）
九月壬戌	九月癸亥（064）
三十五年三月己丑	卅五年三月庚寅（071）
五月戊子	五月己丑（073）
七月丁亥	七月戊子（075）
九月丙戌	九月丁亥（078）
三十六年十一月乙酉	卅六年十一月丙戌（080）
正月甲申	正月乙酉（080）
八月辛亥	八月壬子（080）
三十七年十月庚戌	卅七年十月辛亥（081）
十二月己酉	十二月庚戌（081）

饶尚宽

	各家历表所推朔干支	实历朔干支
饶尚宽	二月戊申	二月己酉（081）
	四月丁未	四月戊申（081）
	六月丙午	六月丁未（081）
	二世元年十月甲戌	二世元年十月乙亥（085）
	十二月癸酉	十二月甲戌（085）
	二月壬申	二月癸酉（085）
	四月辛未	四月壬申（085）
	六月庚午	六月辛未（085）
	八月己巳	八月庚午（084）
	汉高祖六年三月乙酉	汉高祖六年三月丙戌（087）
	五月甲申	五月乙酉（087）
	七月癸未	七月甲申（087）
	八年十月丙午	八年十月丁未（090）
	九年十月庚午	九年十月辛未（091）
	十二月己巳	十二月庚午（091）
	二月戊辰	二月己巳（091）
	十年正月癸巳	十年正月甲午（094）
	三月壬辰	三月癸巳（094）
	五月辛卯	五月壬辰（094）
	七月庚寅	七月辛卯（092）
	十一年五月乙卯	十一年五月丙辰（096）
	七月甲寅	七月乙卯（096）
	九月癸丑	九月甲寅（096）
	惠帝二年十二月庚子	惠帝二年十二月辛丑（099）
	二月己亥	二月庚子（099）
	四月戊戌	四月己亥（099）
	六月丁酉	六月戊戌（099）
	三年五月壬戌	五月癸亥（100）
	七月辛酉	七月壬戌（100）
	九月庚申	九月辛酉（100）

续表

	各家历表所推朔干支	实历朔干支
饶尚宽	四年八月乙酉	四年八月丙戌(101)
	后九月甲申	后九月乙酉(101)
	五年十一月癸丑	五年十一月甲申(102)
	正月壬午	正月癸未(102)
	六年十二月丁未	六年十二月戊申(103)
	二月丙午	二月丁未(103)
	四月乙巳	四月丙午(103)
	七年四月己巳	七年四月庚子(104)
	六月戊辰	六月己巳(104)
	八月丁卯	八月戊辰(104)
	高后元年九月辛卯	高后元年九月壬辰(105)
	文帝前元三年十二月丁卯	文帝前元三年十二月戊辰(124)
	七年十月乙亥	七年十月丙子(107)
	十二年二月甲辰	十二年二月乙巳(108)
	武帝元朔六年十二月乙酉	武帝元朔六年十二月甲寅(146)
	元狩六年四月丁丑	元狩六年四月戊寅(149)
徐锡祺	秦王政六年八月乙亥	秦王政六年八月丙子(002)
	二十二年八月壬寅	廿二年八月癸卯(004)
	二十五年五月丙戌	廿五年五月丁亥(005)
	秦始皇二十七年六月甲戌	秦始皇廿七年六月乙亥(015)
	八月癸酉	八月甲戌(014)
	三十年五月丁巳	卅年五月戊午(027)
	三十一年四月壬午	卅一年四月癸未(034)
	六月辛巳	六月壬午(036)
	三十二年八月甲辰	卅二年八月乙巳(045)
	三十三年十月癸卯	卅三年十月甲辰(047)
	三十四年正月丙寅	卅四年正月丁卯(058)
	三月乙丑	三月丙寅(060)
	五月甲子	五月乙丑(066)
	三十五年三月己丑	卅五年三月庚寅(071)

	各家历表所推朔干支	实历朔干支
徐锡祺	五月戊子	五月己丑（073）
	七月丁亥	七月戊子（075）
	三十六年八月辛亥	卅六年八月壬子（080）
	三十七年十月庚戌	卅七年十月辛亥（081）
	十二月己酉	十二月庚戌（081）
	二世元年十月甲戌	二世元年十月乙亥（085）
	十二月癸酉	十二月甲戌（085）
	二月壬申	二月癸酉（085）
	汉高祖十年正月癸巳	汉高祖十年正月甲午（094）
	惠帝二年十二月庚子	惠帝二年十二月辛丑（099）
	四年八月乙酉	四年八月丙戌（101）
黄一农	秦王政二十二年八月壬寅	秦王政廿二年八月癸卯（004）
	二十五年五月丙戌	廿五年五月丁亥（005）
	秦始皇二十六年三月辛巳	秦始皇廿六年三月壬午（009）
	五月庚辰	五月辛巳（010）
	八月己酉	八月庚戌（011）
	二十七年十一月丁未	廿七年十一月戊申（015）
	六月甲戌	六月乙亥（015）
	八月癸酉	八月甲戌（014）
	三十年五月丁巳	卅年五月戊午（027）
	七月丙辰	七月丁巳（029）
	九月乙卯	九月丙辰（030）
	三十一年四月壬午	卅一年四月癸未（034）
	六月辛巳	六月壬午（036）
	后九月己卯	后九月庚辰（038）
	三十二年正月丁丑	卅二年正月戊寅（039）
	八月甲辰	八月乙巳（045）
	三十三年十月癸卯	卅三年十月甲辰（047）
	二月辛丑	二月壬寅（049）
	四月庚子	四月辛丑（051）

	各家历表所推朔干支	实历朔干支
黄一农	六月己亥	六月庚子(053)
	三十四年正月丙寅	卅四年正月丁卯(058)
	三月乙丑	三月丙寅(060)
	五月甲子	五月乙丑(066)
	七月癸亥	七月甲子(062)
	九月壬戌	九月癸亥(064)
	三十五年三月己丑	卅五年三月庚寅(071)
	五月戊子	五月己丑(073)
	七月丁亥	七月戊子(075)
	九月丙戌	九月丁亥(078)
	三十六年十一月乙酉	卅六年十一月丙戌(080)
	正月甲申	正月乙酉(080)
	八月辛亥	八月壬子(080)
	三十七年十月庚戌	卅七年十月辛亥(081)
	十二月己酉	十二月庚戌(081)
	二月戊申	二月己酉(081)
	四月丁未	四月戊申(081)
	六月丙午	六月丁未(081)
	后九月甲辰	后九月乙巳(补1)
	汉高祖三年十二月乙巳	汉高祖三年十二月甲辰(113)
朱桂昌	秦始皇二十六年十二月甲寅	秦始皇廿六年十二月癸丑朔(008)
	二十七年四月丙子	廿七年四月乙亥(015)
	六月乙亥	六月甲戌(015)
	八月甲戌	八月癸酉(015)
	二十八年七月己亥	廿八年七月戊戌(018)
	三十年十一月辛酉	卅年十一月庚申(025)
	三十一年二月甲申	卅一年二月癸未(033)
	三十二年六月丙午	卅二年六月乙巳(044)
	三十四年十一月戊辰	卅四年十一月丁卯(057)

续表

	各家历表所推朔干支	实历朔干支
朱桂昌	三十五年正月辛卯	卅五年正月庚寅（069）
	三十六年六月癸丑	卅六年六月壬子（080）
	三十七年九月丙子	卅七年九月乙亥（081）
	汉高祖九年七月丙申	汉高祖九年七月丁酉（091）

　　张培瑜在 2007 年发表了《根据新出历日简牍试论秦和汉初的历法》一文，[①]对他原先在《三千五百年历日天象》一书中给出的朔闰表有所修正，由于他的这篇文章成稿于张家山汉简历谱、周家台秦简历谱和里耶秦简部分公布以后，所以文后所附朔闰表几乎与现在的材料全部相容。其实，以往所出历表也都与当时所掌握的历日资料全部相容，这是很自然的。但这并不意味着我们就已经彻底搞清楚了秦至汉初的历法。他在文中给出了三种可能的方案，试图解决这一问题，现分别稍作讨论：（一）、从张家山 247 号汉墓历谱复原出一种历法，这种历法近距上元甲子辛酉（公元前 1020 年），历元正月己巳朔旦立春。这一历法满足几乎全部的太初以前的历日。但从文后的附表看来，似乎存在一月之差，比如高后四年入这种历法的戊寅蔀首年，正月应该是戊寅朔，但张氏给出的朔闰表中这一年十二月戊寅朔，而正月的朔日为戊申。事实上，从张家山汉简回推的十种可能的历法中，没有一种历元设在正月的，而其中一种可以设定历元在公元前 1020 年 2 月，当月朔小余为零；（二）、张培瑜的另外一种方案就是打破四分历术，将朔策调小，使其处在 29.53084（$29\frac{13271}{25000}$）与 29.53082466（$29\frac{663}{1249}$）之间。这是注意到在四分术的框架下，理论上不可能找到一种历法可以涵摄所有历日资料的情况下做出的假定。就目前学界的认识而言，四分术在秦至汉初的行用应该不成问题，因此这只能是一种设想。我们将在下文用一定的篇幅对秦至汉初四分术的发展做一探讨。（三）、张培瑜正确地指出了秦与汉初历法的步朔小余有一定的差值，这个差值不是定值，目

　　①　张培瑜：《根据新出历日简牍试论秦和汉初的历法》，《中原文物》2007 年第 5 期。

前的材料只能将其取值限定在一定的范围。这就决定了我们不能据此严格给出一个唯一的历表,当某个月份的朔小余取值跨在 940 时,它就会出现双解。此外,张培瑜所主张的固定节气置闰法也存在商讨的余地,这在第三章第三节专文讨论。

二　传世文献和出土文献中的历朔资料

《史记》、《汉书》、《汉纪》和出土文献中的实历记载很多,可分为三类:

1、朔干支。需要年月明确,如(秦王政)二年十月癸酉朔戊寅,这类材料的价值很高。

2、日干支。需要年月明确,如高祖六年三月丁巳,这类材料的价值有限。这是因为干支共有六十个,而每月的月长为 29 到 30 天,某干支落入某一特定月份的概率接近百分之五十,所以用日干支来证实朔干支的误差是很大的,但彼此可以严格证伪。另外,当日干支处于与已知朔干支相距 30 日的时候,根据这个处于晦日的日干支便可以判定下月的朔干支。

3、气干支。需要年月明确,如元光元年历谱:“正月……壬申反立春。”气干支的价值也很高,但这类材料很少。

下面我们按照这一分类标准将秦王政元年(前 246 年)至汉武帝太初元年(前 104 年)的有关资料进行胪列,胪列时按照如下原则:

1、关于朔干支。考虑到《汉纪》成书晚于《汉书》,且依据后者编撰,我们只列出《汉纪》独有或与《汉书》不符的朔干支,对于相同的朔干支记载,则以《汉书》为准。出土文献中的朔干支即便相同也全部列出,以便校正字迹潦草不清而出现的误记误释。

2、关于日干支。月朔干支与日干支出于同一文献,且日干支无特殊意义者,不再列出,如六年三月戊申朔乙亥,其中乙亥不再在日干支中列出。这里的特殊意义是指日干支处于第 30 日的情况,如里耶秦简(8)—63:廿六年三月壬午朔癸卯……辛亥。

(一)朔干支。共计 397 条。

其中,出土文献类计 353 条。①

001 秦王政二年十月癸酉朔

张家山 247 号汉墓《奏谳书》:……二年十月癸酉朔戊寅②

002 秦王政六年八月丙子朔

张家山 247 号汉墓《奏谳书》:……六年八月丙子朔壬辰

003 秦王政廿年四月丙戌朔

睡虎地秦简《语书》:廿年四月丙戌朔丁亥③

004 秦王政廿二年八月癸卯朔

岳麓书院藏秦简《奏谳书》:廿二年八月癸卯朔辛亥④

005 秦王政廿五年五月丁亥朔

岳麓书院藏秦简《奏谳书》:廿五年五月丁亥朔壬寅⑤

006 秦王政廿五年六月丙辰朔

张培瑜在《根据新出历日简牍试论秦和汉初的历法》一文中提到:"新出土的湖南龙山里耶的秦简历日中有一条秦王政廿五年六月丙辰朔的历日。"⑥

岳麓书院藏秦简《奏谳书》:廿五年六月丙辰朔癸未⑦

007 秦始皇廿六年十月甲寅朔

该条材料为张培瑜、张春龙根据未公布里耶残简考得,原文作"[甲]寅"。⑧

---

① 有明确年份、月序和朔干支的,我们以一条材料计,如"(秦王政)廿年四月丙戌朔"计为一条。对于历谱,有多少个明确月朔干支就记为多少条,如元光元年历谱有十三个月朔干支,则记为十三条。对于没有明确纪年的历朔干支,这里不予收列,如孔家坡汉简《历日》中的 12 个月朔干支,尽管武家璧正确的考订该《历日》年代为汉景帝后元二年,但为避免逻辑上的矛盾,亦不收列,参见武家璧《随州孔家坡汉简〈历日〉及其年代》,《江汉考古》2009 年第 1 期。

② 张家山二四七号汉墓竹简整理小组:《张家山汉墓竹简〔二四七号墓〕》(释文修订本),北京:文物出版社,2006 年。本文所引张家山汉简资料均据该书,下不出注。

③ 睡虎地秦墓竹简整理小组:《睡虎地秦墓竹简》,北京:文物出版社,1978 年。本文所引睡虎地秦简资料均据该书,下不出注。

④ 陈松长:《岳麓书院所藏秦简综述》,《文物》2009 年第 3 期。

⑤ 同上。

⑥ 张培瑜:《根据新出历日简牍试论秦和汉初的历法》,《中原文物》2007 年第 5 期。

⑦ 同①。

⑧ 张培瑜、张春龙:《秦代历法和颛顼历》,湖南省文物考古研究所《里耶发掘报告》,长沙:岳麓书社,2007 年,第 736 页。

008 秦始皇廿六年十二月癸丑朔

里耶秦简(8)—652:廿六年十二月癸丑朔辛巳①

里耶秦简(8)—1452:廿六年十二月癸丑朔己卯

里耶秦简(8)—1516:廿六年十二月癸丑朔庚申

009 秦始皇廿六年三月壬午朔

里耶秦简(8)—63:廿六年三月壬午朔癸卯

010 秦始皇廿六年五月辛巳朔

里耶秦简 J1(16)9:廿六年五月辛巳朔庚子

011 秦始皇廿六年八月庚戌朔

里耶秦简 J1(8)134:廿六年八月庚戌朔丙子

012 秦始皇廿七年二月丙子朔

里耶秦简 J1(16)5,J1(16)6:廿七年二月丙子朔庚寅

013 秦始皇廿七年三月丙午朔

里耶秦简(8)—1510:廿七年三月丙午朔己酉

014 秦始皇廿七年八月甲戌朔

里耶秦简 J1(8)133:廿七年八月甲戌朔壬辰

015 秦始皇廿七年历谱

岳麓书院藏秦简《廿七年质日》:十月戊寅……十一月戊申……十二月丁丑……端月丁未……二月丙子……三月丙午……四月乙亥……五月乙巳……六月甲戌……七月甲辰……八月癸酉……九月癸卯②

016 秦始皇廿八年五月己亥朔

里耶秦简(8)—170:廿八年五月己亥朔甲寅

里耶秦简(8)—742:廿八年五月己亥朔己未

---

① 湖南省文物考古研究所编著:《里耶秦简(壹)》,北京:文物出版社,2012 年。《里耶秦简(壹)》仅收录了出土于里耶古城遗址一号井五、六、八层的简牍,文中所引里耶秦简凡出于该书的均据该书依次标明层位、编号,如"里耶秦简(8)—652"就是指采自《里耶秦简(壹)》"第八层简牍"第 652 简,下不出注。

② 朱汉民、陈松长:《岳麓书院藏秦简(壹)》,上海:上海辞书出版社,2010 年。本文所引岳麓书院藏秦简凡未特别注明者均据该书,下不出注。岳麓书院藏秦简中的三组"质日"(即廿七年、卅四年和卅五年质日)简中月名后的干支并非都是朔干支,《质日》也不是《历谱》,详参本章第四节,此处暂以"历谱"编入,文中称引该条材料编号不变,但以讨论后调整的历朔为准。

017 秦始皇廿八年六月己巳朔

里耶秦简(8)—1518:廿八年六月己巳朔甲午

018 秦始皇廿八年七月戊戌朔

里耶秦简(8)—767:廿八年七月戊戌朔辛酉

里耶秦简(8)—1562:廿八年七月戊戌朔乙巳

里耶秦简(8)—1563:廿八年七月戊戌朔癸卯

019 秦始皇廿八年八月戊辰朔

里耶秦简 J1(9)984:廿八年八月戊辰朔丁丑

020 秦始皇廿九年十二月丙寅朔

里耶秦简(8)—1524:廿九年十二月丙寅朔己卯

021 秦始皇廿九年四月甲子朔

里耶秦简(8)—1521:廿九年四月甲子朔辛巳

022 秦始皇廿九年九月壬辰朔

里耶秦简(8)—646、(8)—1523:廿九年九月壬辰朔辛亥

023 秦始皇廿九年后九月辛酉朔

里耶秦简残简材料。①

024 秦始皇卅年十月辛卯朔

里耶秦简(8)—1515:卅年十月辛卯朔乙未

025 秦始皇卅年十一月庚申朔

里耶秦简(8)—141:卅年十一月庚申朔丙子

026 秦始皇卅年二月己丑朔

里耶秦简(8)—672:卅年二月己丑朔壬寅

027 秦始皇卅年五月戊午朔

里耶秦简(8)—2006:卅年五月戊午朔辛巳

028 秦始皇卅年六月丁亥朔

里耶秦简(8)—1566:卅年六月丁亥朔甲辰

029 秦始皇卅年七月丁巳朔

里耶秦简(8)—473:卅年七月丁巳朔戊☒

---

① 张培瑜、张春龙:《秦代历法和颛顼历》,湖南省文物考古研究所《里耶发掘报告》,长沙:岳麓书社,2007年,第736页。

030 **秦始皇卅年九月丙辰朔**

　　里耶秦简 J1(9)981：卅年九月丙辰朔己巳

031 **秦始皇卅一年十月乙酉朔**

　　里耶秦简(8)—1287：卅一年十月乙酉朔

032 **秦始皇卅一年正月甲寅朔**

　　里耶秦简(8)—474：卅一年正月甲寅朔己□

　　里耶秦简(8)—764：卅一年正月甲寅朔丙辰

　　里耶秦简(8)—1241：卅一年正月甲寅朔壬午

033 **秦始皇卅一年二月癸未朔**

　　里耶秦简(8)—71：卅一年二月癸未朔丙戌

034 **秦始皇卅一年四月癸未朔**

　　里耶秦简(8)—736：卅一年四月癸未朔甲午

　　里耶秦简(8)—1278：卅一年四月癸未朔癸卯

　　里耶秦简(8)—1759：卅一年四月癸未朔乙未

035 **秦始皇卅一年五月壬子朔**

　　里耶秦简(8)—45：卅一年五月壬子朔壬戌

　　里耶秦简(8)—2043：卅一年五月壬子朔丙□

　　里耶秦简(8)—2134：卅一年五月壬子朔□

036 **秦始皇卅一年六月壬午朔**

　　里耶秦简(8)—173：卅一年六月壬午朔庚戌

　　里耶秦简(8)—1102：卅一年六月壬午朔丁亥

037 **秦始皇卅一年七月辛亥朔**

　　里耶秦简(8)—648：卅一年七月辛亥朔甲子

　　里耶秦简(8)—1336：卅一年七月辛亥朔壬子

　　里耶秦简(8)—1550：卅一年七月辛亥朔己卯

038 **秦始皇卅一年后九月庚辰朔**

　　里耶秦简(8)—190：卅一年后九月庚辰朔

　　里耶秦简(8)—1560：卅一年后九月庚辰朔辛巳

　　里耶秦简(8)—2034：卅一年后九月庚辰朔壬寅

039 **秦始皇卅二年正月戊寅朔**

　　里耶秦简 J1(8)157：卅二年正月戊寅朔甲午……正月戊寅朔丁酉

040 **秦始皇卅二年二月丁未朔**

里耶秦简(8)—159:卅二年二月丁未朔

041 **秦始皇卅二年三月丁丑朔**

里耶秦简(8)—62:卅二年三月丁丑朔

里耶秦简(8)—2194:卅二年三月丁丑朔癸巳

042 **秦始皇卅二年四月丙午朔**

里耶秦简 J1(8)152:卅二年四月丙午朔甲寅

里耶秦简 J1(8)156:四月丙午朔癸丑

里耶秦简 J1(8)158:卅二年四月丙午朔甲寅

043 **秦始皇卅二年五月丙子朔**

里耶秦简(8)—1520:卅二年五月丙子朔庚子

044 **秦始皇卅二年六月乙巳朔**

里耶秦简(8)—1455:卅二年六月乙巳朔壬申

045 **秦始皇卅二年八月乙巳朔**

里耶秦简(8)—2247:卅二年八月乙巳朔壬戌

046 **秦始皇卅二年九月甲戌朔**

里耶秦简(8)—664:卅二年九月甲戌朔

047 **秦始皇卅三年十月甲辰朔**

里耶秦简(8)—761:卅三年十月甲辰朔壬戌

里耶秦简(8)—2441:卅三年十月甲辰朔庚申

048 **秦始皇卅三年正月壬申朔**

里耶秦简(8)—651:卅三年正月壬申朔

049 **秦始皇卅三年二月壬寅朔**

里耶秦简 J1(8)154:卅三年二月壬寅朔

050 **秦始皇卅三年三月辛未朔**

里耶秦简 J1(9)2:卅三年三月辛未朔戊戌

里耶秦简 J1(9)3:卅三年三月辛未朔戊戌

里耶秦简 J1(9)11:卅三年三月辛未朔丁酉

051 **秦始皇卅三年四月辛丑朔**

里耶秦简 J1(9)1:卅三年四月辛丑朔丙午

里耶秦简 J1(9)4,J1(9)5 均书有:卅三年四月辛丑朔丙午

里耶秦简 J1(9)6,J1(9)7 均书有:卅三年四月辛丑朔戊申

里耶秦简 J1(9)8,J1(9)10 均书有:卅三年四月辛丑朔丙午

里耶秦简 J1(9)12:卅三年四月辛丑朔丙午

052 秦始皇卅三年五月庚午朔

里耶秦简(8)—1152:卅三年五月庚午朔庚寅

里耶秦简(8)—1255:卅三年五月庚午朔己丑[①]

053 秦始皇卅三年六月庚子朔

里耶秦简(8)—768:卅三年六月庚子朔丁未

054 秦始皇卅三年七月己巳朔

里耶秦简(8)—1537:卅三年七月己巳朔甲戌

里耶秦简(8)—1800:卅三年七月己巳朔甲申

055 秦始皇卅三年八月己亥朔

里耶秦简(8)—1263:卅三年八月己亥朔丙寅

056 秦始皇卅三年九月戊辰朔

里耶秦简(8)—716:卅三年九月戊辰朔甲☒

057 秦始皇卅四年十一月丁卯朔

里耶秦简(8)—1220:卅四年十一月丁卯朔庚寅

058 秦始皇卅四年正月丁卯朔

里耶秦简(8)—197:卅四年正月丁卯朔辛未

059 秦始皇卅四年二月丙申朔

里耶秦简(8)—916:卅四年二月丙申朔☒

里耶秦简(8)—932:卅四年二月丙申朔癸丑

060 秦始皇卅四年三月丙寅朔

里耶秦简(8)—1889:卅四年三月丙寅朔戊辰

061 秦始皇卅四年六月甲午朔

里耶秦简 J1(9)1,J1(9)10 均书有:卅四年六月甲午朔戊午

062 秦始皇卅四年七月甲子朔

里耶秦简 J1(9)2,J1(9)3,J1(9)12 均书有:卅四年七月甲子朔辛卯

---

① 《里耶秦简(壹)》原释文作"卅三年正月庚午朔己丑",今检图版,当作"卅三年五月庚午朔己丑",原整理者释文不确。

063 秦始皇卅四年八月癸巳朔

　　里耶秦简 J1(9)2,J1(9)4 均书有:卅四年八月癸巳朔

　　里耶秦简 J1(9)5,J1(9)6,J1(9)7,J1(9)8,J1(9)9,J1(9)11 均书有:卅四年八月癸巳朔

064 秦始皇卅四年九月癸亥朔

　　里耶秦简(8)—143:卅四年九月癸亥朔乙酉

　　里耶秦简(8)—806:卅四年九月癸亥朔庚辰

　　里耶秦简(8)—1816:卅四年九月癸亥朔辛巳

065 秦始皇卅四年后九月壬辰朔

　　里耶秦简(8)—73:卅四年后九月壬辰朔壬寅

　　里耶秦简(8)—836:卅四年后九月壬辰朔丁酉

　　里耶秦简(8)—1240:卅四年后九月壬辰朔丁巳

066 秦始皇卅四年历谱一

　　岳麓书院藏秦简《卅四年质日》:十月戊戌小……十一月丁卯大……十二月丁酉大……正月丁卯小……二月丙申大……三月丙寅小……四月乙未大……五月乙丑小……六月甲午大……七月甲子小……八月癸巳大……九月癸亥小①

067 秦始皇卅四年历谱二

　　周家台 30 号秦墓《历谱》:十月戊戌,十一月丁卯,十二月丁酉,正月丁卯,二月丙申,三月乙丑,四月乙未,五月甲子,六月甲午,七月癸亥,八月癸巳,九月癸亥,后九月壬辰②

068 秦始皇卅五年十一月辛卯朔

　　里耶秦简(8)—143:卅五年十一月辛卯朔

　　里耶秦简(8)—2032:卅五年十一月辛卯朔辛□

069 秦始皇卅五年正月庚寅朔

　　里耶秦简(8)—259:卅五年正月庚寅朔癸巳

　　里耶秦简(8)—1457:卅五年正月庚寅朔甲寅

　　里耶秦简(8)—1738:卅五年正月庚寅朔辛亥

---

　　① 此为《卅四年质日》,作为历朔资料,其性质同于《廿七年质日》。详参第 45 页注②。

　　② 此实为日志类记事簿册,其历朔资料多有误,本章第三节对该历谱有详细讨论。文中称引该条材料编号不变,但以调整后的历朔为准。

070 秦始皇卅五年二月庚申朔

里耶秦简(8)—1535:卅五年二月庚申朔☒

071 秦始皇卅五年三月庚寅朔

里耶秦简(8)—433:卅五年三月庚寅朔☒

里耶秦简(8)—1459:卅五年三月庚寅朔丁酉

072 秦始皇卅五年四月己未朔

里耶秦简 J1(9)1——J1(9)12 均书有:卅五年四月己未朔乙丑……

073 秦始皇卅五年五月己丑朔

里耶秦简(8)—447:卅五年五月己丑朔甲□

里耶秦简(8)—770:卅五年五月己丑朔庚子

里耶秦简(8)—909:卅五年五月己丑朔乙巳

074 秦始皇卅五年六月戊午朔

里耶秦简(8)—96:卅五年六月戊午朔丁卯

里耶秦简(8)—191:卅五年六月戊午朔

里耶秦简(8)—845:卅五年六月戊午朔己巳

075 秦始皇卅五年七月戊子朔

里耶秦简(8)—962:卅五年七月戊子朔癸巳

里耶秦简(8)—1268:卅五年七月戊子朔乙巳

里耶秦简(8)—1554:卅五年七月戊子朔己酉

076 秦始皇卅五年八月丁巳朔

里耶秦简(8)—660:卅五年八月丁巳朔丙戌

里耶秦简(8)—769:卅五年八月丁巳朔己未

里耶秦简(8)—824:卅五年八月丁巳朔丙戌

077 秦始皇卅五年九月乙丑朔

里耶秦简(8)—27:卅五年九月乙丑朔[①]

---

① 《里耶秦简(壹)》释文原作"卅五年九月己丑朔",今检图版,当作"卅五年九月乙丑朔"。但无论乙丑还是己丑,此条材料都是错误的。里耶秦简中秦始皇卅五年九月丁亥朔凡三见,此为实证。又,"卅五年八月丁巳朔"凡十见,丁巳下行 8 日为乙丑,下行 30 日为丁亥,下行 32 日为己丑,故九月当为丁亥朔无疑。

078 秦始皇卅五年九月丁亥朔

里耶秦简(8)—934:卅五年九月丁亥朔庚寅

里耶秦简(8)—1539:卅五年九月丁亥朔乙卯

里耶秦简(8)—2248:卅五年九月丁亥朔丙申

079 秦始皇卅五年历谱

岳麓书院藏秦简《卅五年私质日》:十月小……十一月辛卯大……十二月小……正月庚寅大……二月大……三月小……四月大……五月小……六月大……七月小……八月大……九月小①

080 秦始皇卅六年历谱

周家台30号秦墓《历谱》:十月　丙辰大,十一月　丙戌小,乙卯　十二月大,乙酉　正月小,甲寅　二月大,甲申　三月小,癸丑　四月大,癸未　五月小,壬子　六月大,壬午　七月大,八月　壬子,辛巳　九月小。卅六年日

该《历谱》"乙酉　正月小"全部为补出,其中正月乙酉朔可由"乙卯十二月大"推得,"正月小"可由"甲寅　二月大"推得。整理者在注解中说:"本简上端残缺,从仅存的小片简上还可以看出其上书有三字,我们辨识为'正月小'三字的右半部,当是秦始皇三十六年(前211年)正月朔日干支无疑。"②细审原简(简72),此三字当为"有恶言",刘信芳先生已经指出。③但"乙酉　正月小"可据前后两月月朔大小推得,是没有错误的。

八十号简背书有"卅六年日"字样,可判定为秦始皇三十六年历谱。同样,下文的三十七年历谱与该谱相接,故可直接判定。

另外,"八月　壬子"条下未标明当月大小,整理者据九月朔日干支辛巳推算为小月,④这个意见是可取的。但原简九月为小月却是有问题的,

---

① 此为《卅五年私质日》,虽只有十一月、正月两个月朔干支,但因其注明了月大月小,其他各月朔干支可简单推得。作为历朔资料,其性质同于《廿七年质日》。详参第45页注②。

② 湖北省荆州市周梁玉桥遗址博物馆:《关沮秦汉墓简牍》,北京:中华书局,2001年,第100页。

③ 刘信芳:《周家台秦简历谱校正》,《文物》2002年第10期。

④ 同②。

这是因为八、九两月相连,不能同时为小,且按干支推算,九月后一月为三十七年(前210年)的十月,其朔日为辛亥,与辛巳差三十日,可判定三十六年(前211年)九月当为大月。反之,如果固守原简九月小,则八月大,而原简六、七两月连大,八月就不能再大,这样一来,就要改动八月的朔干支和七月的月大小。综合看来,九月小的错误还是明显的。

081 秦始皇卅七年历谱

周家台30号秦墓《历谱》:十月　辛亥小,十一月　庚辰大,十二月　庚戌小,正月　己卯大,二月　己酉小,三月　戊寅大,四月　戊申小,五月　丁丑大,六月　丁未小,七月　丙子大,八月　丙午小,九月　乙亥大

082 二世元年正月癸卯朔

里耶秦简(6)—3:元年端月癸卯朔

083 二世元年七月庚子朔

里耶秦简(5)—1:元年七月庚子朔丁未

084 二世元年八月庚午朔

里耶秦简(8)—653:元年八月庚午朔

085 二世元年历谱

周家台30号秦墓《历谱》:十月乙亥小,十一月甲辰大,十二月甲戌小,端月癸卯大,二月癸酉小,三月壬寅大,四月壬申小,五月辛丑大,六月辛未小,七月庚子大,八月庚午小,九月己亥大

该谱十月朔干支乙亥与“卅七年历谱”九月朔干支乙亥差六十日,可密合。遂直接判定为秦二世元年历谱。

086 汉高祖五年历谱

张家山247号汉墓《历谱》:四月辛卯,五月辛酉,六月庚寅,七月庚申,八月己丑,九月己未,后九月☐,☐新降为汉。九月☐

087 汉高祖六年历谱

张家山247号汉墓《历谱》:十月戊午,十一月丁亥,十二月丁巳,正月丙戌,二月丙辰,三月丙戌,四月乙卯,五月乙酉,六月甲寅,七月甲申,八月癸丑,九月癸未小

088 汉高祖七年历谱

　　张家山 247 号汉墓《历谱》：十月壬子，十一月壬午，十二月辛亥，正月□
□□□□□□□□□□□□□□□□□□□□□□□□□□□□□□□□□□□□□
□□大。

089 汉高祖八年四月甲辰朔

　　张家山 247 号汉墓《奏谳书》：八年四月甲辰朔……

090 汉高祖八年历谱

　　张家山 247 号汉墓《历谱》：十月丁未，十一月丙子，十二月丙午，正月
乙亥，二月乙巳，三月甲戌，四月甲辰，五月癸酉，六月癸卯，七月壬申，八月
壬寅，九月辛未，后九月辛丑大

091 汉高祖九年历谱

　　张家山 247 号汉墓《历谱》：十月辛未，十一月庚子，十二月庚午，正月
己亥，二月己巳，三月戊戌，四月戊辰，五月丁酉，六月丁卯，七月丁酉，八月
丙寅，九月乙未大

092 汉高祖十年七月辛卯朔

　　张家山 247 号汉墓《奏谳书》：十年七月辛卯朔癸巳，胡状、丞熹敢
谳之

　　张家山 247 号汉墓《奏谳书》：十年七月辛卯朔甲寅，江陵余、丞骜敢
谳之

093 汉高祖十年八月庚申朔

　　张家山 247 号汉墓《奏谳书》：十年八月庚申朔

094 汉高祖十年历谱

　　张家山 247 号汉墓《历谱》：十月乙丑，十一月甲午，十二月甲子，正月
甲午，二月癸亥，三月癸巳，四月壬戌，五月壬辰，六月辛酉，七月辛卯，八月
庚申，九月庚寅，后九月己未

095 汉高祖十一年八月甲申朔

　　张家山 247 号汉墓《奏谳书》：(汉高祖)十一年八月甲申朔己丑……

　　张家山 247 号汉墓《奏谳书》：十一年八月甲申朔丙戌，江陵丞骜敢谳之

096 汉高祖十一年历谱

　　张家山 247 号汉墓《历谱》：十月己丑，十一月戊午，十二月戊子，正月

丁巳,二月丁亥,三月丙辰,四月丙戌,五月丙辰,六月乙酉,七月乙卯,八月甲申,九月甲寅

097 汉高祖十二年历谱

张家山247号汉墓《历谱》:十月癸未,十一月癸丑,十二月壬午,正月壬子,二月辛巳,三月辛亥,四月庚辰,五月庚戌,六月己卯,七月己酉,八月戊寅,九月戊申

098 惠帝元年历谱

张家山247号汉墓《历谱》:八月癸酉,九月壬寅,后九月壬申·六月病免

099 惠帝二年历谱

张家山247号汉墓《历谱》:十月辛丑,十一月辛未,十二月辛丑,正月庚午,二月庚子,三月己巳,四月己亥,五月戊辰,六月戊戌,七月丁卯,八月丁酉,九月丙寅

100 惠帝三年历谱

张家山247号汉墓《历谱》:十月丙申,十一月乙丑,十二月乙未,正月甲子,二月甲午,三月癸亥,四月癸巳,五月癸亥,六月壬辰,七月壬戌,八月辛卯,九月辛酉

101 惠帝四年历谱

张家山247号汉墓《历谱》:十月庚寅,十一月庚申,十二月己丑,正月己未,二月戊子,三月戊午,四月丁亥,五月丁巳,六月丙戌,七月丙辰,八月丙戌,九月乙卯,后九月乙酉

102 惠帝五年历谱

张家山247号汉墓《历谱》:十月甲寅,十一月甲申,十二月癸丑,正月癸未,二月壬子,三月壬午,四月辛亥,五月辛巳,六月庚戌,七月庚辰,八月己酉,九月己卯

103 惠帝六年历谱

张家山247号汉墓《历谱》:十月戊申,十一月戊寅,十二月戊申,正月丁丑,二月丁未,三月丙子,四月丙午,五月乙亥,六月乙巳,七月甲戌,八月甲辰,九月癸酉,后九月癸卯

104 惠帝七年历谱

张家山247号汉墓《历谱》:十月壬申,十一月壬寅,十二月辛未,正月

辛丑,二月庚午,三月庚子,四月庚午,五月己亥,六月己巳,七月戊戌,八月戊辰,九月丁酉

105 高后元年历谱

张家山 247 号汉墓《历谱》:☑月癸巳,八月壬戌,九月壬辰

106 高后二年历谱

张家山 247 号汉墓《历谱》:☑庚寅,二月己未,三月己丑,四月戊午,五月戊子,六月丁巳,七月丁亥,八月丙辰,九月丙戌,后九月乙☑

107 文帝前元七年十月丙子朔

江陵高台 18 号汉墓木牍:七年十月丙子朔庚子①

108 文帝十二年二月乙巳朔

马王堆 3 号汉墓告墓牍:十二年二月乙巳朔戊辰,家丞奋移主葬郎中,移葬物一编,书到先撰,具奏主葬君②

109 景帝前元三年六月壬子朔

凤凰山 10 号汉墓:(景帝三年)六月十六日丁卯决乡至十月十日·凡三月廿三日③

110 武帝元光元年历谱

银雀山汉墓竹简历谱:十月大己丑……十一月小己未……十二月大戊子……正月大戊午……二月小戊子……三月大丁巳……四月小丁亥反……五月大丙辰……六月小丙戌反……七月大乙卯……八月小乙酉……九月大甲寅……后九月小甲申④

传世文献类计 44 条。

111 秦王政八年秋甲子朔

《吕氏春秋·序意》:"维秦八年,岁在涒滩,秋甲子朔。"

112 汉高祖三年十一月乙亥朔

《汉书·五行志》:"高帝三年十月甲戌晦,日有食之,在斗二十度,燕地也。"

① 张万高:《江陵高台 18 号墓发掘简报》,《文物》1993 年第 8 期。
② 湖南省博物馆等:《长沙马王堆二、三号墓发掘简报》,《文物》1974 年第 7 期。
③ 李均明、何双全:《散见简牍合辑》,北京:文物出版社,1990 年,第 75 页。
④ 张永山:《汉简历谱》,薄树人主编《中国科学技术典籍通汇·天文卷》(第一分册),郑州:河南教育出版社,1997 年,第 221—223 页。本文所有银雀山汉简历谱资料均据该书,下不出注。

113 汉高祖三年十二月甲辰朔

《汉书·高帝纪》:"(高帝三年)十一月癸卯晦,日有食之。"

《汉书·五行志》:"(高帝三年)十一月癸卯晦,日有食之,在虚三度,齐地也。"

114 汉高祖九年七月丙申朔

《汉书·高帝纪》:"(高帝九年)夏六月乙未晦,日有食之。"

《汉书·五行志》:"(高帝)九年六月乙未晦,日有食之,既,在张十三度。"

115 惠帝七年正月辛丑朔

《汉书·惠帝纪》:"(惠帝七年)春正月辛丑朔,日有蚀之。"

《汉书·五行志》:"惠帝七年正月辛丑朔,日有食之,在危十三度。"

116 惠帝七年正月辛酉朔

《汉纪》卷五:"(惠帝)七年春正月辛酉朔,日有食之。"

117 惠帝七年六月己巳朔

《汉书·五行志》:"(惠帝七年)五月丁卯,先晦一日,日有食之,几尽,在七星初。"

118 高后二年三月丙辰朔

《汉纪》卷六:"(高后二年)二月乙卯晦,地震。"

119 高后二年七月丁亥朔

《汉书·高后纪》:"(高后二年)夏六月丙戌晦,日有蚀之。"

《汉书·五行志》:"高后二年六月丙戌晦,日有食之。"

120 高后七年二月庚寅朔

《汉书·五行志》:"(高后)七年正月己丑晦,日有食之,既,在营室九度,为宫室中。"

121 文帝前元元年十月庚戌朔

《史记·吕太后本纪》:"(高后八年)后九月晦日己酉,至长安,舍代邸。"

122 文帝前元二年十二月甲辰朔

《汉书·文帝纪》:"(文帝前元二年)十一月癸卯晦,日有食之。"

123 文帝前元三年十一月戊戌朔

《史记·孝文本纪》:"(文帝前元三年)三年十月丁酉晦,日有食之。"

《汉书·文帝纪》:"(文帝前元三年)三年十月丁酉晦,日有食之。"

《汉书·五行志》:"(文帝前元)三年十月丁酉晦,日有食之,在斗二十二度。"

124 文帝前元三年十二月戊辰朔

《汉书·文帝纪》:"(文帝前元三年)十一月丁卯晦,日有蚀之。"

《汉书·五行志》:"(文帝前元三年)十一月丁卯晦,日有食之,在虚八度。"

125 文帝后元四年五月丁巳朔

《汉书·五行志》:"(文帝)后四年四月丙辰晦,日有食之,在东井十三度。"

126 文帝后元四年五月丁卯朔

《汉书·文帝纪》:"(文帝后元)四年夏四月丙寅晦,日有蚀之。"

《汉纪》卷八:"(文帝后元)四年夏四月丙寅晦,日有蚀之。"

127 文帝后元七年正月辛未朔

《汉书·五行志》:"(文帝后元)七年正月辛未朔,日有食之。"

128 景帝前元三年二月辛巳朔

《汉纪》卷九:"(景帝三年)二月辛巳朔,日有食之。"

129 景帝前元三年三月癸丑朔

《汉书·景帝纪》:"(景帝)三年……二月壬子晦,日有蚀之。"

130 景帝前元三年三月癸未朔

《汉书·五行志》:"景帝三年二月壬午晦,日有食之,在胃二度。"

131 景帝前元四年十一月己亥朔

《汉书·景帝纪》:"(景帝四年)十月戊戌晦,日有蚀之。"

132 景帝前元七年十二月辛卯朔

《汉书·景帝纪》:"(景帝)七年冬十一月庚寅晦,日有蚀之。"

《汉书·五行志》:"(景帝)七年十一月庚寅晦。日有食之,在虚九度。"

133 景帝中元元年正月乙卯朔

《汉书·五行志》:"(景帝)中元年十二月甲寅晦,日有食之。"

134 景帝中元二年后九月乙亥朔①

《汉书·景帝纪》:"(景帝中二年)九月……甲戌晦,日有蚀之。"

---

① 这一年有闰。

《汉书·五行志》："（景帝）中二年九月甲戌晦，日有食之。"

135 景帝中元四年十月己亥朔

《汉书·景帝纪》："（景帝）中三年冬……九月戊戌晦，日食。"

《汉书·景帝纪》："（景帝中三年）秋九月，蝗。有星孛于西北。戊戌晦，日有蚀之。"

《汉书·五行志》："（景帝中元）三年九月戊戌晦，日有食之。几尽，在尾九度。"

136 景帝中元六年八月壬子朔

《汉书·景帝纪》："（景帝中元）六年……秋七月，辛亥晦，日有蚀之。"

《汉书·五行志》："（景帝中元）六年七月辛亥晦，日有食之，在轸七度。"

137 景帝后元元年八月丁未朔

《汉书·五行志》："（景帝）后元年七月乙巳，先晦一日，日有食之，在翼十七度。"

138 景帝后元元年八月丙午朔

《汉书·景帝纪》："（景帝）后元年……秋七月乙巳晦，日有蚀之。"

139 武帝建元二年二月丙戌朔

《汉书·武帝纪》："（建元）二年……春二月丙戌朔，日蚀之。"

《汉书·五行志》："建元二年二月丙戌朔，日有食之，在奎十四度。"

140 武帝建元四年十月丁丑朔

《汉书·武帝纪》："（建元）三年……九月丙子晦，日有蚀之。"

《汉书·五行志》："（建元）三年九月丙子晦，日有食之，在尾二度。"

141 武帝建元五年正月己巳朔

《汉书·五行志》："（建元）五年正月己巳朔，日有食之。"

142 武帝元光元年三月丁巳朔

《汉书·五行志》："元光元年二月丙辰晦，日有食之。"

143 武帝元光元年八月乙酉朔

《汉书·五行志》："（元光元年）七月癸未，先晦一日，日有食之，在翼八度。"

144 武帝元朔二年三月丙午朔

《汉书·五行志》："元朔二年二月乙巳晦，日有食之，在胃三度。"

145 **武帝元朔二年四月丙子朔**

《汉书·武帝纪》:"(元朔二年)三月乙亥晦,日有蚀之。"

146 **武帝元朔六年十二月甲寅朔**

《汉书·五行志》:"(元朔)六年十一月癸丑晦,日有食之。"

147 **武帝元狩元年六月丙午朔**

《汉书·武帝纪》:"(元狩元年)五月乙巳晦,日有蚀之。"

《汉书·五行志》:"元狩元年五月乙巳晦,日有食之,在柳六度。"

148 **武帝元狩六年三月戊申朔**

《史记·三王世家》:"(元狩)六年三月戊申朔乙亥……"

149 **武帝元狩六年四月戊寅朔**

《史记·三王世家》:"(元狩)六年四月戊寅朔癸卯……"

150 **武帝元鼎五年十一月辛巳朔**

《汉书·武帝纪》:"(元鼎)五年……十一月辛巳朔旦,冬至。"

《汉书·郊祀志》载齐人公孙卿曾说:"今年得定鼎,其冬辛巳朔旦冬至,与黄帝时等。"

151 **武帝元鼎五年五月戊寅朔**

《汉书·武帝纪》:"(元鼎五年)夏四月……丁丑晦,日有蚀之。"

《汉书·五行志》:"元鼎五年四月丁丑晦,日有食之,在东井二十三度。"

152 **武帝元封四年六月己酉朔**

《汉书·五行志》:"元封四年六月己酉朔,日有食之。"

153 **武帝太初元年十一月甲子朔**

《汉书·武帝纪》:"太初元年……十一月甲子朔旦,冬至,祀上帝于明堂。"

154 **武帝太初元年十二月甲午朔**

《汉书·郊祀志》:"(太初)十二月甲午朔,上亲禅高里,祠后土。"

(二)日干支。只计出土文献,共 127 条。①

155 **秦王政元年十二月癸亥**

张家山 247 号汉墓《奏谳书》:(秦王政)元年十二月癸亥

---

① 凡当月朔干支和日干支同出且相距不足 30 日(即不能断定为晦日干支)者,不收列。

156 秦王政元年二月癸亥

　　张家山 247 号汉墓《奏谳书》:(秦王政)元年……二月癸亥

157 秦王政四年三月丁未

　　睡虎地秦简《封诊式》:(秦王政)四年三月丁未籍一亡五月十日,毋它坐

158 秦王政六年六月癸卯

　　张家山 247 号汉墓《奏谳书》:(秦王政六年)六月癸卯

159 秦王政七年正月甲寅

　　睡虎地秦简《编年记》:(秦王政)七年,正月甲寅……

160 秦王政十二年四月癸丑

　　睡虎地秦简《编年记》:(秦王政)十二年,四月癸丑……

161 秦王政十六年七月丁巳

　　睡虎地秦简《编年记》:(秦王政)十六年,七月丁巳……

162 秦王政廿年十月甲寅

　　睡虎地秦简《编年记》:(秦王政)廿年,七月甲寅,姁终
　　但该简此处字迹漫漶,黄一农以为或当为十月甲寅,其说可从。[1]

163 秦王政廿四年正月甲寅

　　龙岗秦简 180:(秦王政)廿四年正月甲寅以来……[2]

164 秦王政廿五年二月辛巳

　　里耶秦简(8)—1450:廿五年二月辛巳

165 秦王政廿五年三月丁未

　　里耶秦简(6)—10:廿五年三月丁未

166 秦王政廿五年四月乙亥

　　龙岗秦简 237:(秦王政)廿五年四月乙亥□□□□马牛羊[3]

167 秦王政廿五年六月丙子

　　里耶秦简(8)—1039:廿五年六月丙子

168 秦王政廿五年九月丁亥

　　里耶秦简(8)—109:廿五年……九月丁亥

---

①　黄一农《秦王政时期历法新考》,《华学》第五辑,广州:中山大学出版社,2001 年。
②　刘信芳:《云梦龙岗秦简》,北京:科学出版社,1997 年,第 23 页。
③　同上书,第 22 页。

169 **秦王政廿五年九月己丑**

里耶秦简(8)—537：廿五年九月己丑

170 **秦始皇廿六年三月甲午**

里耶秦简(8)—133：廿六年三月甲午

171 **秦始皇廿六年三月辛亥**

里耶秦简(8)—63：廿六年三月壬午朔癸卯……辛亥

172 **秦始皇廿六年五月戊戌**

里耶秦简(8)—717：廿六年五月戊戌

173 **秦始皇廿六年六月壬子**

里耶秦简(8)—138：廿六年六月壬子

174 **秦始皇廿六年六月癸丑**

里耶秦简 J1(12)10：廿六年六月癸丑

175 **秦始皇廿六年六月癸亥**

里耶秦简(8)—406：廿六年六月癸亥

176 **秦始皇廿六年八月丙子**

里耶秦简(8)—1743：廿六年八月丙子

177 **秦始皇廿六年九月庚辰**

里耶秦简(8)—135：廿六年……九月庚辰

178 **秦始皇廿七年十月庚子**

里耶秦简(8)—63：廿七年十月庚子

179 **秦始皇廿七年十一月乙卯**

里耶秦简(8)—1665：廿七年十一月乙卯

180 **秦始皇廿七年十二月丁酉**

里耶秦简(8)—1551：廿七年十二月丁酉

181 **秦始皇廿七年二月壬辰**

张家山 247 号汉墓《奏谳书》：(秦始皇)廿七年二月壬辰

182 **秦始皇廿七年三月庚戌**

里耶秦简 J1(16)6：(廿七年)三月庚戌

183 **秦始皇廿七年三月癸丑**

里耶秦简 J1(16)5：(廿七年)三月癸丑

184 **秦始皇廿七年三月戊午**

里耶秦简 J1(16)6:(廿七年)三月戊午

185 **秦始皇廿七年四月辛卯**

张家山 247 号汉墓《奏谳书》:(秦始皇)廿七年……四月辛卯

186 **秦始皇廿七年五月戊辰**

里耶秦简(8)—1533:廿七年五月戊辰

187 **秦始皇廿七年八月丙戌**

里耶秦简(8)—209:廿七年八月丙戌

188 **秦始皇廿七年八月己亥**

睡虎地秦简《编年记》:(秦王政)廿七年八月己亥廷食时,产穿耳

189 **秦始皇廿七年八月庚子**

张家山 247 号汉墓《奏谳书》:(秦始皇)廿七年二月……八月庚子

190 **秦始皇廿八年十二月癸未**

里耶秦简(8)—166:廿八年十二月癸未

191 **秦始皇廿八年二月甲午**

里耶秦简(8)—520:廿八年二月甲午

192 **秦始皇廿八年四月庚辰**

里耶秦简(8)—1646:廿八年四月庚辰

193 **秦始皇廿八年六月丙戌**

里耶秦简(8)—985:廿八年六月丙戌

194 **秦始皇廿八年七月己酉**

里耶秦简(8)—1269:廿八年八月己酉

195 **秦始皇廿八年八月乙酉**

里耶秦简(8)—409:廿八年八月乙酉

196 **秦始皇廿八年九月己亥**

里耶秦简(8)—1155:廿八年九月己亥

197 **秦始皇廿八年九月庚子**

里耶秦简(8)—453、1463:廿八年九月庚子

198 **秦始皇廿八年九月辛丑**

里耶秦简(8)—373:廿八年九月辛丑

199 **秦始皇廿八年九月丙寅**

　　里耶秦简(8)—1280:廿八年九月丙寅

200 **秦始皇廿八年九月甲午**

　　张家山 247 号汉墓《奏谳书》:(秦始皇)廿八年九月甲午已①

201 **秦始皇廿九年十一月辛酉**

　　里耶秦简(8)—78:廿九年十一月辛酉

202 **秦始皇廿九年十一月壬戌**

　　里耶秦简(8)—78:(廿九年)十一月壬戌

203 **秦始皇廿九年正月甲辰**

　　里耶秦简(8)—1246:廿九年正月甲辰

204 **秦始皇廿九年三月丁酉**

　　里耶秦简(8)—1690:廿九年三月丁酉

205 **秦始皇廿九年七月戊午**

　　里耶秦简(8)—2191:廿九年七月戊午

206 **秦始皇廿九年八月乙酉**

　　里耶秦简(8)—686:廿九年八月乙酉

207 **秦始皇廿九年九月戊午**

　　里耶秦简(8)—1146:廿九年九月戊午

208 **秦始皇廿九年后九月辛未**

　　里耶秦简(8)—1450:廿九年后九月辛未

209 **秦始皇卅年十月辛亥**

　　里耶秦简(8)—801:卅年月辛亥

210 **秦始皇卅年十二月乙卯**

　　里耶秦简(8)—688:卅年十二月乙卯

211 **秦始皇卅年三月己未**

　　里耶秦简 J1(16)2:卅年三月己未

212 **秦始皇卅年四月辛丑**

　　里耶秦简(8)—44:卅年四月辛丑

---

　　① 　此条材料有误,详参本章第五节"其他材料的去伪与辨析"中的矛盾讹误例。

213 秦始皇卅年六月辛亥

里耶秦简(8)—1647:卅年六月辛亥

214 秦始皇卅年九月庚申

里耶秦简(8)—1583:卅年九月庚申

215 秦始皇卅年九月甲戌

里耶秦简(8)—1783:卅年九月甲戌

216 秦始皇卅年九月丙子

里耶秦简(8)—1886:卅年九月丙子

217 秦始皇卅一年十月乙酉

里耶秦简(8)—56、1545、1739 均书:卅一年十月乙酉

218 秦始皇卅一年十月庚寅

里耶秦简(8)—271:卅一年十月庚寅

219 秦始皇卅一年十月甲寅

里耶秦简(8)—821:卅一年十月甲寅

220 秦始皇卅一年十一月丙辰

里耶秦简(8)—766:卅一年十一月丙辰

221 秦始皇卅一年十二月甲申

里耶秦简(8)—1081、1239 均书:卅一年十月甲申

222 秦始皇卅一年十二月戊戌

里耶秦简(8)—762:卅一年十二月戊戌

223 秦始皇卅一年二月己丑

里耶秦简(8)—2249:卅一年二月己丑

224 秦始皇卅一年二月辛卯

里耶秦简(8)—800:卅一年二月辛卯

225 秦始皇卅一年三月癸丑

里耶秦简(8)—606、763、816、1595 均书:卅一年三月癸丑

226 秦始皇卅一年三月丙寅

里耶秦简(8)—760:卅一年三月丙寅

227 秦始皇卅一年三月癸酉

里耶秦简(8)—1576:卅一年三月癸酉

228 **秦始皇卅一年四月甲申**

里耶秦简(8)—793:卅一年四月甲申

229 **秦始皇卅一年四月丙戌**

里耶秦简(8)—1083:卅一年四月丙戌

230 **秦始皇卅一年四月戊子**

里耶秦简(8)—1557:卅一年四月戊子

231 **秦始皇卅一年四月辛卯**

里耶秦简(8)—1335:卅一年四月辛卯

232 **秦始皇卅一年五月癸酉**

里耶秦简(8)—1540:卅一年五月癸酉

233 **秦始皇卅一年六月己丑**

里耶秦简(8)—358:卅一年六月己丑

234 **秦始皇卅一年七月乙丑**

里耶秦简(8)—1794:卅一年七月乙丑

235 **秦始皇卅一年八月辛巳**

里耶秦简(8)—275:卅一年八月辛巳

236 **秦始皇卅一年八月辛丑**

里耶秦简(8)—1153:卅一年八月辛丑

237 **秦始皇卅一年八月壬寅**

里耶秦简(8)—217:卅一年八月壬寅

238 **秦始皇卅一年九月辛亥**

里耶秦简(8)—6:卅一年九月辛亥

239 **秦始皇卅一年九月庚申**

里耶秦简(8)—211:卅一年九月庚申

240 **秦始皇卅二年十月辛酉**

里耶秦简(8)—438:卅二年十月辛酉

241 **秦始皇卅二年二月丁未**

里耶秦简(8)—693:卅二年二月丁未

242 **秦始皇卅二年三月戊寅**

里耶秦简(8)—1112:卅二年三月戊寅①

---

① 　此条图版较模糊,整理者释文有误,"二月"当为"三月"。

243 **秦始皇卅二年四月丙午**

里耶秦简(8)—1383、2464 均书:卅二年四月丙午

244 **秦始皇卅二年八月乙巳**

里耶秦简(8)—1088:卅二年八月乙巳

245 **秦始皇卅三年十月壬申**

里耶秦简(8)—1971:卅三年十月壬申

246 **秦始皇卅三年十一月癸酉**

里耶秦简(8)—1823:卅三年十一月癸酉

247 **秦始皇卅三年四月己酉**

里耶秦简 J1(9)4:(卅三年)四月己酉①

248 **秦始皇卅三年六月庚子**

里耶秦简(8)—274:卅三年六月庚子

249 **秦始皇卅四年五月乙丑**

里耶秦简(8)—287:卅四年五月乙丑

250 **秦始皇卅四年八月丙申**

里耶秦简(8)—765:卅四年八月丙申

251 **秦始皇卅四年八月甲辰**

里耶秦简(8)—1372:卅四年八月甲辰

252 **秦始皇卅四年八月丁未**

里耶秦简(8)—765:卅四年八月丁未

253 **秦始皇卅四年九月癸亥**

里耶秦简(8)—765:卅四年九月癸亥

254 **秦始皇卅五年十二月辛酉**

里耶秦简(8)—1587:卅五年十二月辛酉

255 **秦始皇卅五年三月庚子**

里耶秦简(8)—462:卅五年三月庚子

256 **秦始皇卅五年四月己未**

里耶秦简(8)—1260:卅五年四月己未

---

　　①　里耶秦简 J1(9)1 所记"四月乙酉"为误释,秦始皇卅三年四月己酉在里耶秦简中凡四见,除过 J1(9)4 外,尚有 J1(9)5、J1(9)7、J1(9)9。

257 **秦始皇卅五年六月辛酉**

里耶秦简(8)—172:卅五年六月辛酉

258 **秦始皇卅五年六月甲子**

里耶秦简(8)—475:卅五年六月甲子

259 **秦始皇卅五年六月庚午**

里耶秦简(8)—974:卅五年六月庚午

260 **秦始皇卅五年七月戊戌**

里耶秦简(8)—532:卅五年七月戊戌

261 **秦始皇卅五年八月丁巳**

里耶秦简(8)—1460、1686、2180均书:卅五年八月丁巳

262 **秦始皇卅六年十一月丙戌**

里耶秦简(8)—1043:卅一年十一月丙戌

263 **二世元年八月庚午**

里耶秦简(8)—2131:元年八月庚午

264 **汉高祖六年三月丁巳**

张家山 247 号汉墓《奏谳书》:(汉高祖)六年二月中……迺三月丁巳①

265 **汉高祖六年六月壬午**

张家山 247 号汉墓《奏谳书》:(高祖六年)七月乙酉……六月壬午……七月甲辰

266 **汉高祖六年七月乙酉**

张家山 247 号汉墓《奏谳书》:(高祖六年)七月乙酉……六月壬午……七月甲辰

267 **汉高祖六年七月甲辰**

张家山 247 号汉墓《奏谳书》:(高祖六年)七月乙酉……六月壬午……七月甲辰

268 **汉高祖七年八月己未**

张家山 247 号汉墓《奏谳书》:(汉高祖)七年八月己未

269 **汉高祖八年十月己未**

张家山 247 号汉墓《奏谳书》:(汉高祖)八年十月己未

---

① 此条材料有误,详参本章第五节"其他材料的去伪与辨析"中的矛盾讹误例。

270 汉高祖十年十二月壬申

张家山 247 号汉墓《奏谳书》:(汉高祖十年)十二月壬申

271 汉高祖十年五月庚戌

张家山 247 号汉墓《奏谳书》:(汉高祖)十年……酒五月庚戌

272 汉高祖十一年十二月己亥

马王堆汉墓帛书《刑德》甲本:(汉高祖)十一年十二月己亥上朔

273 汉高祖十一年三月己巳

张家山 247 号汉墓《奏谳书》:(汉高祖)十一年八月甲申朔丙戌,江陵丞鹜敢谳之……三月己巳……

274 汉高祖十一年六月戊子

张家山 247 号汉墓《奏谳书》:(汉高祖)十一年……六月戊子

275 文帝二年七月庚辰

居延汉简　居 332.9(甲 2550A、B):孝文皇帝三年十月庚辰。《居延汉简释文合校》同条为:孝文皇帝三年七月庚辰。[1] 俞忠鑫校改为:孝文皇帝二年七月庚辰。[2] 最后出版的《中国简牍集成》该条与俞忠鑫所校同,[3]今据此。

276 文帝三年十二月辛巳

居延汉简　居 126.29(甲 721):(文帝)前三年十二月辛巳……

277 文帝五年十一月壬寅

居延汉简　居 118.1(甲 676)与 117.43＋255.25(甲 675)缀合:孝文皇帝五年十一月壬寅[4]

278 文帝十三年五月庚辰

江陵凤凰山 168 号汉墓:(文帝)十三年五月庚辰江陵丞敢告地下丞[5]

279 文帝后元六年八月丙寅

群臣上酬刻石:赵廿年八月丙寅群臣上酬此石北[6]

---

① 谢桂华:《居延汉简释文合校》,北京:文物出版社,1987 年,第 521 页。

② 俞忠鑫:《汉简考历》,台北:文津出版社,1994 年,第 7—8 页。

③ 中国简牍集成编辑委员会:《中国简牍集成》(第六册),兰州:敦煌文艺出版社,2001 年,第 18 页。

④ 参见俞忠鑫《汉简考历》,第 8 页。

⑤ 李均明、何双全:《散见简牍合辑》,北京:文物出版社 1990 年,第 77 页。

⑥ 陆增祥:《八琼室金石补正》卷二,北京:文物出版社,1985 年,第 2 页。

赵廿年当文帝后元六年。

280 景帝四年后九月辛亥

江陵凤凰山 10 汉墓:(景帝四年)后九月辛亥①

281 武帝元鼎六年九月辛巳

敦煌悬泉汉简(87—89C:9):孝武皇帝元鼎六年九月辛巳下,凡六百一十一字。②

传世文献所记日干支多达四百多条,但其中讹误较多,考虑到日干支的史料价值不高,除个别重要的日干支随文征引外,余皆不再胪列。

(三)气干支,共计 7 条。

其中,出土文献计 5 条。

282 汉文帝七年十一月辛酉冬至

阜阳双古堆汉墓占盘:(文帝)七年十一月辛酉日中冬至③

283 汉武帝元光元年十一月丙戌冬至

见于银雀山汉墓《元光元年历谱》。

284 武帝元光元年正月壬申立春

见于银雀山汉墓《元光元年历谱》。

285 武帝元光元年六月戊子夏至

见于银雀山汉墓《元光元年历谱》。

286 武帝元光元年七月甲戌立秋

见于银雀山汉墓《元光元年历谱》。

传世文献计 2 条。

287 武帝元鼎五年十一月辛巳冬至

《汉书·武帝纪》:"(元鼎)五年……十一月辛巳朔旦,冬至。"

《汉书·郊祀志》载齐人公孙卿曾说:"今年得定鼎,其冬辛巳朔旦冬至,与黄帝时等。"

288 武帝太初元年十一月甲子冬至

《汉书·武帝纪》:"太初元年……十一月甲子朔旦,冬至,祀上帝于

---

① 李均明、何双全:《散见简牍合辑》,北京:文物出版社,1990 年,第 67 页。
② 胡平生等:《敦煌悬泉汉简释粹》,上海:上海古籍出版社,2001 年,第 4 页。
③ 安徽省文物工作队等:《阜阳双古堆西汉汝阴侯墓发掘简报》,《文物》1978 年第 8 期,第 12—31 页。

明堂。"

另外,《续汉书·律历志》也记有一条材料:"当汉高皇帝受命四十有五岁,阳在上章,阴在执徐,冬十有一月甲子夜半朔旦冬至,日月闰积之数皆自此始,立元正朔,谓之《汉历》。"这条材料是刘歆按三统历回推得到的,不足据。

三　周家台秦简历谱辨正

传世文献和出土文献中载记的历朔资料均存在讹误,一般来说,出土文献的可信性要高于传世文献,但也有例外,比如,大家熟知的湖北荆门关沮周家台秦墓 M30 出土的秦始皇三十四年历谱就有明显的讹误。在这一部分,我们将对这些材料做进一步的考证。

首先讨论周家台秦简历谱。[①]

周家台 30 号秦墓竹简共分甲乙丙三组,甲组竹简出历谱两件,经判定为秦始皇三十六年和三十七年历谱。乙组竹简出历谱一件,经判定为秦始皇三十四年历谱。另有木牍一方,为秦二世元年历谱,正面为当年全年 12 个月朔日干支及月大小,背面为十二月的日干支。[②] 自从材料公布以来,已有多位学者对这批历谱进行过探讨,但由于历简中存在明显的讹误,各家最终所确定的历谱互有出入,这对进一步深入研究形成了障碍。所幸 2007 年公布的里耶秦简中有一些历日记载,为我们订正周家台历谱提供了宝贵的第一手资料。有鉴于此,我们在本部分对周家台秦简历谱做一次全面的梳理。需要说明的是,目前学界存在几种今人所推秦至汉初朔闰表或历谱,这对于一般的文史研究无疑是很有裨益的,但据此校改历简却存在严重的逻辑矛盾,在行文中我们将避免采用这样的方法。

---

① 周家台秦简中被整理者称为历谱的计有"秦始皇三十四年"、"秦始皇三十六年、三十七年"、"秦二世元年"历谱,由于三十四年历谱中显见的讹误,笔者曾在《周家台秦简历谱试析》(《中国科技史杂志》2009 年第 3 期)一文中有过较为详细的讨论,当时仅能根据 2007 年出版的《里耶发掘报告》中刊布的有限历简进行校正。在这里我们仍以《周家台秦简历谱试析》一文的讨论为主,在最后部分用最新出版的《里耶秦简(壹)》中的历简资料对结论进行检验,以说明此一结果是可靠的。显然,这样做有着完全不同的逻辑意义。

② 湖北省荆州市周梁玉桥遗址博物馆:《关沮秦汉墓清理简报》,《文物》1999 第 6 期。

1　三十四年历谱校正

周家台 30 号秦墓第 1 到 68 简所记为某年全年的日干支,历谱采用编册横读式,简分六栏,前 28 简排双月日干支,包括十月、十二月、二月、四月、六月,其中上述各月第四日干支所在简已佚,整理者根据干支日序作了补充。① 第 29 至 58 简排单月日干支,包括十一月、正月、三月、五月、七月、九月。这一年是闰年,后九月日干支排在 59 至 64 简,简分五栏,65 至 68 简为空白简。

从图版来看,原简存在明显的错误,如第 26 简第四栏、第 27 简第五栏、第 28 简第六栏均应为"辛酉",而原简误作"辛丑"。整理者也明确指出了简文中的错误:

(一)据平朔推步,十三个月中一般会有六个小月、个别时有七个,但绝不会超过七个。今由简文所书,内中已有八个小月。

(二)同理,平朔计算一年内不可能出现两组连大(俩月连续大于三十天),也不会发生三个月连大(如本年简文七、八、九月三个大月),故简文十一、十二、正月朔日丁卯、丁酉、丁卯及七、八、九、后九月朔日癸亥、癸巳、癸亥、癸巳七个月朔日中,至少有两个月朔日是错误的。

(三)同样在六、七、八、九、后九月五个月的五个晦日(月之末日)壬戌、壬辰、辛酉、壬辰、辛酉中,内必有干支误书。

(四)简文所书十二月晦日乙丑、八月晦日辛酉分别与次月朔日(正月朔日丁卯、九月朔日癸亥)不接,则次月朔日或其月晦日干支必有误书。②

整理者根据以上理由提出校改,校改后的各月朔晦大小如表 12:

表 12　原简整理者所排三十四年历谱校正表

月名	朔日	晦日	大小	日数
十月	戊戌	丙寅	小	廿九
十一月	丁卯	丙申	大	三十

---

① 湖北省荆州市周梁玉桥遗址博物馆:《关沮秦汉墓简牍》,北京:中华书局,2001 年,第 93—96 页。

② 张培瑜、彭锦华:《周家台三〇号秦墓历谱竹简与秦汉初的历法》,湖北省荆州市周梁玉桥遗址博物馆《关沮秦汉墓简牍》,北京:中华书局,2001 年,第 231—244 页。

续表

月名	朔日	晦日	大小	日数
十二月	丁酉	乙丑	小	廿九
正月	丙寅	乙未	大	三十
二月	丙申	甲子	小	廿九
三月	乙丑	甲午	大	三十
四月	乙未	癸亥	小	廿九
五月	甲子	癸巳	大	三十
六月	甲午	壬戌	小	廿九
七月	癸亥	壬辰	大	三十
八月	癸巳	辛酉	小	廿九
九月	壬戌	辛卯	大	三十
后九月	壬辰	辛酉	大	三十

　　一些研究者认为,第 28 简与 29 简之间存在脱简。[①] 其中 28 简第二栏所书十二月 29 日干支为乙丑,29 简第二栏所书正月朔日干支为丁卯,中间差一天;第 28 简第六栏所书八月 29 日干支为辛酉,[②] 第 29 简第六栏所书九月朔日为癸亥,中间也差一天。因此论者认为这里脱失一枚简,该简第二栏简文当为"丙寅",第六栏简文当为"壬戌"。刘信芳据此对原简重新进行了考订,得到各月朔晦大小如表 13:[③]

表 13　刘信芳所排三十四年历谱校正表

月名	朔日	晦日	大小	日数
十月	戊戌	丙寅	小	廿九
十一月	丁卯	丙申	大	三十
十二月	丁酉	丙寅	大	三十
正月	丁卯	乙未	小	廿九

---

　　① 黄一农:《秦汉之际(前 220—前 202 年)朔闰考》,《文物》2001 年第 5 期;刘信芳:《周家台秦简历谱校正》,《文物》2002 年第 10 期。

　　② 原简此处为"辛丑",根据干支日序这里当为"辛酉"。

　　③ 刘信芳:《周家台秦简历谱校正》,《文物》2002 年第 10 期。

续表

月名	朔日	晦日	大小	日数
二月	丙申	甲子	小	廿九
三月	乙丑	甲午	大	三十
四月	乙未	癸亥	小	廿九
五月	甲子	癸巳	大	三十
六月	甲午	壬戌	小	廿九
七月	癸亥	壬辰	大	三十
八月	癸巳	壬戌	大	三十
九月	癸亥	辛卯	小	廿九
后九月	壬辰	辛酉	大	三十

由于整理者倚重《中国先秦史历表·秦汉初朔闰表》,将原简正月和九月的朔日后移,从而导致当月所有日干支全部后移。刘信芳的校改在很大程度上是可取的,但其校改后的历谱中存在正月、二月连小,这在平朔推步中是不可能的。因此,周家台 30 号墓第 1 至 68 简所书历谱存在进一步讨论的必要。

历谱的系年。周家台 30 号墓简 1 至 68 是私人用来记事的簿册,[①] 严格说来不是用来查对日期的历谱。从形式上讲,谱主首先按照当年历谱将各日干支书写在竹简上,并留下足够的空白用以记事。谱中十二月二十五日辛酉条下有"嘉平"二字,《史记·秦始皇本纪》载:"三十一年十二月更名腊曰嘉平。"故该谱上限不会超过秦始皇三十一年。又,里耶秦简 J1(9)1、J1(9)10 记有"卅四年六月甲午朔戊午……",J1(9)4、J1(9)5、J1(9)6、J1(9)8、J1(9)9 记有"卅四年八月癸巳朔……"。[②] 其中"卅四年"是秦始皇三十四年(前 213 年)无疑。周家台历谱中也出现了"六月甲午"和"八月癸巳"。

按照平朔推步原则,同一朔干支在同一月序上的复现,需要经过 26、31、36 年的周期,其中以 31 年的周期复现频次最高,而不会在 25 年或更短的周期复现。比如,"十月甲子"朔出现在某年,下次"十月甲子"朔的

---

① 谱中十二、正、二、三及六月共有记事 53 处,分别书于 53 个日干支下。

② 王焕林:《里耶秦简校诂》,北京:中国文联出版社,2007 年,图版部分。

出现就只可能在 26a＋31b＋36c(a,b,c 取值为包括 0 在内的自然数)年后了。罗见今、关守义先生在分析敦煌汉简月朔简时使用了这一周期定理,[1]他们所分析的月朔简均在西汉太初历行用期间,太初历与四分历的朔策和岁实有细微的差值[2],但两种历术均采用平朔推步,且闰周同为 19 年 7 闰,所以上述周期定理同样适用于四分术各历法,笔者也对张闻玉根据《历术甲子篇》给出的一蔀朔闰中气表中朔干支复现规律进行了统计分析,发现确实如此。[3] 事实上,这一规律也可以通过算术分析得到说明。

根据上述规则,周家台 30 号秦墓第 1 至 68 简的历谱与秦始皇三十四年历谱有 26a＋31b＋36c(a,b,c 取值为包括 0 在内的自然数)年的差距,若不为同一年,则其间至少有 25 年以上的间距,而历谱的上限不能超越秦始皇三十一年,下限不能入汉,故此,该谱应系于秦始皇三十四年(前 213 年)。这一结论丝毫没有依靠今人所推历谱,不存在逻辑上的矛盾。

月朔的调整。里耶秦简 J1(9)3、J1(9)12 记有"卅四年七月甲子朔辛卯……",我们据此将周家台三十四年历谱的"七月癸亥朔"调整为"七月甲子朔",这样六月的晦日就自然由原来的"壬戌"调整为"癸亥"。我们这样做的理由就在于里耶秦简是公文中出现的历日,且"卅四年七月甲子朔"两见,应该没有错误。如果对里耶秦简初次公布的三十八简(牍)简文所含历日进行统计分析,就会发现不存在误记。

表 14　里耶秦简朔干支日干支比堪表

年份	月朔	简号	日干支	简号
秦始皇廿六年	五月辛巳	J1(16)9	庚子、甲辰	J1(16)9
——	八月庚戌	J1(8)134	丙子、戊寅	J1(8)134
秦始皇廿七年	二月丙子	J1(16)5	庚寅	J1(16)5

---

[1]　罗见今、关守义:《敦煌汉简中月朔简年代考释》,《敦煌研究》1998 年第 1 期。
[2]　太初历岁实为 $365\frac{385}{1539}$ 日,朔策为 $29\frac{43}{81}$ 日;四分术岁实为 $365\frac{1}{4}$ 日,朔策为 $\frac{499}{940}$ 日。两项分别约差 0.0001624 和 0.0000131 日。
[3]　张闻玉:《古代天文历法讲座》,桂林:广西师范大学出版社,2008 年,第 299—336 页。

年份	月朔	简号	日干支	简号
——	八月甲戌	J1(8)133	壬辰、癸巳	J1(8)133
秦始皇廿八年	八月戊辰	J1(9)984	丁丑、壬辰、甲午	J1(9)984
秦始皇卅年	九月丙辰	J1(9)981	己巳、庚午	J1(9)981
秦始皇卅二年	正月戊寅	J1(8)157	甲午、丁酉	J1(8)157
——	四月丙午	J1(8)152、J1(8)156、J1(8)158	甲寅、丙辰、癸丑	J1(8)152、J1(8)156、J1(8)158
秦始皇卅三年	三月辛未	J1(9)2、J1(9)3、J1(9)9、J1(9)11	丁酉、戊戌	J1(9)2、J1(9)3、J1(9)9、J1(9)11
——	四月辛丑	J1(9)1、J1(9)4、J1(9)5、J1(9)6、J1(9)7、J1(9)8、J1(9)10、J1(9)12	丙午、戊申、己(乙)酉、庚申、壬寅、庚戌	J1(9)1、J1(9)4、J1(9)5、J1(9)6、J1(9)7、J1(9)8、J1(9)9、J1(9)10、J1(9)11、J1(9)12
秦始皇卅四年	六月甲午	J1(9)1、J1(9)10	戊午、壬戌	J1(9)1、J1(9)10
——	七月甲子	J1(9)3、J1(9)12	辛卯	J1(9)3、J1(9)12
——	八月癸巳	J1(9)4、J1(9)5、J1(9)6、J1(9)8、J1(9)9	甲午	J1(9)4
秦始皇卅五年	四月己未	J1(9)1、J1(9)2、J1(9)3、J1(9)4、J1(9)5、J1(9)6、J1(9)7、J1(9)8、J1(9)9、J1(9)10、J1(9)11、J1(9)12	乙丑	J1(9)1、J1(9)3、J1(9)4、J1(9)5、J1(9)6、J1(9)7、J1(9)8、J1(9)9、J1(9)10、J1(9)11、J1(9)12

　　从表 14 不难看出,里耶秦简中的 14 个月朔与同月的 30 个日名干支都是相容的,[1]没有笔误或误记发生,这当然与里耶秦简的公文属性有关,

---

　　① 其中仅有秦始皇卅三年四月辛丑朔与当月日干支乙酉不相容,该记事干支在 J1(9)10,但由 J1(9)12 可知当为己酉,汉隶"己"、"乙"字形很像,或与释读有关。

而周家台秦简三十四年历谱实为私人记事簿册,其中的误记和笔误就非常多了,除过上面提到的"辛酉"误作"辛丑"外,第58简第六栏"壬辰"两字上也有笔误后涂抹的痕迹。① 因此,我们根据里耶秦简中的明确记载来校订周家台历谱是可行的。

刘信芳所排的三十四年历谱正月和二月连小,而十一、十二两月连大,由于平朔推步同年不会出现两组连大,很明显错误出在二月至五月之间。我们对此经过调整,所得三十四年历谱如下:②

表 15　秦始皇三十四年历谱校正表

月名	朔日	晦日	大小	日数
十月	戊戌	丙寅	小	廿九
十一月	丁卯	丙申	大	三十
十二月	丁酉	丙寅	大	三十
正月	丁卯	乙未	小	廿九
二月	丙申	乙丑	大	三十
三月	丙寅	甲午	小	廿九
四月	乙未	甲子	大	三十
五月	乙丑	癸巳	小	廿九
六月	甲午	癸亥	大	三十
七月	甲子	壬辰	小	廿九
八月	癸巳	壬戌	大	三十
九月	癸亥	辛卯	小	廿九
后九月	壬辰	辛酉	大	三十

由于周家台秦简第1至68号简所书历谱不是用于查对日历的,严格说来属于记事簿一类,上面的日干支是谱主预先书写备用的。下面我们试着对谱主书写过程中致误的原因加以分析,来说明笔者推排所得历谱的合理性。

---

① 刘信芳:《周家台秦简历谱校正》,《文物》2002第10期。

② 张培瑜、彭锦华在《周家台三〇号秦墓历谱竹简与秦、汉初的历法》一文中,通过推步给出了三十四年历谱的一种可能形式,与笔者经过文献分析得到的历谱相同,正可以彼此互证。

该谱共用 68 简,除过空白简 4 枚,后九月书写用简 6 枚,其他十二个月份书于 58 枚简上,第 3 简和第 4 简之间亡佚一简,故实际用简为 59 枚,谱主将每简分为六栏,按编册横读式的历谱格式,可分别书写六个月,谱主从第 1 简第 1 栏起笔,先书十月干支,由于该月小,故谱主书至第 29 简(发掘所得第 28 简),该月干支已尽,遂于第 30 简(发掘所得第 29 简)书写十一月干支,并习惯性的增加了墨线作为月份的标志,不排除谱主顺手将正月、三月、五月、七月、九月月序自上而下书于该简,藉此按六栏平分简面。由于十一月大,谱主书至第 59 简(发掘所得第 58 简),该月干支尽。这样谱主所用简的总数就在书写第一栏两个月时固定为 59 枚,由于谱主按照常年六大六小相间的规律来排写,这样的规划也很整齐,而如果在十月晦日后留一简不写的话,对于有连大月的这一年讲是最合理的,这样用简为 60 枚。我们猜想谱主的书写一定是很随意的,这就如同我们现在有些人在记事本上随便划出一部分页码记述不同事项一样,事先不会有一个完整的设计。总之,由于谱主按照常年六大六小相间的历谱格式选择了 59 枚简,并且可能在第 1 简和第 30 简(发掘所得第 29 简)分别顺次记写了双月和单月月序后,一切问题都由此产生。

谱主在第 2 栏书写十二月干支时就遇到了问题,该月与十一月同为大月,书至第 29 简(即发掘所得第 28 简)时,尚余一日干支,即十二月晦日丙寅。为了使正月与上面的十一月保持整齐,谱主很容易想到将最后一日不书,直接在第 30 简(即发掘所得第 29 简)上书写正月的干支,而且他以为经过这样的调整问题就能得到解决。但是书写到第 3 栏二月晦日乙丑时,谱主才意识到这样是不行的,这是因为十一、十二月连大后,大小月将错开一月,原先准备书写小月的前 29 简不得不变为书写大月了。而如果继续按照在第 2 栏中处理十二月晦日干支的方法就会造成较多干支遗漏,这对于用于记事的簿册是不妥的。于是谱主又改为月份不乱,干支不少,向下顺延的方式书写。也就是第 30 简(即发掘所得第 29 简)第 3 栏书写月份为"三月",而干支则为二月的晦日乙丑,这从谱主在月份下只书写干支而未注明大小或"朔"字也能看出来。同理第 30 简(即发掘所得第 29 简)第 4 栏书写月份为"五月",而干支则为四月晦日甲子,第 5 栏书写月份为"七月",而干支则为六月晦日癸亥。那么第 6 栏为何没有按照这一方法处理呢?这是因为谱主误以为九月是大月,而将八月的晦日壬戌未书,从谱主在九月栏内多书一日壬辰后又涂掉来看,确实如此。

事实上,三十四年历谱作为一份个人记事用的簿册,其制作时的随意性是可以想见的,除过上面举出的干支误写外,各月的书写格式也不统一,比如每月都不注明大小,而后九月却注明为大月等。尽管如此,我们认为谱主在第 1 简各栏中所书各月的朔日应该是没有错误的,这是因为第 1 简不存在挤占空间的问题。

2　三十六、三十七年历谱讨论

这组历简编号从 69 至 91,其中 69 至 79 为秦始皇三十六年历谱,80 至 91 为秦始皇三十七年历谱,由于第 80 简背面书有"卅六年日"字样,其系年是很明确的。但也有学者提出异议,黄一农因三十七年(前 210 年)未见后九月,[1]遂将该组历谱重新推定为秦王政十年和十一年。[2] 其实这组历谱与秦二世元年历谱是密合的,其中秦始皇三十七年(前 210 年)九月朔在乙亥且为大月,秦二世元年(前 209 年)十月朔在乙亥,其间相差 60 日,可知谱中三十七年(前 210 年)是有后九月的。

考虑到同一朔干支在同一月序上的复现周期有 26、31、36 年三种可能,而且不是当年全部月朔干支同时复现,这一问题就能够得到判定。里耶秦简 J1(9)1—J1(9)12 是一组同文简,均记有"卅五年四月己未朔乙丑……"。以这一天起算,到周家台秦简三十六年历谱中的四月癸丑朔前一日共计 354 天,这符合一个阴历年的长度[3]。如果假定 69 至 91 简历谱为其他年份,比如秦王政十、十一年,除非四月朔干支癸丑在秦始皇三十六年(前 211 年)复现,而这个概率是很低的。

另外,第 79 简"辛巳九月小",显然有误,因为竹简历谱秦始皇三十七年(前 210 年)为十月辛亥朔,故知上年九月是大月。

3　三十五年历谱试排

周家台历谱起于秦始皇三十四年(前 213 年),终于秦二世元年(前 209

---

① 因为三十四年历谱有闰,所以至少在三十七年(前 210 年)应该有闰。

② 黄一农:《周家台 30 号秦墓历谱新探》,《文物》2002 年第 10 期。

③ 12 或 13 个朔望月构成一个阴历年,其长度有 354、355、383、384 天四种类型。

年),中间仅差秦始皇三十五年历谱。下面我们尝试根据平朔推步的若干原则给出秦始皇三十五年历谱。

由周家台秦始皇三十四年历谱后九月辛酉晦知秦始皇三十五年十月壬戌朔,由周家台秦始皇三十六年历谱十月丙辰大,知秦始皇三十五年九月晦日在乙卯,并且当年没有闰月。这样秦始皇三十五年就有 354 天,该年太阴月为六大六小。我们知道,19 年 7 闰的四分术会每隔 15 或 17 个月出现一组连大月。考虑到上面讨论的秦始皇三十四年历谱中十一、十二两月连大,从正月向前推 13 个月,算外,得到三十五年正月、二月连大,如果向前推 15 个月,得到三月、四月连大。而以秦始皇三十六年(前 211 年)六、七两月连大,后推 13 个月,则三十五年三、四两月连大,后推 15 个月则一、二两月连大。总之,一、四两月为大不存在问题,关键在于二、三两月何者为大,何者为小。为此,我们对秦始皇三十四年、三十六年、三十七年及秦二世元年历谱共 50 个朔望月的小余进行考察,得到秦始皇三十四年(前 213 年)十一月丁卯朔前小余介于 939 至 929 之间,据此推得秦始皇三十五年正月庚寅朔前小余介于 904 至 894 之间,其后存在连大月,即正月、二月连大。这样一来三十五年历谱可以排为表 16:

表 16　秦始皇三十五年历谱表

月名	朔日	晦日	大小	日数
十月	壬戌	庚寅	小	廿九
十一月	辛卯	庚申	大	三十
十二月	辛酉	己丑	小	廿九
正月	庚寅	己未	大	三十
二月	庚申	己丑	大	三十
三月	庚寅	戊午	小	廿九
四月	己未	戊子	大	三十
五月	己丑	丁巳	小	廿九
六月	戊午	丁亥	大	三十
七月	戊子	丙辰	小	廿九
八月	丁巳	丙戌	大	三十
九月	丁亥	乙卯	小	廿九

4　结论

至此,我们经过讨论后认定的历谱共有五年,起于秦始皇三十四年(前213年),终于秦二世元年(前209年),现将其朔闰表排列如下,其中黑体部分为笔者校改或推排的。

表 17　周家台所出历谱总表

月份 ＼ 年份	秦始皇三十四年	秦始皇三十五年	秦始皇三十六年	秦始皇三十七年	秦二世元年
十月	戊戌	**壬戌**	丙辰	辛亥	乙亥
十一月	丁卯	**辛卯**	丙戌	庚辰	甲辰
十二月	丁酉	**辛酉**	乙卯	庚戌	甲戌
正(端)月	丁卯	**庚寅**	乙酉	己卯	癸卯
二月	丙申	**庚申**	甲寅	己酉	癸酉
三月	**丙寅**	**庚寅**	甲申	戊寅	壬寅
四月	乙未	**己未**	癸丑	戊申	壬申
五月	**乙丑**	**己丑**	癸未	丁丑	辛丑
六月	甲午	**戊午**	壬子	丁未	辛未
七月	**甲子**	**戊子**	壬午	丙子	庚子
八月	癸巳	**丁巳**	壬子	丙午	庚午
九月	癸亥	**丁亥**	辛巳	乙亥	己亥
后九月	壬辰	——	——	乙巳	

上述校正和推排所得朔干支共计15条(黑体书写者),其中10条与后期公布的《里耶秦简(壹)》中的历朔资料是完全相容的,这10条资料分别是:

材料060 秦始皇卅四年三月丙寅朔,见于里耶秦简(8)—1889;

材料068 秦始皇卅五年十一月辛卯朔,见于里耶秦简(8)—143;

材料069 秦始皇卅五年正月庚寅朔,见于里耶秦简(8)—259、(8)—1457、(8)—1738;

材料070 秦始皇卅五年二月庚申朔,见于里耶秦简(8)—1535;

材料071 秦始皇卅五年三月庚寅朔,见于里耶秦简(8)—433、(8)—1459;

材料 073 秦始皇卅五年五月己丑朔,见于里耶秦简(8)—447、(8)—770、(8)—909;

材料 074 秦始皇卅五年六月戊午朔,见于里耶秦简(8)—96、(8)—191、(8)—845;

材料 075 秦始皇卅五年七月戊子朔,见于里耶秦简(8)—962、(8)—1268、(8)—1554;

材料 076 秦始皇卅五年八月丁巳朔,见于里耶秦简(8)—660、(8)—769、(8)—824;

材料 078 秦始皇卅五年九月丁亥朔,见于里耶秦简(8)—934、(8)—1539、(8)—2248。

另外,岳麓书院藏秦简《卅四年质日》、《卅五年私质日》中经判定无误的朔干支也与上面的 15 条材料是相容的,由此说明我们不借助今人推排的历谱,仅在出土文献范围内按照四分术的基本法则推求订正相近时段历朔干支的做法是正确的,其结论也是可取的。

近年来,张培瑜围绕新出历简,对秦代历法进行了深入探索,其中也涉及了周家台三十四年历谱的校改和三十五年历谱的推排。[①] 笔者在出土文献范围内所得的结果和张培瑜利用历术推步所得的结果殊途同归,这也从史料上反证出其对秦代历法的若干认识是正确的。

四　岳麓书院藏秦简《质日》历朔资料辨正

《岳麓书院藏秦简(壹)》公布了三组《质日》简,[②]分别为《二十七年质日》、《三十四年质日》和《三十五年质日》。[③]

---

① 张培瑜、张春龙:《秦代历法和颛顼历》,湖南省文物考古研究所《里耶发掘报告》,长沙:岳麓书社,2007 年,第 735—747 页;张培瑜:《根据新出历日简牍试论秦和汉初的历法》,《中原文物》2007 年第 5 期。

② 岳麓书院藏秦简共有三组质日简,其中含有秦始皇二十七年、三十四年和三十五年的朔干支,笔者曾在《岳麓书院藏秦简〈质日〉历朔检讨——兼论竹简日志类记事簿册与历谱之区别》(《历史研究》2012 年第 1 期)一文做过探讨,跟上节讨论周家台秦简历谱的情况类似,当时《里耶秦简(壹)》尚未出版,仅能根据《里耶发掘报告》中刊布的有限历简进行校正。本部分,我们仍以《岳麓书院藏秦简〈质日〉历朔检讨——兼论竹简日志类记事簿册与历谱之区别》一文的讨论为主。

③ 此为整理者所拟名称,若以原简直读,当分别为《廿七年质日》、《卅四年质日》和《卅五年私质日》,书中仍依整理者所拟名称。

《二十七年质日》书于 54 枚竹简上,其中:(1)第 1 简上端残缺,①未见"廿"字,"七"字亦残;(2)共有两处干支书写有误,分别是第 15 简第 6 栏丁丑,当为丁亥,第 25 简第 4 栏己酉,当为己亥,整理者已经指出,经校对无误;(3)从干支序号容易判定,此组《质日》原来共有 60 枚简(含书写年份的一枚简),发现所得脱失六简:第 6、7 简之间脱失一简,第 32、33 简之间脱失两简,第 50、51 简之间脱失三简。但可以判定第 54 简为此组《质日》最后一简,其后没有脱失。理由如次:岳麓书院藏秦简三组《质日》均为编册横读式,简分六栏,每栏可书写两个月的干支,而在平朔推步的四分历中一年最多出现一组连大月,②因此六栏之中至少有五栏日干支全部横写,应占简 59 枚,今第 54 简第 1—5 栏,干支依次为丙子、乙亥、甲戌、癸酉、壬申,而第 1 简第 2—6 栏干支依次为丁丑、丙子、乙亥、甲戌、癸酉,二者密合。③

《三十四年质日》书于 65 枚简上,该年有后九月,其中:(1)共有三处干支书写有误,分别是第 11 简第 4 栏丙申,当为丙午,第 12 简第 5 栏丙申,当为丙午,第 13 简第 6 栏丙申,当为丙午。整理者同样已经指出,经校对无误;(2)从干支序号容易判定,此组《质日》原来共有 66 枚简,发现所得第 4、5 简之间脱失一简,今存 65 简。(3)这一年有后九月,原第 60 简所书"后九月壬辰小"有误,整理者在注中称:"若依简文'后九月壬辰小',则月晦当为'庚申',但三十五年历谱十月朔为'壬戌',因此'辛酉'只能上属后九月,'小'字当为'大'。"④但第 60 简第 6 栏书"壬戌"明显是误记,因为壬戌为三十五年十月朔。另外,第 64 简下端第 6 栏处书有"卅年正月甲申射",原因不明,不过秦始皇三十年正月有甲申日倒是与目前各家所排秦时期历谱是相容的。

《三十五年质日》书于 46 枚竹简上,内容稍显复杂:(1)第 1 简背面书写"卅五年私质日",可见它是私人自用的记事簿册,同简正面书写双月月名及大小,第 2 简六栏分别对应书写上述双月朔干支,而第 26 简第 3—6

---

① 为方便称引,书中所用简号均为《岳麓书院藏秦简(壹)》一书中的整理序号,而不是原始编号。
② 这一时期行用四分历,并按平朔推步。
③ 朱汉民、陈松长:《岳麓书院藏秦简(壹)》,上海:上海辞书出版社,2010 年,第 47—65 页。
④ 同上书,第 88 页。

栏虽然和第1简一样仅书写月名及大小,但暗含了当月的朔干支,这一点从前后紧邻的两个日干支很容易判定。那么何以知道第1简正面书写双月月名及大小的栏位没有暗含朔干支呢? 以第3栏为例,在第1简书写"二月大",第2简书写庚申,第25简书写己丑,两干支算内相差30日,为一大月,显然第1简第3栏"二月大"并不暗含日干支。(2)从干支序号容易判定,此组《质日》原来共有60枚简,发现所得脱失十四简:第4、5简之间脱失两简,第5、6简之间脱失一简,第10、11简之间脱失一简,第15、16简之间脱失两简,第28、29简之间脱失一简,第34、35简之间脱失三简,第35、36简之间脱失一简,第39、40简之间脱失两简,第40、41简之间脱失一简。但由第46简(最末1简)与第2简相应日干支的密合关系,可以判定第46简后未有脱失。[1]

　　经上述初步分析,我们将这三组《质日》简所对应年份朔干支或疑似朔干支用表18列出。其中《二十七年质日》简文基本格式为"某月干支",其后并未注记当月大小,细审简文文意,似乎不能遽定这一干支就是该月朔干支,如第1简第5栏记"六月甲戌",不能遂认定"六月"朔干支为"甲戌",因此表18中以"?"附后标明。但《三十四年质日》简文基本格式为"某月干支大(小)",仅从文意来看,这一干支当为该月朔干支无疑,《三十五年质日》简文基本格式有"某月干支大(小)"和"某月大(小)"两种形式,由于其中注明了"十一月辛卯大"和"正月庚寅大",其他十个月的朔干支经简单计算即可确定。"某月干支大(小)"和"某月干支"的细微区别尤当注意。周家台30号秦墓竹简所出《历谱》的历日干支也存在这两种格式,[2]其中以"某月干支"为基本格式的秦始皇三十四年历谱(简1—68)部分月名后的历日干支明显不是当月朔干支,这一点已被多位学者指出。[3] 而同墓所出

　　① 朱汉民、陈松长:《岳麓书院藏秦简(壹)》,第91—106页。
　　② 湖北省荆州市周梁玉桥遗址博物馆:《关沮秦汉墓简牍》,北京:中华书局,2001年,图版1—15。原整理者将这组简定名为《历谱》,但简1—68所书"秦始皇三十四年历谱"实为记事簿册,赵平安先生认为应该是《秦始皇三十四年记》,即墓主的私人日记。参见赵平安《周家台30秦墓竹简"秦始皇三十四年历谱"的定名及其性质——谈谈秦汉时期的一种随葬竹书"记"》,长沙市文物考古研究所编《长沙三国吴简暨百年来简帛发现与研究国际学术研讨会论文集》,北京:中华书局,2005年,第315—322页。书中按惯仍沿用整理者原先的命名,称"历谱"。
　　③ 张培瑜、彭锦华:《周家台三○号秦墓历谱竹简与秦、汉初的历法》,湖北省荆州市周梁玉桥遗址博物馆《关沮秦汉墓简牍》,北京:中华书局,2001年,第231—232页;刘信芳《周家台秦简历谱校正》,《文物》2002年第10期。

竹简中以"某月干支大（小）"为基本形式的秦始皇三十六年历谱（简69—79）、三十七年历谱（简80—91）却被证明为当月朔干支。[①] 我们认为，将这两种格式区别开来作为一项参考标准是很有意义的，[②]虽然这种以"日"为单位的记事簿册的历日干支编排不像历书（谱）那样严格，具有一定的随意性，但从《质日》所有人的角度来看，当某月下的干支不一定是该月朔干支时，有意识地通篇不用月"大"月"小"来标记，至少可以避免日期混淆，至于为何会将上月的晦日干支记录在本月月序之下，这涉及记事簿册的形制，我们下面再行讨论。

表 18　岳麓书院藏秦简《质日》(疑似)历朔一览表

《二十七年质日》		《三十四年质日》		《三十五年质日》	
原简文	当月朔干支	原简文	当月朔干支	原简文	当月朔干支
十月戊寅	戊寅？	十月戊戌小	戊戌	十月小	壬戌
十一月戊申	戊申？	十一月丁卯大	丁卯	十一月辛卯大	辛卯
十二月丁丑	丁丑？	十二月丁酉大	丁酉	十二月小	辛酉
端月丁未	丁未？	正月丁卯小	丁卯	正月庚寅大	庚寅
二月丙子	丙子？	二月丙申大	丙申	二月大	庚申
三月丙午	丙午？	三月丙寅小	丙寅	三月小	庚寅
四月乙亥	乙亥？	四月乙未大	乙未	四月大	己未
五月乙巳	乙巳？	五月乙丑小	乙丑	五月小	己丑
六月甲戌	甲戌？	六月甲午大	甲午	六月大	戊午
七月甲辰	甲辰？	七月甲子小	甲子	七月小	戊子
八月癸酉	癸酉？	八月癸巳大	癸巳	八月大	丁巳
九月癸卯	癸卯？	九月癸亥小	癸亥	九月小	丁亥

[①] 张培瑜、张春龙：《秦代历法和颛顼历》，湖南省文物考古研究所《里耶发掘报告》，长沙：岳麓书社，2007年，第735—747页。

[②] 张家山二四七号汉墓所出汉初十七年历谱虽也有以"某月干支"来书写当月朔干支的方式，但每一年的月朔干支连续紧密书写在一枚简上，中间无记事的空隙，显然是备查月朔干支的简易历表，而不是记事簿册，两者性质截然不同。参见张家山二四七号汉墓竹简整理小组《张家山汉墓竹简〔二四七号墓〕》（释文修订本），北京：文物出版社，2006年，第3—4页。

　　《岳麓书院藏秦简（壹）》主要整理者陈松长先生首次披露时认为："我们通过《中国先秦史历表》可知，这里记载的是秦始皇二十七年（前 220 年）、三十四年（前 213 年）和三十五年（前 212 年）的月份干支。其中二十七年的朔日干支完全可以对应，三十四年的正月、三月、五月、七月、九月的朔日干支都因正月误抄而全部抄错了月份。而三十五年则只抄了十一月和正月的朔日干支，我们根据这两个朔日干支可知这 2 枚简上所抄录的是秦始皇三十五年的朔日干支和月份大小，由此也可判断 0602 号简上所残年份应就是'卅五'2 字"。[①] 这里的 0602 号简是整理前的原始编号，该枚简最后被编在了《二十七年质日》的第 1 简。

　　但若将三组《质日》中的历日记录与周家台 30 号秦墓所出竹简《历谱》以及其他相关历朔资料做综合考察后会发现，《三十四年质日》所记秦始皇三十四年相关历日，《三十五年质日》所记秦始皇三十五年相关历日均正确无误，为当月朔干支。恰恰相反，《二十七年质日》所记相关历日是否为当月朔干支，却值得怀疑。陈松长所谓"三十四年的正月、三月、五月、七月、九月的朔日干支都因正月误抄而全部抄错了月份"，不知以何为参照，今查《中国先秦史历表》得秦始皇三十四年历朔为"十月戊戌朔，十一月丁卯朔，十二月丁酉朔，正月丙寅朔，二月丙申朔，三月乙丑朔，四月乙未朔，五月乙丑（甲子）朔，六月甲午朔，七月甲子朔，八月癸巳朔，九月癸亥朔，后九月壬辰朔"。[②] 按，《三十四年质日》第 1 简记"正月丁卯小　三月丙寅小　五月乙丑小"分别与查得的十一月、正月、三月对应相同，而七月朔干支甲子、九月朔干支癸亥与历表所得相同，或许陈松长表述有误。其实，里耶秦简中有秦始皇卅四年六月甲午朔[J1(9)1、J1(9)10]，七月甲子朔[J1(9)3]，八月癸巳朔[J1(9)2、J1(9)4]。可部分说明《三十四年质日》简所记三十四年（前 213 年）朔干支不误。

　　事实上，《中国先秦史历表》中的《秦汉初朔闰表》并非毫无瑕疵，仅以秦始皇二十七年历谱为例，其中八月癸酉就与历简不符，里耶秦简 J1(8)133："廿七年八月甲戌朔壬辰……"。由于里耶秦简属于公文性质，

---

　　① 陈松长：《岳麓书院所藏秦简综述》，《文物》2009 年第 3 期。

　　② 张培瑜：《中国先秦史历表》，济南：齐鲁书社，1987 年，第 225 页。这里所录为张培瑜根据当时出土历简考得的汉初历法所排定的一组，由于他考得的秦汉初历法朔小余在一个特定的范围内取值，因此会在某些月份出现双解。

其中的历朔资料更为可靠。这里举出里耶秦简与《中国先秦史历表》不符是想说明，我们不能用今人推排的历朔表去判定简牍历朔资料的正误，也就是说，即便《中国先秦史历表》秦始皇二十七历朔与《二十七年质日》完全对应，我们也只能大致将这组历简框定在秦始皇二十七年，但不能遽定《二十七年质日》相关历日全部是秦始皇二十七年实朔干支，其实在《中国先秦史历表》，甚至《三千五百年历日天象》出版后，随着一批批历日简牍的出土公布，张培瑜也多次对秦至汉初的历法进行过讨论，并反复重新推排了这一时期的朔闰表。[①] 从这个意义上讲，张培瑜在推排《中国先秦史历表》时所依据的历法规则（这个历法规则是他从当时所见历简中讨论得到的）已经被后来出土的历简所证伪。当然，由于这一时期的历面朔日围绕真朔，历表中某一年的朔日只会部分而一定不会全部出错，当出土所得某一年的历朔与之部分相符时，仍然可以据此判定该组历简的年份。亦即，整理者在简文残缺的情况下将这组《质日》定在秦始皇二十七年应该是无误的。

　　由于岳麓书院藏秦简较为散乱，三组《质日》年份是通过排序后由简文读得的，严重依赖竹简本身的排序，尤其是《二十七年质日》第 1 简的年份部分明显残缺。在这里我们依据上一节提到的同月朔干支复现规律再做研判，以说明整理者的年份判定是正确的。

　　今检里耶秦简得以下 5 条历朔资料：

　　1、里耶秦简 J1(16)5、J1(16)6 均书有：廿七年二月丙子朔庚寅……

　　2、里耶秦简 J1(9)1、J1(9)10 均书有：卅四年六月甲午朔戊午……

　　3、里耶秦简 J1(9)3、J1(9)12 均书有：卅四年七月甲子朔辛卯……

　　4、里耶秦简 J1(9)2、J1(9)4 均书有：卅四年八月癸巳朔……

　　5、里耶秦简 J1(9)1—J1(9)12 均书有：卅五年四月己未朔乙丑……

　　很显然，第 1 条材料"廿七年二月丙子朔庚寅"与《二十七年质日》第 2 简"二月丙子"相同，[②]按上述原理即可判定第一组《质日》所记为秦始皇二

---

　　①　张培瑜、彭锦华：《周家台三〇号秦墓历谱竹简与秦、汉初的历法》，湖北省荆州市周梁玉桥遗址博物馆《关沮秦汉墓简牍》，北京：中华书局，2001 年，第 231—244 页；张培瑜、张春龙：《秦代历法和颛顼历》，湖南省文物考古研究所《里耶发掘报告》，第 735—747 页；张培瑜：《根据新出历日简牍试论秦和汉初的历法》，《中原文物》2007 年第 5 期。

　　②　至于何以能事前判定《二十七年质日》中"二月丙子"为月朔干支，详见下文。

十七年历日。同理我们可以判定第二组《质日》为秦始皇三十四年（前 213 年）历日，当然，第 1 简背面书有"卅四年质日"是一显证。① 那么第三组《质日》为什么不是 26 年前的秦王政九年历日，而是秦始皇三十五年历日呢？这是因为这组《质日》中第 1 简记有"十二月小嘉平"。② "嘉平"为"腊"的别称，《史记·秦始皇本纪》载："三十一年十二月，更名腊曰嘉平。"这一点也得到了出土历简的证明，周家台 30 号秦墓竹简秦始皇三十四年历谱载"正月丁卯，嘉平视事"，同墓所出秦二世元年历谱载"十二月戊戌嘉平"。③ 由此可以排除第三组《质日》是秦王政九年历日的可能。

将三组《质日》所当年份考定后，下面试对其朔干支的准确性进行检查。

无独有偶，上节讨论的周家台秦简中也有秦始皇三十四年（前 213 年）、三十六年（前 211 年）、三十七年（前 210 年）历日干支，其中简 1—68 所记"秦始皇三十四年历谱"跟岳麓书院所藏秦简《二十七年质日》格式一致，也为"月名干支"，未标明大小。值得注意的是，该谱"某月"下所记历日干支并非全为朔干支。在上节讨论周家台秦简历谱时，我们用后出的《里耶秦简（壹）》中的新材料证明了试排所得三十五年历谱的正确性，由此说明我们的方法是可靠的。在这里，我们仍然使用这一方法验证《二十七年质日》朔干支正误。

秦至汉太初改历前一直行用四分术为学界公认，张培瑜为了将秦至汉初的所有历简容于同一种历法，曾给出过一种非四分术的推步体系，但这仅是一种假设条件下的探讨。④ 所以以四分术数据为计算法数是基本前提。另外我们还必须保证所选历朔干支为同一种历法推步所得，即这一时段内没有发生过历法变革。根据史书记载，秦统一后历法有所改动，但由于秦王政时期（前 246—前 222 年）的历朔资料仅有 7 条，⑤对是否有过历

① 朱汉民、陈松长：《岳麓书院藏秦简（壹）》，上海：上海辞书出版社，2010 年，第 67 页。
② 同上书，第 91 页。
③ 湖北省荆州市周梁玉桥遗址博物馆：《关沮秦汉墓简牍》，北京：中华书局，2001 年，第 94、103 页。
④ 张培瑜：《根据新出历日简牍试论秦和汉初的历法》，《中原文物》2007 年第 5 期。
⑤ 这 7 条材料是：秦王政二年十月癸酉朔、六年八月丙子朔（张家山 247 号汉墓《奏谳书》），八年秋甲子（《吕氏春秋·序意》），廿年四月丙戌朔（睡虎地秦墓竹简《语书》），廿二年八月癸卯朔（岳麓书院藏秦简），廿五年五月丁亥朔（岳麓书院藏秦简）、六月丙辰朔（里耶秦简）。其中岳麓书院藏秦简的两条材料在陈松长《岳麓书院所藏秦简综述》一文中首次披露。

改不能最终判定,为谨慎计,我们不使用这 7 条资料。值得注意的是,秦始皇二十六年虽在一统之后,但这一年应该用旧历排谱,故仍然不能使用这一年的实朔资料。① 此一事实可由《史记·秦始皇本纪》论定。具体参看绪论部分的附录二。

另外,黄一农曾认为秦二世元年(前 209 年)有过历改,虽然这次历改于史无据,而且黄一农所推考的"改'正月'为'端月',以突显历法之新"的结论显然与《二十七年质日》第 31 简"端月丁未"所记不符,②但为使讨论更加严谨,我们同样放弃使用秦二世时期的实际历朔资料。经过这一界定,我们可使用的资料为:

秦始皇廿七年二月丙子朔:里耶秦简 J1(16)5、J1(16)6;

秦始皇廿七年八月甲戌朔:里耶秦简 J1(8)133;

秦始皇廿八年八月戊辰朔:里耶秦简 J1(9)984;

秦始皇廿九年四月甲子朔:里耶秦简(8)—1521;

秦始皇廿九年九月壬辰朔:里耶秦简(8)—646、(8)—1523;

秦始皇廿九年后九月辛酉朔:里耶秦简残简材料。③

秦始皇卅年九月丙辰朔:里耶秦简 J1(9)981;

秦始皇卅二年正月戊寅朔:里耶秦简 J1(8)157;

秦始皇卅二年四月丙午朔:里耶秦简 J1(8)152、J1(8)156、J1(8)158;

秦始皇卅三年二月壬寅朔:里耶秦简 J1(8)154;

秦始皇卅三年三月辛未朔:里耶秦简 J1(9)2、J1(9)3、J1(9)11;

秦始皇卅三年四月辛丑朔:里耶秦简 J1(9)1、J1(9)4,J1(9)5、J1(9)6、J1(9)7、J1(9)8、J1(9)10;

秦始皇卅四年六月甲午朔:里耶秦简 J1(9)1、J1(9)10;

秦始皇卅四年七月甲子朔:里耶秦简 J1(9)3、J1(9)12;

秦始皇卅四年八月癸巳朔:里耶秦简 J1(9)2、J1(9)4、J1(9)5、J1(9)6、J1(9)7、J1(9)8、J1(9)9、J1(9)11;

---

① 秦始皇廿六年共有三条历朔材料:十月甲寅朔、五月辛巳朔、八月庚戌朔(均见于里耶秦简)。

② 黄一农:《秦汉之际(前 220—前 202 年)朔闰考》,《文物》2001 年第 5 期;《秦王政时期历法新考》,《华学》第五辑,广州:中山大学出版社,2001 年,第 143—149 页。

③ 张培瑜、张春龙:《秦代历法和颛顼历》,湖南省文物考古研究所《里耶发掘报告》,长沙:岳麓书社,2007 年。

秦始皇卅四年历谱：周家台 30 号秦墓所出简 1—68 所书秦始皇三十四年历谱由于存在明显讹误，经研究后调整为：十月戊戌朔、十一月丁卯朔、十二月丁酉朔、正月丁卯朔、二月丙申朔、三月丙寅朔、四月乙未朔、五月乙丑朔、六月甲午朔、七月甲子朔、八月癸巳朔、九月癸亥朔、后九月壬辰朔。[①] 这一调整与岳麓书院所藏秦简《三十四年质日》历朔完全一致，真实可信。这一年有闰，共有十三个月朔干支；

秦始皇卅五年四月己未朔：里耶秦简 J1(9)1—J1(9)12；

秦始皇卅五年历谱：岳麓书院所藏秦简《三十五年质日》所记历日。原简虽只有"十一月辛卯"、"正月庚寅"两个朔干支，但其他各月大小已经标明，故可简单推定，共十二个月朔干支；

秦始皇卅六年历谱：周家台 30 号秦墓竹简"秦始皇三十六年历谱"。原简部分月朔干支残缺，但经简单计算可以补足，共十二个月朔干支；[②]

秦始皇卅七年历谱：周家台 30 号秦墓竹简"秦始皇三十七年历谱"。原简部分月朔干支残缺，但经简单计算可以补足。这一年有闰，共十三个月朔干支。[③]

以上材料，减去重复的不计，凡 62 个月朔干支。

为了确定秦始皇二十七年十月至秦始皇三十七年（前 210 年）后九月的全部月序（这关系到下文的排算），还需要知道这一时段所有闰年。秦至汉初实际置闰年份可查看本书第二章第六节表 21。

下面试用表 19 列出上述 62 个朔干支可能的朔小余取值范围，对于秦始皇二十七年各月可能的朔干支及其小余一并列出，并与《二十七年质日》所记秦始皇二十七年各月名后紧连的日干支进行比勘，凡两相不符者以黑体字标出。

---

　① 李忠林：《周家台秦简历谱试析》，《中国科技史杂志》2009 年第 3 期。
　② 湖北省荆州市周梁玉桥遗址博物馆：《关沮秦汉墓简牍》，北京：中华书局，2001 年，第 99 页。
　③ 同上书，第 99—100 页。

表 19　62 条实朔干支相容性分析表

	十月	十一月	十二月	正月	二月	三月	四月	五月	六月	七月	八月	九月	后九月
质日	戊寅	戊申	丁丑	丁未	丙子	丙午	乙亥	乙巳	甲戌	甲辰	癸酉	癸卯	—
廿七年	戊寅 766 744	戊申 325 303	丁丑 824 802	丁未 383 361	丙子 882 860	丙午 441 419	乙亥 (丙子) 0 918	乙巳 499 477	乙亥 58 36	甲辰 557 535	甲戌 116 94	癸卯 615 593	—
廿八年											戊辰 464 442		
廿九年							甲子 696 674				壬辰 371 349		辛酉 870 848
卅年											丙辰 278 256		
卅二年				戊寅 301 279			丙午 858 836						
卅三年					壬寅 208 186	辛未 707 685	辛丑 266 244						
卅四年	戊戌 440 418	丁卯 939 917	丁酉 498 476	丁卯 57 35	丙申 556 534	丙寅 115 93	乙未 614 592	乙丑 173 151	甲午 672 650	甲子 231 209	癸巳 730 708	癸亥 289 267	壬辰 788 766
卅五年	壬戌 347 325	辛卯 846 824	辛酉 405 383	庚寅 904 882	庚申 463 441	庚寅 22 0	己未 521 499	己丑 80 58	戊午 579 557	戊子 138 116	丁巳 637 615	丁亥 196 174	
卅六年	丙辰 695 673	丙戌 254 232	乙卯 753 731	乙酉 312 290	甲寅 811 789	甲申 370 348	癸丑 869 847	癸未 428 406	壬子 927 905	壬午 486 464	壬子 45 23	辛巳 544 522	
卅七年	辛亥 103 81	庚辰 602 580	庚戌 161 139	己卯 660 638	己酉 219 197	戊寅 718 696	戊申 277 255	丁丑 776 754	丁未 335 313	丙子 834 812	丙午 393 371	乙亥 892 870	乙巳 451 429

注：表中干支下的数值为该月朔小余的取值范围，上面为上限值，下面为下限值。

　　从上表可以看出,介于秦始皇二十七年十月至三十七年(前 210 年)后
九月的 62 个既得实朔干支完全可以容于同一种四分术历法,而《二十七年
质日》中的"六月甲戌"和"八月癸酉"与这 62 个实朔干支不能相容,事实上
由前揭里耶秦简"(秦始皇)廿七年八月甲戌朔"就能看出,《二十七年质日》
中的"八月癸酉"不是八月的朔干支而是七月晦日干支,这年七月甲辰朔,
是大月。同理《二十七年质日》中的"六月甲戌"为五月晦日干支,五月乙巳
朔,是大月。至于计算得到的秦始皇二十七年四月乙亥(丙子)朔,在这里
的意义是说,仅靠目前掌握的 62 个实际朔干支还不能将这年四月的朔干
支唯一地确定下来,而丙子和乙亥都能与其他实际所得朔干支相容。

　　按照上面的推理,秦始皇二十七年各月的朔干支当如表 20:

表 20　可能的秦始皇二十七年历朔干支表

十月	十一月	十二月	端(正)月	二月	三月	四月	五月	六月	七月	八月	九月
戊寅	戊申	丁丑	丁未	丙子	丙午	乙亥	乙巳	乙亥	甲辰	甲戌	癸卯

　　下面试通过分析《质日》(记事簿册)的形制来进一步说明簿主何以将
五月和七月晦日干支分别写在六月和八月月名下。

　　就目前看到的这种记事簿册而言,周家台 30 号秦墓竹简"秦始皇三
十四年历谱"与本文讨论的岳麓书院所藏秦简《二十七年质日》几近相同,都
是编册横读式,用 59 枚简,每简由上至下分六栏,合计 354 个栏位,如遇有
后九月的年份,闰月另外用简编排,与其他月份的书写方式不同。当然,由
于是记事簿册而不是历谱,也不排除不编写最后一天的可能。我们推测古
人这样编排的原因是考虑到一年十二个月合 354 天,如果遇到连大月,则
为 355 天,要另加一枚简,最后一天将被书写在第 60 枚简最下面的第六
栏,这样从编册横读的形式来看,最为整齐精当。因为书写或阅读时,从第
一栏十月朔干支起横读该栏 59 个栏位,这样遍历五组 59 个栏位,只有第
六栏或为 59 或为 60 个栏位。同样为了整齐,第 1 枚简上会书写所有双月
月名,即十月、十二月、二月、四月、六月、八月,而在第 30 或 31 枚简上书写
单月月名,即十一月、正(端)月、三月、五月、七月、九月。在周家台秦简三
十四年历谱中单月月名书于第 30 枚简(发掘所得第 29 简,中间脱失一

简），在本文所论《二十七年质日》中书于第 31 枚简。[①] 这样一来，第一栏顺次书写大月"十月"和小月"十一月"，第二栏顺次书写大月"十二月"和小月"端月"，第三栏顺次书写大月"二月"和小月"三月"，各月朔干支都正好在月名之下。但由于这一年中四、五两月连大，在第四栏中虽然可将四、五两月的朔干支恰好写在当月月名下，但五月的晦日干支就只能写在第 1 枚简（入藏所得第 2 简，书写年份占去一简）第五栏"六月"月名下，如果簿主将五月的晦日干支书写在第 60 枚简的第四栏，[②]这样由于六月、八月为小月，就会出现位于中间书写单月月名简（第 31 简）的上一简第五、第六栏空白，而第 60 枚简上第四、第五、第六栏各有一个干支的情况。从周家台秦简三十四年历谱形制来看，簿主可能不愿意做成这种不整齐的样式，主要因为这本身只是一种记事簿册，另外存在备查的历谱为簿主提供各月朔干支。因此在《二十七年质日》中，簿主为书写记事整齐可观计，遂将五月、七月晦日干支记在了六月、八月月名下。

但《三十五年质日》却与上述两组记事簿册不同，由于这组《质日》在第 1 简和第 26 简上已经明确注明了各月大小，所以紧跟其后的干支一定是朔干支，这一点前面已有说明。但观察第 1、2 两栏就会发现，在第 26、28 简之间有意少书两日。该组《质日》的第 4 栏在第 25、26、27、28 简上依次书写戊子（宿郑）、五月小、庚寅、辛卯（宿商街邮），显然"五月小"暗含了该月朔干支己丑，由此判定此四简之间未发生脱失，但第 1 栏第 26 简书有"十一月辛卯大"，而第 28 简同栏位书有"甲午"，中间相差壬辰、癸巳两日，却仅隔一枚简，即第 27 简，虽然该简此栏位残缺不存，但可以肯定此处必定少书一日，同理第 2 栏亦少书一日，这样少书的目的显然是为求得整齐。《三十五年质日》与《二十七年质日》及周家台三十四年历谱不同之处在于，其第 25 简（即书有单月干支大小的上一简）第 1、2 栏出现留白，这是因为十月和十二月为小月所致。由此同样可说明这种形制的记事簿册其月名下的干支

---

① 《二十七年质日》书写年份多用一枚简，但第 6、7 简之间脱失一简，因此单月月名仍然书写在了入藏所得第 31 简上。

② 该枚简是虚拟的，当位于入藏所得第 54 简的下一简。在讨论记事簿册形制时，我们常常不得不在假想的竹简序列和实际所得竹简序列之间游走，而在表述时用"第 X 简"和"第 X 枚简"加以区别。

一定是朔干支。尽管如此,其少书两日的随意性仍然是有目共睹的。

　　岳麓书院藏秦简《质日》属于记事簿册性质,从《三十五年质日》第1简"卅五年私质日"可知其有公私之分。① 这类记事簿册此前也有出土,如尹湾汉简《元延二年日记》等,当然,周家台所出三十四年历谱也是此类记事簿册。这种记事簿册的特点是以日干支为单位预先占取简面以备记事,由于日志的性质,它尽可能多但不保证全部书写全年日干支,其随意性是很明显的,因此与各个月名紧接的干支并不能简单认定为朔干支。一般说来,当写明月大小,或直接标明"朔"时,才可认定为朔干支,而形如"某月干支"的表述往往不全是朔干支,作为历日资料需要进一步讨论认定。之所以如此,归根结底是因为它并非历谱。

　　出土简牍所见历谱也较多,如张家山汉简历谱,其中汉高祖十二年历谱书于一枚简上:

　　　　十月癸未　十一月癸丑　十二月壬午　正月壬子　二月辛巳
　　三月辛亥　四月庚辰　五月庚戌　六月己卯　七月己酉　八月戊寅
　　九月戊申②

　　这种历谱虽然简单,但极可能是当时多见的标准形式,推想古人或者谙熟六十甲子,或者备有六十甲子表,因此只需要知道各月朔干支即可,而无需画蛇添足,在历谱中将全年日干支列出。至于上述"某月干支"能够判定为朔干支是与其历谱性质有关,这与上文所述日志类记事簿册"某月干支"不一定是朔干支截然不同,其道理是自明而显见的。

五　其他材料的去伪与辨析

　　除了前两节讨论过的周家台秦简《历谱》及岳麓书院藏秦简《质日》中的朔干支外,其他历朔资料也部分存在相同、矛盾和讹误的情况,另外,还有一些朔干支根据前后月就可以简单推定,也有必要补出。下面我们对这

---

　　①　朱汉民、陈松长:《岳麓书院藏秦简(壹)》,上海:上海辞书出版社,2010年,第91页。
　　②　张家山二四七号汉墓竹简整理小组:《张家山汉墓竹简〔二四七号墓〕》(释文修订本),第3页。

些材料进行辨析,以达到去伪存真的目的。

A.相同例:

1、材料 012 秦始皇廿七年二月丙子朔与材料 015 秦始皇二十七年历谱所记相同;

2、材料 013 秦始皇廿七年三月丙午朔与材料 015 秦始皇二十七年历谱所记相同;

3、材料 014 秦始皇廿七年八月甲戌朔与材料 015 秦始皇二十七年历谱所记相同;

4、材料 057 秦始皇卅四年十一月丁卯朔与材料 066、067 秦始皇卅四年历谱所记相同;

5、材料 058 秦始皇卅四年正月丁卯朔与材料 066、067 秦始皇卅四年历谱所记相同;

6、材料 059 秦始皇卅四年二月丙申朔与材料 066、067 秦始皇卅四年历谱所记相同;

7、材料 060 秦始皇卅四年三月丙寅朔与材料 066、067 秦始皇卅四年历谱所记相同;

8、材料 061 秦始皇卅四年六月甲午朔与材料 066、067 秦始皇卅四年历谱所记相同;

9、材料 062 秦始皇卅四年七月甲子朔与材料 066、067 秦始皇卅四年历谱所记相同;

10、材料 063 秦始皇卅四年八月癸巳朔与材料 066、067 秦始皇卅四年历谱所记相同;

11、材料 064 秦始皇卅四年九月癸亥朔与材料 066、067 秦始皇卅四年历谱所记相同;

12、材料 065 秦始皇卅四年后九月壬辰朔与材料 066、067 秦始皇卅四年历谱所记相同;

13、材料 068 秦始皇卅五年十一月辛卯朔与材料 079 秦始皇卅五年历谱所记相同;

14、材料 069 秦始皇卅五年正月庚寅朔与材料 079 秦始皇卅五年历谱所记相同;

15、材料070秦始皇卅五年二月庚申朔与材料079秦始皇卅五年历谱所记相同；

16、材料071秦始皇卅五年三月庚寅朔与材料079秦始皇卅五年历谱所记相同；

17、材料072秦始皇卅五年四月己未朔与材料079秦始皇卅五年历谱所记相同；

18、材料073秦始皇卅五年五月己丑朔与材料079秦始皇卅五年历谱所记相同；

19、材料074秦始皇卅五年六月戊午朔与材料079秦始皇卅五年历谱所记相同；

20、材料075秦始皇卅五年七月戊子朔与材料079秦始皇卅五年历谱所记相同；

21、材料076秦始皇卅五年八月丁巳朔与材料079秦始皇卅五年历谱所记相同；

22、材料078秦始皇卅五年九月丁亥朔与材料079秦始皇卅五年历谱所记相同；

23、材料082二世元年正月癸卯朔与材料085二世元年历谱所记相同；

24、材料083二世元年七月庚子朔与材料085二世元年历谱所记相同；

25、材料082二世元年八月庚午朔与材料085二世元年历谱所记相同；

26、材料089汉高祖八年四月甲辰朔与材料090汉高祖八年历谱所记相同；

27、材料092汉高祖十年七月辛卯朔与材料094汉高祖十年历谱所记相同；

28、材料093汉高祖十年八月庚申朔与材料094汉高祖十年历谱所记相同；

29、材料095汉高祖十一年八月甲申朔与材料096汉高祖十一年历谱所记相同；

30、材料 115 惠帝七年正月辛丑朔与材料 104 惠帝七年历谱所记相同；

31、材料 117 惠帝七年六月己巳朔与材料 104 惠帝七年历谱所记相同；

32、材料 119 高后二年七月丁亥朔与材料 106 高后二年历谱所记相同；

33、材料 142 武帝元光元年三月丁巳朔与材料 110 武帝元光元年历谱所记相同；

34、材料 143 武帝元光元年八月乙酉朔与材料 110 武帝元光元年历谱所记相同。

B.矛盾讹误例：

在这一类中有些是明显讹误的，还有一类是与某个确定的历点有冲突，需要通过简单分析才可以表出。由于日干支的讹误较为明显，此处不做讨论。如材料 199 秦始皇廿八年九月甲午，可由材料 019 廿八年八月戊辰朔判定有误。[①] 同样的还有材料 264 汉高祖六年三月丁巳，其误亦可由材料 087 判定。

1、周家台秦简秦始皇三十四年历谱，岳麓书院藏秦简《二十七年质日》、《三十四年质日》和《三十五年质日》所涉及的历朔上文专节进行了讨论，并有订正，此不赘述。

2、材料 077 秦始皇卅五年九月乙丑朔有误。材料 078 秦始皇卅五年九月丁亥朔凡三见，分别为里耶秦简(8)—934：卅五年九月丁亥朔庚寅；里耶秦简(8)—1539：卅五年九月丁亥朔乙卯；里耶秦简(8)—2248：卅五年九月丁亥朔丙申。据此可简单判定材料 077 有误。

3、材料 091 汉高祖九年历谱载"七月丁酉，八月丙寅，九月乙未大"。显然七八两月连小，这是不符合平朔推步的基本原则的。根据材料 114，

---

① 事实上，张家山二四七号汉墓竹简整理小组将相关部分径直释为"尽廿八年九月甲午巳"不确。原简(第 126 简)此处漫漶不清，释文当为"尽廿□□□月甲午巳"。可参看张家山二四七号汉墓整理小组：《张家山汉墓竹简〔二四七号〕》，北京：文物出版社，2001 年，图版部分第 63 页。由于秦始皇廿八年九月没有甲午，整理者依据方诗铭等的《中国史历日和中西历日对照》认定此为后九月甲午，以圆其说。但材料 207 秦始皇廿九年后九月辛未见于里耶秦简，由此判定廿八年必无闰，也就没有后九月。

《汉书·高帝纪》:"(九年)夏六月乙未晦,日有食之。"《汉书·五行志》:"九年六月乙未晦,日有食之,既,在张十三度。"由六月乙未晦知七月丙申朔,如此则七月大,八月小,故判定材料 091"七月丁酉"朔有误,当为七月丙申朔。

4、材料 116 惠帝七年正月辛酉朔与材料 104 惠帝七年历谱所载正月辛丑朔矛盾。材料 116 惠帝七年正月辛酉朔来源于《汉纪》卷五,而材料 104 见于出土历简,且与相邻月朔干支均相合,因此认定材料 116 惠帝七年正月辛酉朔有误。

5、材料 106 高后二年历谱所载三月己丑朔与材料 118 高后二年三月丙辰朔矛盾。其中,材料 116 出于历简,且三月朔干支与其他相邻各月均合,材料 118 出自《汉纪》卷六:"(高后二年)二月乙卯晦,地震。"由此判定材料 118 有误。

6、材料 125 文帝后元四年五月丁巳朔与材料 126 文帝后元四年五月丁卯朔矛盾。文帝后元五年有闰,[①]因此四年、六年必无闰,由后元四年五月朔日起算至后元七年十二月晦日尽,共 33 个月。平朔推步历法在 15 或 17 个月中会出现一组连大,同时也不会出现连续两个 15 月组都出现连大月的情形。据此可以判定,这 33 个月里最多有 18 个大月,最少也有 17 个大月,即存在两种情形:18 个大月 15 个小月,合 975 天,或者 17 个大月 16 个小月,合 974 天。又,材料 127 载"文帝后元七年正月辛未朔",辛未算外后推 974 日为丁巳,后推 964 日为丁卯,由此判定材料 126 有误。

7、材料 128 景帝前元三年二月辛巳朔有误。材料 106 高后二年历谱载有"九月丙戌",高后二年历谱为出土历简,具有很高的可靠性,我们以此为基点向后推算来验证景帝前元三年二月辛巳朔是否有误。从高后二年九月丙戌朔算起,至景帝前元三年二月辛巳朔共有 389 个朔望月,[②]按朔策 $29\frac{499}{940}$ 可算得共有天数 11487.50 天,考虑到高后二年九月丙戌朔的小余不明,此两朔相差天数有 11487 或 11488 两种可能,而从丙戌到辛巳的时间

---

① 可参看第二章第六节表 21。
② 确定朔望月的数目关键在于确定闰年,详参第二章第六节。

间隔为 11515 或 11455 天,显然不符,由此证明景帝前元三年二月朔日必不在辛巳,材料 128 有误。

按照同样方法还可以判定以下两条材料有误:

8、材料 129 景帝前元三年三月癸丑朔有误。

9、材料 131 景帝前元四年十一月己亥朔有误。

10、材料 138 景帝后元元年八月丙午朔有误。这条材料的判定比较复杂。我们知道,简牍中出现的全年或连续几个月的历谱是最可靠的实历,上面几条材料的判定就依靠了张家山汉简高后二年历谱。对材料 138,可以元光元年历谱为基点,通过回溯来验证。材料 110 武帝元光元年历谱载有十二月、正月连大,由此知十二月戊子朔前小余介于 939 至 882 之间,向后回推 103 个朔望月,即 $3041\frac{637}{940}$ 天,得到的朔干支是丁未。由此判定材料 138 景帝后元元年八月丙午朔有误。

C.补缺例:

根据现有材料能明显补出或补全一些朔干支,这对我们下一步的研究是很有帮助的。

1、里耶秦简(8)—63 载:"廿六年三月壬午朔癸卯……辛亥",由于朔日壬午至辛亥尽刚好 30 日,由此知辛亥为三月晦日,则可简单判定,秦始皇廿六年四月壬子朔。

2、由材料 081 秦始皇三十七年历谱所载九月乙亥大和材料 085 秦二世元年历谱所载十月乙亥小,很容易得到秦始皇三十七年(前 210 年)后九月乙巳朔。

3、由材料 086 汉高祖五年历谱所载"九月己未,后九月☐,☐新降为汉",材料 087 汉高祖六年历谱所载十月戊午,很容易判定后九月戊子朔。如果是己丑朔,则高祖五年后九月和六年十月会出现连小月。

同样我们还可以补出以下 5 条:

4、根据材料 088 汉高祖七年历谱所载"十一月壬午,十二月辛亥"补得正月辛巳朔。

5、根据材料 090 汉高祖八年历谱所载"十月丁未,十一月丙子"补得高祖七年九月丁丑朔。

6、材料 105 高后元年历谱载"☑月癸巳，八月壬戌，九月壬辰"。癸巳距壬戌共 29 日，很容易判定所记为七月朔日。

7、材料 106 高后二年历谱载有"☑庚寅，二月己未，三月己丑……"很容易判定庚寅为正月朔日。

8、材料 106 高后二年历谱载有"九月丙戌，后九月乙☑"，很容易判定为后九月乙卯朔。

六　秦至汉初置闰年份考实

从秦王政元年至汉太初改历前的实际置闰年份可以通过出土文献和《史记》《汉书》纪志中的"后九月"记录考得，这个工作张培瑜、陈久金等先生也曾做过，[①]陈久金的考证最为翔实，他共考得这一时期的实际置闰年份 36 个，其中 11 个是史书直接有后九月记载的年份，其余为推得的，这些推得的闰年也是可信的，许多得到了新出历简的证实。这 36 个闰年分别是：秦始皇三十七年（前 210 年）、二世二年（前 208 年）、汉高祖二年（前 205 年）、汉高祖五年（前 202 年）、汉高祖八年（前 199 年）、汉高祖十年（前 197 年）、惠帝元年（前 194 年）、惠帝四年（前 191 年）、惠帝六年（前 189 年）、高后二年（前 186 年）、高后五年（前 183 年）、高后八年（前 180）、文帝二年（前 178 年）、文帝十三年（前 167 年）、文帝十六年（前 164 年）、文帝后元二年（前 162 年）、文帝后元五年（前 159 年）、景帝元年（前 156 年）、景帝四年（前 153 年）、景帝六年（前 151 年）、景帝中元二年（前 148 年）、景帝中元五年（前 145 年）、景帝后元元年（前 143 年）、武帝建元元年（前 140 年）、武帝建元四年（前 137 年）、武帝元光元年（前 134 年）、武帝元光三年（前 132 年）、武帝元光六年（前 129 年）、武帝元朔三年（126 年）、武帝元朔五年（124 年）、武帝元狩五年（118 年）、武帝元鼎二年（前 115 年）、武帝元鼎四年（前 113 年）、武帝元封元年（前 110 年）、武帝元封四年（前 107 年）、武帝

---

① 陈久金、陈美东：《从元光历谱及马王堆帛书天文资料试探颛顼历问题》，中国社会科学院考古研究所编《中国古代天文文物论集》，北京：文物出版社，1989 年，第 83—103 页；张培瑜：《新出土秦汉简牍中关于太初前历法的研究》，中国社会科学院考古研究所编《中国古代天文文物论集》，北京：文物出版社，1989 年，第 69—82 页。

元封六年(前105年)。

在前人考证的基础上,现根据新出历简,试再补充9个闰年。

在考察之前,先说明一个置闰的基本规律。我们知道,现代天文学测得的朔望月平均长度为29.530589日,回归年为365.24219879日,一回归年较十二个朔望月还长10.87513079日,这样至少两个平年前后均为闰年。也就是说,存在两年一闰和三年一闰两种模式,即"(闰)—平—闰"和"(闰)—平—平—闰"。而且我们很容易证明不会出现"(闰)—平—闰—平—闰"这种模式,而只能是"(闰)—平—闰—平—平—闰"或"(闰)—平—平—闰—平—闰"这种模式。古代历法虽疏,但岁实和朔策与真值的差距总在百分位以后,因此这一规律在阴阳合历的置闰法则中具有普适性。下面我们从秦王政元年起对秦汉初的闰年进行考察。

秦王政元年和四年有闰。 张家山247号汉墓《奏谳书》载有"秦王政二年十月癸酉朔",又《史记·秦本纪》载秦王政四年十月庚寅,癸酉距庚寅为737日,[①]为了增加秦王政二、三两年的天数,使之更可能出现闰月,我们不妨假定庚寅为秦王政四年十月的朔日,这样二、三两年的天数总和最多只可能有737日。为了在这两年出现闰年,再次假定二、三两年共有25个月,这样必有一个连大月,即13个大月和12个小月,这是两年含闰月时最小的天数组合,结果仍然需要738日,而事实上二、三两年的天数总和最多只能有737日,据此可以严格排除秦王政二、三年有闰的可能性,进而得到秦王政元年和四年有闰的结论。

秦王政七年有闰。 张家山247号汉墓《奏谳书》载有秦王政六年八月丙子朔,睡虎地秦简《编年记》载有秦王政七年正月甲寅,其间共有158日,即便假定甲寅为朔日,这样的天数也不可能排六个月,亦即秦王政六年八月至七年十二月共有五个月,不存在闰月的可能性。由此知秦王政六年无闰,秦王政四年有闰,五年必无闰,故此知秦王政七年有闰。

秦王政二十三、二十六年有闰。 里耶秦简J1(8)134载有秦王政二十六年八月庚戌朔,J1(16)5,J1(16)6分别载有秦王政二十七年二月丙子朔,

---

① 基于历年天数的基本常识,737日加减若干个干支周期60日的数据都不能考虑。下文凡是推证时遇到类似情况将不再说明,读者自行演算即可。

由此知秦王政二十七年正月乙亥晦。这样二十六年八月庚戌朔起到二十七年正月乙亥晦共计 206 日,分属 7 个月中,由此知秦王政二十六年有闰。再做进一步推理,秦王政二十五年六月丙辰朔,材料 105,即龙岗秦简 180 载有秦王政二十四年正月甲寅,由六月丙辰朔知五月乙卯晦,乙卯回推到甲寅共有 481 天,即便甲寅为二十四年正月之晦,481 天也排不出 17 个月,由此知秦王政二十四年无闰,又二十六年有闰,则二十五年必无闰,如此一来,二十四、二十五两年无闰,二十三、二十六年都有闰。

秦始皇二十九年有闰。里耶秦简未公布残简材料。①

秦始皇三十一年有闰。里耶秦简 J1(8)152、J1(8)156、J1(8)158 均载有"卅二年四月丙午朔"。又,里耶秦简 J1(8)154 载有"卅三年二月壬寅朔",即当年正月辛丑晦,由丙午至辛丑共计 296 日,只能排出 10 个月,由此知始皇三十二年无闰,始皇三十四后九月,简有明载,所以三十三年无闰。故可推得秦始皇三十一年有闰。

秦始皇三十四年有闰。周家台 30 号秦墓秦始皇三十四年历谱有"后九月壬辰"。

文帝前元五年有闰。居延汉简居 118.1(甲 676)与 117.43+255.25(甲 675)缀合后的简文载有孝文皇帝五年十一月壬寅,即材料 132。又,江陵高台 18 号汉墓木牍,即材料 049,载有文帝七年十月丙子朔,据此很容易算得文帝五年十一月壬寅至六年最后一月的晦日共有 694 或 634 日,若为 634 日,则期间最多有 21 个整月,而即便壬寅为当月晦日,其间也至少有 22 个整月,因此其间的天数应该是 694 天。这样一来文帝五年或六年有闰。陈久金已考得文帝二年有闰,假定文帝六年有闰,则三、四、五三年之中必有一闰,而这个闰月只能排在四年,这就形成了"闰—平—闰—平—闰"的形式,显然不行,因此,这个闰月一定排在文帝五年。

在这里将上面考得的闰年列为表 21。②

---

① 张培瑜、张春龙:《秦代历法和颛顼历》,湖南省文物考古研究所《里耶发掘报告》,长沙:岳麓书社,2007 年,第 736 页。

② 宋体为文献或历简有明确记载的闰年,黑体为推得的闰年,带括号的是补出的闰年。

表 21　秦至汉初(公元前 246—前 104 年)实际闰年表

闰							
245	226	207	188	169	150	131	112
244	225	206	187	168	149	130	111
闰	闰	闰	闰	闰	闰	闰	闰
242	223	204	185	166	147	128	109
241	222	203	184	165	146	127	108
闰	闰	闰	闰	闰	闰	闰	闰
239	220	201	182	163	144	125	106
238	219	200	181	闰	闰	闰	闰
(闰)	闰	闰	闰	161	142	123	104
236	217	198	179	160	141	122	——
(闰)	闰	闰	闰	闰	闰	(闰)	——
234	215	196	177	158	139	120	——
233	214	195	176	157	138	119	——
(闰)	闰	闰	闰	闰	闰	闰	——
231	212	193	174	155	136	117	——
230	211	192	173	154	135	116	——
(闰)	闰	闰	(闰)	闰	闰	闰	——
228	209	190	171	152	133	114	——
(闰)	闰	闰	(闰)	闰	闰	闰	——

第三章 四分术推步方法的说明

上一章通过对秦至汉初历日资料的详细考索,我们初步找到了一个当时实际行用的历表。这一历表虽然是断续的,但也是唯一真实的,并且涵盖了当下所能得到的全部历朔。这个断续的历表成为我们回推秦至汉初历法的基础,为了使下文的推算更加清晰,有必要对四分术的基本参数和当时人的推步原则做一说明。

一 秦至汉初行用四分术的证据

秦至汉初时历家采用四分术,其核心数据就是取岁实 $365\frac{1}{4}$,这有以下几条证据:

1、汉初的文献《淮南子》中就有明确的记载,如其中的《天文训》篇云:"日行一度,而岁有奇四分度之一,故四岁而积千四百六十一日而复合,故舍八十岁而复故日。"又云:"日行一度,以周于天,日冬至峻狼之山,日移一度,凡行百八十二度八分度之五,而夏至牛首之山,反复三百六十五度四分度之一而成一岁。"

2、钱宝琮曾根据《左传》中的两次日南至,算得当时人掌握的岁实为 $365\frac{33}{133}$,他据此说道:"奇零分数 $\frac{33}{133}$ 小于 $\frac{1}{4}$,为了奇零部分的简化,就取 $365\frac{1}{4}$ 日为一回归年日数。"[1]这是古人测算的结果,考虑到东汉时行用四分历,因此,夹在春秋和东汉之间的秦汉初应当使用这样的岁实。

3、汉初文献中的二十八宿的星分度总和为三百六十五又四分之一度。《淮南子·天文训》载:"角十二、亢九、氐十五、房五、心五、尾十八、箕十一

---

① 钱宝琮:《从春秋到明末的历法改革》,《钱宝琮科学史论文选集》,北京:科学出版社,1983年,第434—435 页。

又四分之一、斗二十六、牵牛八、须女十二、虚十、危十七、营室十六、东壁九、奎十六、娄十二、胃十四、昴十一、毕十六、觜巂二、参九、东井三十三、舆鬼四、柳十五、星七、张翼各十八、轸十七。"合计总星度为 $365\frac{1}{4}$，其中箕宿十一又四分之一度，钱塘《淮南天文训补注》是这样解释的："四分一，两京附于斗末，谓之斗分，箕从冬至始也。此附箕末者，秦以十月为岁首，箕立冬后宿从小雪始也。"

4、《史记·历书》所载《历术甲子篇》包含了一部七十六年的气朔大小余，这是四分历术步朔的典型特征。

5、出土资料也有这方面的证据。阜阳双古堆汉墓中出土一件太乙九宫占盘，其背面按四面八方依次相间写有冬夏至，其中冬至分别书为：第一夜半冬至右行，第二冬至平旦，第三年辛酉日中冬至，第四冬至日入。[①] 四分历术若第一年冬至在夜半，则以后每年后四分之一日，四年后又回到夜半。

6、《汉书·郊祀志》有一段推历的记载，原文如下：

> 齐人公孙卿曰："今年得定鼎，其冬辛巳朔旦冬至，与黄帝时等。"卿有札书曰："黄帝得宝鼎冕候，问于鬼臾区，鬼臾区对曰：'黄帝得宝鼎神策，是岁己酉朔旦冬至，得天之纪，终而复始。'于是黄帝迎日推策，后率二十岁复朔旦冬至，凡二十推，三百八十年，黄帝仙登于天。"

"凡二十推，三百八十年"是四分术下 19 年为一章的典型特征。

《史记·封禅书》和武帝本纪中也有大致相同的记载，这可以看做当时普遍使用四分术推历的证据。

这里附带说明一下，张培瑜提出过一种假设：就是打破四分历术，将朔策调小，使其处于 $29.53084(29\frac{13271}{25000})$ 与 $29.53082466(29\frac{663}{1249})$ 之间。[②] 这是注意到在四分术的框架内，理论上不可能找到一种历法可以包容所有历日资料，遂做出的假定。就目前学界的认识而言，四分术在秦至汉初的行用应该不成问题，因此这只能是一种假定条件下的设想。

---

① 安徽省文物工作队等：《阜阳双古堆西汉汝阴侯墓发掘简报》，《文物》1978 年第 8 期。
② 张培瑜：《根据新出历日简牍试论秦和汉初的历法》，《中原文物》2007 年第 5 期。

二　四分术推步的基本原则和核心参数

四分历术最核心的数据是岁实，其取值为 $365 \frac{1}{4}$ 天，有了这一数据，按照 19 年 7 闰的闰周就很容易得到一个平朔朔望月的长度，也就是朔策。具体算法如下：

19 年共有朔望月数为：$19 \times 12 + 7 = 235$ 月

19 年包含的天数为：$365 \frac{1}{4} \times 19 = 6939 \frac{3}{4}$ 天

于是朔策，即朔望月的长度便为：$6939 \frac{3}{4} \div 235 = 29 \frac{499}{940}$ 天

有了岁实和朔策这两把"历尺"，[①]古人就能很容易的按平气平朔推排阴历月和阳历年二十四节气。所谓平气是指把一个回归年 $365 \frac{1}{4}$ 按照 24 节气等分，每节气相隔 $15 \frac{7}{32}$ 天。

但是，仅有这两把"历尺"还不够，要把每一个节气和月朔定点，这就需要一个计算的起点，这就是古人所讲的"历元"，古人对于历元常常要求"朔气齐同"、"起于夜半"、"命算甲子"。这也只是古人推历时的理想状态，常有例外，比如《汉书·律历志》载："鲁历不正，以闰余一之岁为蔀首。"显然鲁历朔气不齐。再有，《新唐书·历志》载："历记始于颛顼上元太始阏蒙摄提格之岁，毕陬之月，朔日己巳立春，七曜俱在营室五度。"[②]这是颛顼历以己巳而非甲子朔立春起算的证据。要之，历元一定包含了节气（亦即回归年）和朔望月两个起算点。

有了两把"历尺"，有了包含两个起算点的"历元"，就可以开始布算，但要排出可以行用的历谱，还需要两个辅助条件：岁首月建和置闰方法。岁首月建关系到每年从哪一个月算起，而置闰方法关系到月序。其中置闰方法较为复杂，下文专节详论。

我们对上面的分析做一简单的归纳。古人治历首先要得到岁实和朔

[①] 这是笔者为了形象起见使用的一个概念，并非一个专用名词。
[②] 《新唐书》卷二十七志第一七上，北京：中华书局，1975 年，第 602—603 页。

策,作为度量的基本尺度,再要得到一个"历元",作为度量的起点,然后设置一个置闰原则和岁首月建,最后才布算排历。四分历术的基本法数如下:

1 章 19 年,235 个月,6939 $\frac{3}{4}$ 天,经过 1 章,朔气再次齐同,但不在夜半,气余为 24(分母为 32),朔余为 705(分母为 940)。

1 蔀辖 4 章,76 年,940 个月,27759 天,经过 1 蔀,朔气夜半齐同。但日干支不同。

1 纪辖 20 蔀,1520 年,日干支再次复现。但年干支不同。

1 元辖 3 纪,4560 年,年干支、日干支复现。

下面我们分析古人是如何得到"历尺"和"历元"的。

"历尺",也就是岁实和朔策,主要依据回归年的长度和闰周推得,其中闰周是经过长期的历法实践总结得来的,而回归年的长度是通过对分至点的长期观测得到的。

"历元"是一个虚拟的起算点,它是以某次实测得到的数据,或者根据以前的某次实测数据(包括当时行用的旧历)推得的。受天命论的影响,秦汉时期选取历元时往往带有极强的政治色彩,比如年要选取改朝换代的时间,年和日的干支要选取甲子、甲寅等,太初改历就有这些鲜明的特征。这里初看存在矛盾,既然历元是由已知的数据回推得到,具有客观性,又怎么迎合主观色彩浓厚的天命思想呢? 我们以朔小余为例说明之。当朔小余被人为地调大或调小 1(分母是 940),相当于前后相差一分半钟稍多,所回推得到的历元就要错动 81 个月。而事实上,古人很难测到朔气严格齐同的历点,许多所谓的朔气相齐只不过是朔与气在同一天而已,这样一来通过人为调整小余就能得到想要的历元,真可谓"失之毫厘,差之千里"。

至于置闰方式和岁首建正更是人为确定的因素居多。

我们要找到秦至汉初的历法,就是要找到这一时期历法的岁实朔策、历元、置闰方式和岁首建正。下面对求解这几组参数的方法做一说明。

(一)岁实。秦至汉初时人采用的岁实是 365 $\frac{1}{4}$,上文已有说明。

(二)闰周与朔策。表 21 显示在秦到汉初 19 年 7 闰的闰周已经被掌握,只是在汉文帝后元元年(公元前 163 年)出现了变革,这一变革显然不是临时调整的,此后一直遵照新改的方式排闰,这一点陈久金和张培瑜也曾述及。[①] 闰周明确后,朔策 $29\frac{499}{940}$ 便很容易算得。

(三)历元。寻找一种历法最核心的问题是推求历元,这也是难点所在。治历者以历元为起点,以岁实和朔策为"历尺"推步排历,我们既然知道了时人所用的岁实和朔策,也就能够用历谱回推历元,这两个过程互为逆运算。由于历元是一个确定的点,以之顺推历谱简单,但逆运算却很复杂,这是因为,在我们目前能看到的历谱中,历面只有朔干支,而没有当日的朔小余,因而只知道按照该种历法当日有朔,不知合朔的具体时刻。在四分历术中,朔小余的取值在 0 到 939 之间(分母是 940),我们只有通过对若干组较近的连大月反复校正才可以不断缩小朔小余的取值范围,使之逼近某一个点,然后进行回推。例如周家台秦简秦始皇三十六年(前 211 年)六、七两月连大,这样六月的月前朔小余就不能少于 882,[②]这样该月的朔小余就被限定在 882 至 939 之间,如果临近还有一个连大月,这个取值范围将会进一步缩小。在研究中,我们注意到了周家台秦简历谱、岳麓书院藏秦简《质日》历朔、张家山 247 号汉墓历谱和银雀山元光元年历谱中都出现了一组或几组连大月,这将为我们回推提供很好的依据,在后面我们将详细讨论这部分资料。其中周家台秦简历谱、岳麓书院藏秦简《质日》历朔由于所涉及年代较近且有很大的重复部分,相互校正补充后可视为一组。

(四)置闰方式和岁首建正。秦至汉初的岁首可以通过《史记》、《汉书》中帝纪和各种表考查得到。从秦王政元年到武帝太初改历前都是以十月为岁首的。《史记·秦始皇本纪》载秦统一后,"改年始,朝贺皆自十月朔",这不是指将原先的正月岁首改为十月岁首,而是指将其他六国不以十月为岁首的统一改为十月为岁首。陈久金、陈美东曾经以为秦在统一前行用过以正月为岁首的历法,他们考订出这一时段的起点为公元前 238 年,即秦

① 陈久金、陈美东:《从元光历谱及马王堆帛书天文资料试探颛顼历问题》,中国社会科学院考古研究所编《中国古代天文文物论集》,北京:文物出版社,1989 年,第 83—103 页;张培瑜:《新出土秦汉简牍中关于太初前历法的研究》,《中国古代天文文物论集》,第 69—82 页。
② 四分历术朔策 $29\frac{499}{940}$,每月小余增加 499,只有当小余大于 441 时,才会出现大月,如果要出现连大月,则前小余至少要为 882。

王政九年,终点自然是秦王政二十五年。[①] 秦统一前是否行用过以正月为岁首的历法,一直不易辨明,张培瑜新近从里耶秦简未公布残简中考证出了秦始皇二十六年"十月[甲]寅朔"一条材料,[②]对辨明此一问题提供了有力的史料学支持,据此则可判明秦统一前也是以十月为岁首的。理由是这样的:《史记·秦始皇本纪》在始皇二十六年条下先载王贲灭齐事:"二十六年,齐王建与其相后胜发兵守其西界,不通秦。秦使将军王贲从燕南攻齐,得齐王建。"次记统一六国事,云:"秦初并天下……"。再记改正朔服色事,云:"始皇推终始五德之传,以为周得火德,秦代周德,从所不胜。方今水德之始,改年始,朝贺皆自十月朔。衣服旄旌节旗皆上黑。"[③]众所周知,纪传体史书的纪具有编年性质,以帝系年,以年系事,事分先后。由记载次序很容易看出,灭齐事已入始皇二十六年,改正朔在此后,由此知道二十六年的历谱是按"旧历"编制的,如果"旧历"是正月岁首,则二十六年从正月起算至当年后九月共十个月,[④]这一年当然没有十月,陈久金、陈美东编订的秦汉朔闰表中秦始皇二十六年就只有十个月。[⑤] 今简文有始皇二十六年"十月[甲]寅朔",则秦统一前后历法皆以十月为岁首无疑。另外黄一农也认为,秦王政元年至秦末皆建亥,以十月为岁首,[⑥]可资参考。置闰方式较为复杂,下文专论。

三 秦至汉初历法中的置闰原则

秦至汉太初改历前的历法的置闰规则较为复杂。从现有资料来看,这

---

① 陈久金、陈美东:《从元光历谱及马王堆帛书天文资料试探颛顼历问题》,中国社会科学院考古研究所编《中国古代天文文物论集》,北京:文物出版社,1989 年。他们误以为《史记·秦本纪》载有两条十月在先的记录,即秦昭襄王四十三年和五十年。事实上据《史记·秦本纪》,秦昭襄王四十二年先有十月后有九月,五十年没有这样的记载,原文仅记"五十年十月……十二月……还奔汾军二月余",可能被误认为是二月了。既然秦昭襄王时有十月在前的记载,而秦统一后又改十月为岁首,于是,在此期间便应该有一个以正月为岁首的历法时段,这正是陈久金、陈美东的出发点。

② 张培瑜、张春龙:《秦代历法和颛顼历》。

③ 《史记》卷六《秦始皇本纪》,第 235—237 页。

④ 古人改岁首时常出现这种情况,比如汉武帝太初元年就有十五个月。

⑤ 陈久金、陈美东:《从元光历谱及马王堆帛书天文资料试探颛顼历问题》。

⑥ 黄一农:《秦王政时期历法新考》,《华学》第五辑,广州:中山大学出版社,2001 年,第 143—149 页。

一时期以十月为岁首,闰月置于年终,称为"后九月"。但这与简单的"归余于终"不同,后者是指闰余累积到一个朔望月时,在当年年终置闰月,亦即闰月恒处于无中(节)气[①]之月所在年的年末。事实上,秦至汉初的"后九月"并非全部设置在无中(节)气之月所在年,也有设在无中(节)气之月所在年前一年的情况。针对这一现象,清人顾观光曾在《六历通考》中指出,秦的历法是以小雪恒出现在十月为置闰标准的,[②]张培瑜根据新出历简论证了顾观光的看法,他在以张家山汉简历谱恢复汉初历法时,将这一闰法推广到了汉初,指出汉初的历法是以立春节恒出现在正月为置闰标准的。[③] 这一看法几成定谳,我们不妨将其称为"固定节气置闰法"。然细绎史文,发现有可商之处,在本部分我们详细讨论之。

1 秦汉初闰法并非简单的归余于终

《汉书·律历志》云:"朔不得中,是谓闰月,言阴阳虽交,不得中不生。"由此可知,汉行太初历后即采用了无中气之月为闰月的置闰之法。

惟秦和汉太初改历前的闰法值得探讨。从历面来看,秦和汉初的历法采用的是年终置闰之法,即将闰月安排在一年的最后一个月,称为后九月。但这是否就是简单的归余于终呢? 这是我们要分析的。

按照四分术平朔平气推步,19 年 7 闰,1 年安排 12 个月,则年终会产生 $\frac{7}{19}$ 个朔望月的气余,如果某年年前就有不少于 $\frac{12}{19}$ 个朔望月的气余,那么这一年中一定会出现无中(节)气月,[④]于是在这一年的年末置闰,就会确保下年的第一个月内出现历元起算所用的节气。例如颛顼历的历元设在人正己巳朔旦立春,下一年的立春节就出不了正月,这种安排与通过实际观测事后在年终增加一个月的效果是一样的,只要这种事后观测是准确的。这就是简单的归余于终的闰法,简单易行,商周时代就已经使用。

根据张培瑜对元光元年历谱的研究,至少到武帝时期,历法中的节气

---

① 由于这里的讨论要涉及以立春节为历元的历法置闰规则,当提及"无节气"时,仅指中气以外的节气,不含中气。

② 顾观光:《武陵山人遗书》卷九《六历通考》,光绪九年独山莫祥芝刻本。

③ 张培瑜:《根据新出历日简牍试论秦和汉初的历法》《中原文物》2007 年第 5 期。

④ 如果是以立春节为历元起算点的历法会出现无节气月,道理都是一样的。

排定与颛顼历是密合的,①因此我们可以用颛顼历来推排这一时段的节气。

首先讨论秦代。假定秦代历法是由某一中气为一年的起算点来排历,那么可以通过考察无中气之月与后九月的相对关系来回答我们在前面提出的问题。

根据颛顼历来推排秦代历法的节气,很容易知道秦始皇三十七年(前210年)的雨水在戊申日,而春分在戊寅日,验之周家台秦简历谱,戊寅为这年三月初一,而戊申为这年正月三十,由此判定秦始皇三十七年(前210年)二月无中气,而根据周家台秦简历谱所载这年有后九月。② 同样我们可以判定秦二世三年十月无中气,这年的朔干支依据张培瑜的《三千五百年历日天象》查得,③秦二世二年有后九月为史书明载,④于是就出现了"后九月"或在无中气之月所在年,或在上一年两种情况。

使用同样的方法考察汉初的历日资料,也能得出同样的结论,只不过考察的对象改为无节气之月与后九月的相对关系罢了。

针对秦代历法置闰的这一特点,清人顾观光曾做出过解释:

> 黄帝、夏、殷、周、鲁五术,并视闰余十二以上,其年有闰,闰在何月,当以中气定之。秦用颛顼术而以十月为岁首,其置闰恒在岁终,不可以闰余定。当置立春大小余减大余十六、小余三(大余不足减,加六十减之,小余不足减,化大余一为三十二减之),为小雪大小余,又置人正朔大小余减大余二十八,小余五百五十七(大余不足减,加六十减之,小余不足减,化大余一为九百四十减之),余为泛朔大小余,乃视小雪在朔月内者,即以泛朔为岁首十月朔,如在月外者,以泛朔为岁前闰月朔,加一朔策为岁首十月朔。
>
> ……
>
> 续《汉志》尚书令奏云:汉祖命,因秦之纪,十月为岁首,闰常在岁后,尝以此二语合之《史记·秦本纪》所载日月,乃知秦历虽起立春而

---

① 张培瑜:《新出土秦汉简牍中关于太初前历法的研究》,中国社会科学院考古研究所编《中国古代天文文物论集》,北京:文物出版社,1989年,第69—82页。

② 湖北省荆州市周梁玉桥遗址博物馆:《关沮秦汉墓简牍》,北京:中华书局,2001年,第93—96页。

③ 张培瑜:《三千五百年历日天象》,郑州:河南教育出版社,1990年,第61页。

④ 《史记》卷十六《秦楚之际月表》,第769页。

其置闰则以小雪距朔之月为断,其证有三:庄襄王三年入癸卯蔀四十四年,岁首十月乙酉朔,壬戌小雪在朔后三十七日,则岁前置闰,而十月为甲寅朔,推得五月辛巳朔,二十六日丙午,故《史记》云:五月丙午,庄襄王卒,其证一也。二世元年入壬申蔀六年,岁首十月甲辰朔,壬午小雪在朔后三十八日,则岁前置闰,而十月为甲戌朔,五日戊寅,故《史记·六国年表》云:十月戊寅,大赦罪人,其证二也。二世三年入壬申蔀八年,岁首十月癸亥朔,壬辰小雪在朔后二十九日,则岁前置闰,而十月壬辰朔,推得八月丁亥朔,十三日己亥,故《史记》云:八月己亥,赵高欲为乱,而《秦楚之际月表》二世二年有后九月,其证三也。[①]

上面引文的第一段,顾观光说明了推算秦历岁首十月朔日的方法。由于颛顼历是以人正己巳朔旦立春为起算点的,因此,要以立春节大小余推算小雪节大小余,其算法如下:

每个节气为 $365\frac{1}{4} \div 24 = 15\frac{7}{32}$ 天,小雪节距立春节共 5 个节气,合计为

$$15\frac{7}{32} \times 5 = 76\frac{3}{32} = 60 + 16\frac{3}{32} \text{天}$$

60 日满一甲子,所以仅以立春大余减 16、小余减 3 即可得到小雪节的大小余。同理:

每个朔望月长 $29\frac{499}{940}$,上年十月距人正正月共 3 个朔望月,合计为:

$$29\frac{499}{940} \times 3 = 88\frac{557}{940} = 60 + 28\frac{557}{940} \text{天}$$

60 日满一甲子,所以仅以正月朔大余减 28、小余减 557 即可得到前"十月"的大小余。再将两者比较,若小雪节不在这个"十月",则将其作为上年后九月闰去,若在,即以之为这年的十月。

顾观光所论秦代历法即是以小雪恒出现在十月作为置闰的原则。张培瑜对此法有所推广,他在《根据新出历日简牍试论秦和汉初的历法》一文中尝试用张家山汉简历谱恢复了汉初历法,张培瑜恢复的这种历法置闰正

---

① 顾观光:《武陵山人遗书》卷九《六历通考》,独山:莫祥芝刻本,光绪九年。

是以"立春节总出现在正月为设置后九月的依据"。①

以上学者在对秦和汉初历法的闰法进行研究时,已经清楚地认识到了不能以简单的归余于终来解释,并对当时的闰法做了深刻的探讨。这一观点强调某一节(中)气固定地出现在某一特定月份为置闰的规则,我们不妨称其为"固定节气置闰法"。需要说明的是,顾观光与张培瑜所说的"固定节气置闰法"其出发点是不同的,前者是以实历为依据,后者是在历理范畴内,具有虚拟性。但这一看法揭橥于顾观光对实历的考察,我们有必要用今出历简对此验证。

2　固定节气置闰法的反证

顾观光在《六历通考》中共列举了三例来证明秦代的历法是以小雪恒出现在十月来设置后九月这一全称命题,显然存在逻辑上的缺陷,我们只要举出反例即可证伪该命题。

这里以秦二世三年(前207年)为例,这一年的十月没有中气,这在第一部分已经有过说明。按照颛顼历推排节气,小雪节出现在秦二世二年(前208年)后九月壬辰,这一月朔日为癸亥,壬辰为三十日。而冬至节出现在十一月初二。

至于汉初的反例就更多了,我们用颛顼历将汉高祖六年至高后二年的立春节干支排出,以之与张家山汉简历谱比勘,②如表22。

表22　高祖六年至高后二年颛顼历所排立春干支与实历比堪表

年份	正月朔干支	二月朔干支	立春节干支	立春节所在月日
汉高祖六年	丙戌	丙辰	庚辰	十二月二十四日
八年	乙亥	乙巳	庚寅	正月十六日
九年	己亥	己巳	丙申	十二月二十七日
十年	甲午	癸亥	辛丑	正月八日
十一年	丁巳	丁亥	丙午	十二月十九日
十二年	壬子	辛巳	辛亥	十二月三十日

---

① 张培瑜:《根据新出历日简牍试论秦和汉初的历法》,《中原文物》2007年第5期。

② 表中各年的正、二月朔干支均来自张家山汉简历谱。

续表

年份	正月朔干支	二月朔干支	立春节干支	立春节所在月日
汉惠帝二年	庚午	庚子	**壬戌**	十二月二十二日
三年	甲子	甲午	丁卯	正月四日
四年	己未	戊子	壬申	正月十四日
五年	癸未	壬子	**戊寅**	十二月二十六日
六年	丁丑	丁未	癸未	正月七日
七年	辛丑	庚午	**戊子**	十二月十八日
汉高后二年	庚寅	己未	己亥	正月十日

资料来源：张家山汉简正、二月朔干支（由此知正月所有日干支）见于张家山二四七号汉墓竹简整理小组：《张家山汉墓竹简〔二四七号墓〕》（释文修订本），北京：文物出版社，2006年，第3—4页；立春节干支由颛顼历推得。

上表所列汉高祖六年（前201年）、九年（前198年）、十一年（前196年）及十二年（前195年），惠帝二年（前193年）、五年（前190年）及七年（前188年）的立春节气均未在正月。由此看来，秦和汉初的闰法并非固定节气置闰。

如果我们不用颛顼历来推排这一时期的气干支，情况会是怎样的？

张培瑜所给汉初历法，其内容如下：

> 近距上元甲子辛酉（公元前1020年），历元正月己巳朔旦立春。……以立春节总出现在正月为设置后九月的依据。[①]

现试按此历法数据计算汉高祖六年（前201年）、八年（前199年）至十二年（前195年），惠帝二年（前193年）至七年（前188年），高后二年（前186年）各年立春节位置，成表23。[②]

表23　张培瑜所论汉初历法立春干支与实历比堪表

年份	正月朔干支	二月朔干支	立春节干支
汉高祖六年	丙戌	丙辰	戊申
年份	正月朔干支	二月朔干支	立春节干支

---

① 张培瑜：《根据新出历日简牍试论秦和汉初的历法》，《中原文物》2007年第5期。

② 之所以要选择这几年，是因为有张家山汉墓竹简历谱的支持。当然，从逻辑上讲，表中的朔干支是按张培瑜先生所给历法推得。

续表

年份	正月朔干支	二月朔干支	立春节干支
八年	乙亥	乙巳	**己未**
九年	己亥	己巳	甲子
十年	甲午	癸亥	**己巳**
十一年	丁巳	丁亥	乙亥
十二年	壬子	辛巳	庚辰
惠帝二年	庚午	庚子	庚寅
三年	甲子	甲午	**丙申**
四年	己未	戊子	**辛丑**
五年	癸未	壬子	丙午
六年	丁丑	丁未	**辛亥**
七年	辛丑	庚午	丁巳
高后二年	庚寅	己未	**丁卯**

　　表中黑体所标立春节干支显然未落入正月,因此,秦至汉初历法使用固定节气置闰法的说法看来是不对的。

　　事实上,除通过举证证伪以外,我们还可以通过考察四分术一蔀之中闰月出现的规律来说明这个问题。假定有一种历法,以十月为岁首,以正月朔旦立春为历元,这样某一蔀中76年的置闰年份与月份可用表24表示:

表 24　四分术一蔀之中置闰年份月份表

年序	闰月	年序	闰月	年序	闰月	年序	闰月
1	——	20	——	39	——	58	——
2	——	21	——	40	——	59	——
3	闰八月	22	闰九月	41	闰九月	60	闰八月
4	——	23	——	42	——	61	——
5	——	24	——	43	——	62	——
6	闰五月	25	闰五月	44	闰六月	63	闰五月
7	——	26	——	45	——	64	——
8	——	27	——	46	——	65	——

续表

年序	闰月	年序	闰月	年序	闰月	年序	闰月
9	闰二月	28	闰正月	47	闰二月	66	闰二月
10	——	29	——	48	——	67	——
11	闰十一月	30	闰十月	49	闰十月	68	闰十月
12	——	31	——	50	——	68	——
13	——	32	——	51	——	70	——
14	闰七月	33	闰七月	52	闰七月	71	闰六月
15	——	34	——	53	——	72	——
16	——	35	——	54	——	73	——
17	闰三月	36	闰三月	55	闰四月	74	闰三月
18	——	37	——	56	——	75	——
19	闰十二月	38	闰十一月	57	闰十二月	76	闰十二月

　　表中的闰月是不含节气的月份,如果历元以某一中气(如冬至、小雪等)起算,则以无中气之月为闰。通过这种有闰即闰的方式,就一定能保证每年的春节在正月。从表中很容易看出闰年出现的规律是3—3—3—2—3—3—2,考虑到十二个月序都出现过无节气之月,按照固定节气置闰法,当闰在正至九月的时候,后九月设在当年年末,而当闰在十、十一、十二月的时候,闰月被提到上年年末,从而打破3—3—3—2—3—3—2的置闰规律,但从本章第六节表21所考实历闰年表来看,秦至汉初闰年符合3—3—3—2—3—3—2的序列,这说明这一时期的闰法不是固定节气置闰法。这里似乎存在一个悖论:既然实际闰年符合3—3—3—2—3—3—2的规律,是否表明这一时期的闰法是将无中(节)气月置于年末,也就是简单的归余于终。回答是否定的,这里的逻辑是:3—3—3—2—3—3—2的闰年规律体现了无中(节)置闰的特点,固定节气置闰一定会打破这一序列,但不打破这一规律并不意味着就是简单的归余于终。

3　结论:秦汉初置闰仅遵循经验模式

　　在上面的讨论中,我们排除了秦至汉初的历法置闰是简单归余于终或固定节(中)气置闰的可能,本部分我们将说明这一时期历法置闰的特点。

　　我们在本书的第二章第六节考得一份秦至汉初（公元前246—前104年）实际闰年表，即表21。现根据此表对秦至汉初历法置闰规则试做分析。

　　表21显示这一时期置闰遵循3—3—3—2—3—3—2的规律，只是在文帝后元元年（公元前163年）出现了变革，这一变革显然不是临时调整的，此后一直遵照新改的方式排闰，也可以看作在公元前169年至前162年这段时间里一次性排入了一个"3—3—2"的小闰周。当然这样做的目的是为了调历，出土历简和传世文献也从不同侧面反映了这次历法变革，这一点陈久金和张培瑜也曾有过讨论。[①]

　　由于秦至汉初的实际闰年呈现出与一蔀之中无中（节）气之月所在年相同的排列规律，从史料中我们又能找到后九月分别被置于无中（节）气之月所在年或上一年的例子，而这种现象又不能用固定节气置闰法给予说明，因此我们认为这一时期的置闰是按照3—3—3—2—3—3—2的规律，遵循19年7闰的闰周，人为置闰而无需排算。

　　众所周知，我国传统的历法从太初历起就有明确的推步体系，这一体系包括岁实朔策、历元气朔、岁首月建、置闰规则等。其中，岁实和朔策是两把"历尺"，分别标明一个回归年和朔望月的精确长度，历元气朔包括"气"和"朔"两个起算点，分别对应于两把"历尺"，一般要求朔气齐同、起于夜半。岁实朔策和历元气朔是最基本和最核心的数据，它体现了历法追求合天的客观性。理论上根据这两组数据就可以将所有的朔望月和回归年排出，但仅有这两组数据还不能排历，这是因为实用历法的"年"必须从一个朔望月的朔日起算，这就需要解决一年从哪一月起算、某年是否置闰的问题，这是岁首建正和置闰规则要解决的。而秦至汉太初改历前是否存在这样完整的历法推步体系正是疑惑所在。长期以来，学界一些著名的历算学家试图借助出土历简恢复这一时期的推步体系，但均未取得圆满的结果。各家排算的历谱与历简或史书相校都存在或多或少的错误，表25是笔者统计的各家错误数。

----

　　① 陈久金、陈美东:《从元光历谱及马王堆帛书天文资料试探颛顼历问题》，中国社会科学院考古研究所编《中国古代天文文物论集》，北京:文物出版社，1989年，第83—103页；张培瑜:《新出土秦汉简牍中关于太初前历法的研究》，《中国古代天文文物论集》，第69—82页。

表 25　各家所排秦至汉初历谱错误数表

陈久金陈美东	张闻玉	徐锡祺	饶尚宽	黄一农	朱桂昌
22	6	25	78	39	13

　　资料来源:陈久金、陈美东:《从元光历谱及马王堆帛书天文资料试探颛顼历问题》;张闻玉:《古代天文历法讲座》,桂林:广西师范大学出版社,2008 年,第 201 页;徐锡祺:《西周(共和)至西汉历谱》,北京:北京科学技术出版社,1997 年;饶尚宽:《春秋战国秦汉朔闰表》,北京:商务印书馆,2006 年;黄一农:《汉初百年朔闰析究——兼订〈史记〉和〈汉书〉纪日干支讹误》,《历史语言研究所集刊》第 72 本第 4 分册;朱桂昌:《古四分历解说——晚秦汉初历法探原》、《颛顼历表新编》,氏著《秦汉史考订文集》,昆明:云南大学出版社,2009 年。

　　张培瑜虽然在不久前推排出了与当下所见历简全部相洽的历朔表,但他推排汉初的历谱使用的朔策和岁实分别是 $29\frac{663}{1249}$ 和 $365\frac{311.8420766}{1249}$,张先生也在文章中不无遗憾地表示,"考察可知,可以肯定地说没有一种四分历能够百分之百的满足汉初到太初改历前这 102 年的全部历日","所以仍不敢说,我们复原的秦代和汉初历法准确无误"。[1] 事实上,任何一家推排的历表在当时大都是与所见历朔资料相洽的,这是极自然的事情。

　　我们认为,秦至汉初并不一定有象太初历那样严整的推步体系,史家艳称的古六历,不过是东汉以后见于史书的推步体系,所以祖冲之才说:"古之六术,并同四分。"早在西晋,杜预就曾怀疑非时王之历术了。[2]

　　另外,在一个完整的推步体系中,其置闰规则体现了阳历的因素,需要有平气的概念,也就需要引入二十四节气之后才能成为可能。但二十四节气最先完整的见于《淮南子》,该书撰著于汉景帝一朝的后期,当然我们不排除作者另有所本,并以此认定二十四节气在战国后期初步形成的可能。但二十四节气的次序在西汉末年到东汉初年的时候还没有固定,其中分歧最大的在于惊蛰和雨水节孰先孰后,西汉末年刘歆所著《三统历》是以惊蛰在前,扬雄的《太玄卦气》和蔡邕的《月令章句》也是惊蛰在雨水之前的,这一点陈遵妫先生的《中国天文学史》的《历法》编所论甚详。[3] 二十四节气的次序在西汉末年尚未最终定型,也应该引起我们的足够注意。要之,纵然二十四节气形成于战国后期,但在历法推步中是否用以控制置闰还是个

---

　　① 　张培瑜:《根据新出历日简牍试论秦和汉初的历法》,《中原文物》2007 年第 5 期。

　　② 　沈约:《宋书》卷十三《律历下》,北京:中华书局,1974 年,第 308 页。

　　③ 　陈遵妫:《中国天文学史》,上海:上海人民出版社,2006 年,第 990—992 页。

问题。

我们知道，秦至汉初人们已经掌握了 $365\frac{1}{4}$ 日的岁实，并经过长期的经验总结，掌握了 19 年 7 闰的闰周，进而得到 $29\frac{499}{940}$ 日的朔策。根据上面所述的理由，我们推想秦至汉初的历法中的历元只是一个朔无余的朔望月起算点，根据朔策可将所有的朔望月排出，岁首取在十月，置闰按照 3—3—3—2—3—3—2 的序列排算，这样也可以排历。至于古人为什么要取这样的序列，我们分析其思路应该是这样的，既然 19 个回归年和 19×12＋7＝235 个朔望月的时间长度是相等无余分的，那么经过这样一个周期后，阴阳时序不致错乱，因此只需将这 7 个月"均匀"的分布在 19 个年头就可以了，于是古人根据原先就有的三年一闰、五年再闰的经验参数，演绎出这样一个闰月分布"均匀"的序列，在调历的时候，只需将这个序列的起算点前后移动即可，文帝后元改历就是如此。顺便说一下，对于今人推求当时历谱这一工作而言，即使我们不知道古人是如何确定这个 3—3—3—2—3—3—2 的起算年的，但根据史书和历简的记载，我们也能清晰的找到这个序列，进而排出当时的历谱。

从推步历法来看，按照这样的经验序列置闰具有明显的原始色彩，这也符合事物发展的一般规律，反之，如果秦至汉初的四分历术有着严整的推步体系，那么太初改历反而是一种后退了，我们这样说的理由就在于太初历的岁首和朔策都较四分术更偏离真值。[①]

---

① 四分历的朔策和岁实已较真值为大，太初历的朔策为 $29\frac{43}{81}$ 稍大于四分历朔策 $29\frac{499}{940}$，闰周也取 19 年 7 闰，岁实较四分历为大。

第四章　秦至汉初历法原则考察

古人根据已知的历法原则推步，排出历谱供当时人使用，可以看做正向运算。而我们利用考得的秦至汉初实际行用的历谱来推求当时的历法原则，可以看做是逆运算。这两个过程有所不同，从历法推步排历，其结果是唯一的，而从历谱反推历法，其结果却不一定唯一。在前面我们介绍了利用若干组连大月来推算朔小余取值范围的方法，在本章我们就尝试用这种方法推求秦至汉初历法的基本原则和参数。

一　三组历简的分析

我们选取湖北荆门关沮周家台秦墓竹简历谱、张家山 247 号汉墓竹简历谱和银雀山汉墓竹简历谱作为我们讨论的三组历简，分别对应秦时期、秦汉之际和汉初三个时段。岳麓书院藏秦简《质日》历简和周家台秦简历谱有重合的年份，而且因为《质日》不直接是历谱，故仍然以周家台秦简历谱为主。里耶秦简中的历朔资料分布在秦王政二十五年（前 222 年）至秦二世元年（前 209 年），以秦始皇三十一年（前 216 年）至三十五年（前 212年）最为密集，但考虑到这些历朔资料是散的，所以未选取。

下面我们对周家台秦墓竹简历谱、张家山 247 号汉墓竹简历谱和银雀山汉墓竹简历谱各朔日的小余取值范围加以讨论。讨论结果如下（过程略）：

表 26　周家台秦简历谱分析表

年份＼月份	秦始皇三十四年	秦始皇三十六年	秦始皇三十七年	秦二世元年
十月	戊戌 440—430	丙辰 695—685	辛亥 103—93	乙亥 10—0
十一月	丁卯 939—929	丙戌 254—244	庚辰 602—592	甲辰 509—499
十二月	丁酉 498—488	乙卯 753—743	庚戌 161—151	甲戌 68—58

续表

年份 月份	秦始皇 三十四年	秦始皇 三十六年	秦始皇 三十七年	秦二世 元年
正月	丁卯 57—47	乙酉 312—302	己卯 660—650	癸卯 567—557
二月	丙申 556—546	甲寅 811—801	己酉 219—209	癸酉 126—116
三月	**丙寅** 115—105 *	甲申 370—360	戊寅 718—708	壬寅 625—615
四月	乙未 614—604	癸丑 869—859	戊申 277—267	壬申 184—174
五月	**乙丑** 173—163	癸未 428—418	丁丑 776—766	辛丑 683—673
六月	甲午 672—662	壬子 927—917	丁未 335—325	辛未 242—232
七月	**甲子** 231—221	壬午 486—476	丙子 834—824	庚子 741—731
八月	癸巳 730—720	壬子 45—35	丙午 393—383	庚午 300—290
九月	癸亥 289—279	辛巳 544—534	乙亥 892—882	己亥 799—789
后九月	壬辰 788—778	——	乙巳 451—441	——

* 表中黑体字所示干支为校改后的结果,校改理由详见第二章第三节。

表 27　张家山 247 号汉墓竹简历谱分析表

表 27-1　高祖历谱(五年至十二年)分析表

年份 月份	五年	六年	七年	八年	九年	十年	十一年	十二年
十月	——	戊午 382—373	壬子 730—721	丁未 138—129	辛未 45—36	乙丑 393—384	己丑 300—291	癸未 648—639
十一月	——	丁亥 881—872	壬午 289—280	丙子 637—628	庚子 544—535	甲午 892—883	戊午 799—790	癸丑 207—198
十二月	——	丁巳 440—431	辛亥 788—779	丙午 196—187	庚午 103—94	甲子 451—442	戊子 358—349	壬午 706—697
正月	——	丙戌 939—930	——	乙亥 695—686	己亥 602—593	甲午 10—1	丁巳 857—848	壬子 265—256
二月	——	丙辰 498—489	——	乙巳 254—245	己巳 161—152	癸亥 509—500	丁亥 416—407	辛巳 764—755
三月	——	丙戌 57—48	——	甲戌 753—744	戊戌 660—551	癸巳 68—59	丙辰 915—906	辛亥 323—314
四月	辛卯 649—640	乙卯 556—547	——	甲辰 312—303	戊辰 219—210	壬戌 567—558	丙戌 474—465	庚辰 822—813
五月	辛酉 208—199	乙酉 115—106	——	癸酉 811—802	丁酉 718—709	壬辰 126—117	丙辰 33—24	庚戌 381—372
六月	庚寅 707—698	甲寅 614—605	——	癸卯 370—361	丁卯 277—268	辛酉 625—616	乙酉 532—523	己卯 880—871

续表

月份＼年份	五年	六年	七年	八年	九年	十年	十一年	十二年
七月	庚申 266—257	甲申 173—164	——	壬申 869—860	丙申* 776—767	辛卯 184—175	乙卯 91—82	己酉 439—430
八月	己丑 765—756	癸丑 672—663	——	壬寅 428—419	丙寅 335—326	庚申 683—674	甲申 590—581	戊寅 938—929
九月	己未 324—315	癸未 231—222	——	辛未 927—918	乙未 834—825	庚寅 242—233	甲寅 149—140	戊申 497—488
后九月	戊子 823—814			辛丑 486—477		己未 741—732		

　　*此处原简为丁酉朔,现校改为七月丙申朔,张培瑜在《根据新出历日简牍试论秦和汉初的历法》一文中有过详细的说明,理由主要有两条:一、如果丁酉朔,则七八两月连小;二、《汉书·五行志》载:"高帝九年六月乙未晦。"

表 27—2　惠帝历谱(元年至七年)分析表

月份＼年份	元年	二年	三年	四年	五年	六年	七年
十月	——	辛丑 903—894	丙申 311—302	庚寅 659—650	甲寅 566—557	戊申 914—905	壬申 821—812
十一月	——	辛未 462—453	乙丑 810—801	庚申 218—209	甲申 125—116	戊寅 473—464	壬寅 380—371
十二月	——	辛丑 21—12	乙未 369—360	己丑 717—708	癸丑 624—615	戊申 32—23	辛未 879—870
正月	——	庚午 520—511	甲子 868—859	己未 276—267	癸未 183—174	丁丑 531—522	辛丑 438—429
二月	——	庚子 79—70	甲午 427—418	戊子 775—766	壬子 682—673	丁未 90—81	庚午 937—928
三月	——	己巳 578—569	癸亥 926—917	戊午 334—325	壬午 241—232	丙子 589—580	庚子 496—487
四月	——	己亥 137—128	癸巳 485—476	丁亥 833—824	辛亥 740—731	丙午 148—139	庚午 55—46
五月	——	戊辰 636—627	癸亥 44—35	丁巳 392—383	辛巳 299—290	乙亥 647—638	己亥 554—545
六月	——	戊戌 195—186	壬辰 543—534	丙戌 891—882	庚戌 798—789	乙巳 206—197	己巳 113—104
七月	——	丁卯 694—685	壬戌 102—93	丙辰 450—441	庚辰 357—348	甲戌 705—696	戊戌 612—603
八月	癸酉 346—337	丁酉 253—244	辛卯 601—592	丙戌 9—0	己酉 856—847	甲辰 264—255	戊辰 171—162
九月	壬寅 845—836	丙寅 752—743	辛酉 160—151	乙卯 508—499	己卯 415—406	癸酉 763—754	丁酉 670—661
后九月	壬申 404—395			乙酉 67—58		癸卯 322—313	

表 27—3 高后历谱(元年至二年)分析表

年份\月份	元年	二年
十月	——	——
十一月	——	——
十二月	——	——
正月		庚寅 194—185
二月		己未 693—684
三月		己丑 252—243
四月		戊午 751—742
五月		戊子 310—301
六月		丁巳 809—800
七月	癸巳 20—11	丁亥 368—379
八月	壬戌 519—510	丙辰 867—858
九月	壬辰 78—69	丙戌 426—417
后九月	——	乙卯* 925—916

*这条朔干支是补出的。详参第二章第五节。

表 28 银雀山汉简历谱(元光元年历谱)分析表

年份\月份	元光元年
十月	己丑 881—824
十一月	己未 440—383
十二月	戊子 939—882
正月	戊午 498—441
二月	戊子 57—0
三月	丁巳 556—499
四月	丁亥 115—58
五月	丙辰 614—557
六月	丙戌 173—116
七月	乙卯 672—615

月份＼年份	元光元年
八月	乙酉 231—174
九月	甲寅 730—673
后九月	甲申 289—232

　　根据上面的列表分析,我们很容易看出这三组历简分别对应的三种历法是不相容的,也就是说,对同一个朔望月,三种历法推得的朔小余不存在共同的取值范围,以秦二世元年(前 209 年)十一月甲辰朔为例,周家台历谱回推得到的朔小余为 509—499,如果以张家山历谱对应历法推步,其朔小余则为 360—351,以元光元年历谱对应历法推步,其朔小余则为 347—290。这一现象告诉我们,试图通过上述三种历谱中任何两组联立来收敛朔小余取值范围的做法在理论上是行不通的。因此,从秦到汉初至少可以划分三个阶段,这三个阶段的历法所取历元各不相同,在本书中,我们不妨把周家台秦简历谱对应的历法称为历法 A,张家山汉简历谱对应的历法称为历法 B,银雀山汉简历谱对应的历法称为历法 C。

　　我们现在先将上述三种历法可能的蔀首列出来。

　　在平朔推步的四分术中,一般的,有公式:$499x \equiv n \pmod{940}$,n 可以取 0 到 939 中的任何一个数,总能求得唯一一个不大于 940 的 x,它表示朔小余为 0 的蔀首月距朔小余为 n 的当前月的朔望月数,例如 n 取值为 1 时,可求得 x 为 859,它表示从一个朔小余为 0 的朔望月起算,经过 859 个朔望月后,这一朔望月的朔小余为 1。由于我们在第二章第六节已经讨论得到了一个闰年表,很容易算出这个蔀首月所在的年份及月序。当然在这里的讨论中,每个蔀首都只是一种可能性。

　　按照这一思路对上述三组历简进行推算后,得到表 29。

表 29　三组历简蔀首年月分析表

小余值	积月数	可能的蔀首年月
周家台秦简历谱(以该谱所载秦二世元年十月乙亥朔为起算点)		
0	**940**	**公元前 285 年 10**
1	859	公元前 279 年 5 月

小余值	积月数	可能的蔀首年月
周家台秦简历谱（以该谱所载秦二世元年十月乙亥朔为起算点）		
2	778	公元前 272 年 11 月
3	697	公元前 266 年 6 月
4	616	公元前 259 年 1 月
5	535	公元前 253 年 7 月
6	454	公元前 246 年 2 月
7	373	公元前 240 年 9 月
8	292	公元前 233 年 3 月
9	211	公元前 227 年后 9 月
10	130	公元前 220 年 4 月
张家山汉简历谱（以该谱所载汉惠帝四年八月丙戌朔为起算点）		
0	940	公元前 267 年 8 月
1	859	公元前 260 年 2 月
2	778	公元前 254 年 9 月
3	697	公元前 247 年 3 月
4	**616**	**公元前 240 年 10 月**
5	535	公元前 234 年 4 月
6	454	公元前 227 年 11 月
7	373	公元前 221 年 6 月
8	292	公元前 214 年 12 月
9	211	公元前 208 年 7 月
银雀山汉简历谱（以该谱所载汉武帝元光元年二月戊子朔为起算点）		
0	940	公元前 210 年 2 月
1	859	公元前 204 年 8 月
2	778	公元前 197 年 3 月
3	697	公元前 191 年后 9 月
4	616	公元前 184 年 4 月
5	535	公元前 177 年 10 月

续表

小余值	积月数	可能的蔀首年月
银雀山汉简历谱（以该谱所载汉武帝元光元年二月戊子朔为起算点）		
6	454	公元前 171 年 5 月
7	373	公元前 164 年 12 月
8	292	公元前 158 年 6 月
9	211	公元前 151 年 1 月
10	130	公元前 145 年 8 月
11	49	公元前 138 年 2 月
12	908	公元前 208 年 9 月
13	827	公元前 201 年 3 月
14	746	公元前 194 年 10 月
15	665	公元前 188 年 4 月
16	584	公元前 181 年 11 月
17	503	公元前 175 年 6 月
18	422	公元前 168 年 12 月
19	341	公元前 162 年 7 月
20	260	公元前 155 年 1 月
21	179	公元前 149 年 8 月
22	98	公元前 142 年 2 月
23	17	公元前 136 年 9 月
24	876	公元前 205 年 4 月
25	795	公元前 198 年 10 月
26	714	公元前 192 年 5 月
27	633	公元前 185 年 11 月
28	552	公元前 179 年 6 月
29	471	公元前 172 年 1 月
30	390	公元前 166 年 7 月
31	309	公元前 159 年 2 月
32	228	公元前 153 年 9 月

续表

小余值	积月数	可能的蔀首年月
银雀山汉简历谱（以该谱所载汉武帝元光元年二月戊子朔为起算点）		
33	147	公元前 146 年 3 月
34	66	公元前 140 年后 9 月
35	925	公元前 209 年 4 月
36	844	公元前 202 年 11 月
37	763	公元前 196 年 5 月
38	682	公元前 189 年 12 月
39	601	公元前 183 年 7 月
40	520	公元前 176 年 1 月
41	439	公元前 170 年 8 月
42	358	公元前 163 年 2 月
43	277	公元前 157 年 9 月
44	196	公元前 150 年 3 月
45	115	公元前 143 年 10 月
46	34	公元前 137 年 5 月
47	**893**	**公元前 206 年 11 月**
48	812	公元前 200 年 6 月
49	731	公元前 193 年 12 月
50	650	公元前 187 年 7 月
51	569	公元前 180 年 2 月
52	488	公元前 174 年 8 月
53	407	公元前 167 年 3 月
54	326	公元前 161 年 9 月
55	245	公元前 154 年 4 月
56	164	公元前 147 年 10 月
57	83	公元前 141 年 5 月

有了上面的基础，进一步的研究可以通过以下两种途径展开。途径一：根据朔小余的取值范围，回推得到若干个可能的历元，其中：周家台

秦简历谱所得可能历元有 11 个,张家山汉简历谱所得可能历元有 10 个,银雀山元光元年历谱所得可能历元有 58 个。然后根据文献(含出土文献)所载实历来验证各种可能历元推步所得之朔闰表。途径二:暂不回推历元,而以这些有严格小余取值范围的干支为起点按照四分术的数据向前向后推算步朔,并给出相应的小余取值范围。按照排定的朔望月来探讨和验证各时段的置闰规则、岁首建正等历法变量。考虑到第一种方法过于繁复,不易操作,我们按照第二种途径进行。需要说明的是这种排算不是从一个绝对的时间点起算的,而是从一个小余取值较窄的历日开始的,在排算中,当遇到朔小余取值跨在 940 上时,即出现形如 934—4 这样的朔小余取值时,会出现两个可能的朔干支。

二　秦至汉初使用不同历法的时段划分

在上一节分析三组历简时,我们已经指出在秦至汉初(公元前 246 年至前 104 年)二百多年间至少存在三个阶段,其历法的历元是各不相同的,并依次称为历法 A、历法 B 和历法 C。下面我们分别用这三种历法对在第二章第二节收集的所有月朔干支的合历情况进行考察,以此来判断三种历法的行用时段。表 30 中的资料编号是以本书第二章第二节的编号为准,凡经讨论补入的月朔干支,均按其讨论时的序号,前面加一"补"字,以示区别。由于这里的步算不是以历元为起点的,而是分别按照三组历简回推的,所得的朔干支存在一个小余取值范围问题,就这三组历简而言,大多数情况小余取值不会影响朔干支的确定,只有当其取值范围跨过 940 时才会出现双解,我们也一并在表中注明。

表 30　秦至汉初实朔资料综合分析表

年份	月份	朔干支	资料编号	历法 A	历法 B	历法 C
秦王政二年 (前 245)	十月	癸酉	001	735—725	586—577	573—516
六年(前 241)	八月	丙子	002	96—86	乙亥 887—878	乙亥 874—817
八年(前 239)	秋 *	甲子	111	792—782 (七月)	643—634	630—573

续表

年份	月份	朔干支	资料编号	历法 A	历法 B	历法 C
廿年(前 227)	四月	丙戌	003	767—757	618—609	605—548
廿二年(前 225)	八月	癸卯	004	198—188	49—40	癸卯(壬寅)36—919
廿五年(前 222)	五月	丁亥	005	244—234	95—86	82—25
	六月	丙辰	006	743—733	594—585	581—524
秦始皇廿六年(前 221)	十月	甲寅	007	859—849	710—701	697—640
——	十二月	癸丑	008	917—907	768—759	755—698
——	三月	壬午	009	534—524	385—376	372—315
	四月	壬子	补1	93—83	辛亥884—875	辛亥871—814
	五月	辛巳	010	592—582	443—434	430—373
——	八月	庚戌	011	209—199	60—51	庚戌(己酉)47—930
廿七年(前 220)	十月	戊寅	015	766—756	617—608	604—547
——	十一月	戊申	015	325—315	176—167	163—106
——	十二月	丁丑	015	824—814	675—666	662—605
——	正月	丁未	015	383—373	234—225	221—164
——	二月	丙子	012	882—872	733—724	720—663
——	三月	丙午	013	441—431	292—283	279—222
——	四月	乙亥	015	乙亥(丙子)0—930	791—782	778—721
——	五月	乙巳	015	499—489	350—341	337—280
——	六月	乙亥	015	58—48	甲戌849—840	甲戌836—779
——	七月	甲辰	015	557—547	408—399	395—338
——	八月	甲戌	014	116—106	癸酉907—898	癸酉894—837

续表

年份	月份	朔干支	资料编号	历法 A	历法 B	历法 C
——	九月	癸卯	015	615—605	466—457	453—396
廿八年（前219）	五月	己亥	016	847—837	698—689	685—628
——	六月	己巳	017	406—396	257—248	244—187
——	七月	戊戌	018	905—895	756—747	743—686
——	八月	戊辰	019	464—454	315—306	302—245
廿九年（前218）	十二月	丙寅	020	580—570	431—422	418—361
——	四月	甲子	021	696—686	547—538	534—477
——	九月	壬辰	022	371—361	222—213	209—152
——	后九月	辛酉	023	870—860	721—712	708—651
卅年（前217）	十月	辛卯	024	429—419	280—271	267—210
——	十一月	庚申	025	928—918	779—770	766—709
——	二月	己丑	026	545—535	396—387	383—326
——	五月	戊午	027	162—152	13—4	戊午（丁巳）0—883
——	六月	丁亥	028	661—651	512—503	499—442
——	七月	丁巳	029	220—210	71—62	58—1
——	九月	丙辰	030	278—268	129—120	116—59
卅一年（前217）	十月	乙酉	031	777—767	628—619	615—558
——	正月	甲寅	032	394—384	245—336	232—175
——	二月	癸未	033	893—883	744—735	731—674
——	四月	癸未	034	11—1	壬午 802—793	壬午 789—732
——	五月	壬子	035	510—500	361—352	348—291
——	六月	壬午	036	69—59	辛巳 860—851	辛巳 847—790

续表

年份	月份	朔干支	资料编号	历法 A	历法 B	历法 C
——	七月	辛亥	037	568—558	419—410	406—349
——	后九月	庚辰	038	185—175	36—27	庚辰（己卯）23—906
卅二年（前215）	正月	戊寅	039	301—291	152—143	139—82
——	二月	丁未	040	800—790	651—642	638—581
——	三月	丁丑	041	359—349	210—201	197—140
——	四月	丙午	042	858—848	709—700	696—639
——	五月	丙子	043	417—407	268—259	255—198
——	六月	乙巳	044	916—906	767—758	754—697
——	八月	乙巳	045	34—24	甲辰 825—816	甲辰 812—755
——	九月	甲戌	046	533—523	384—375	371—314
卅三年（前214）	十月	甲辰	047	92—82	癸卯 883—874	癸卯 870—817
——	正月	壬申	048	649—639	500—491	487—430
——	二月	壬寅	049	208—198	59—50	壬寅（辛丑）46—929
——	三月	辛未	050	707—697	558—549	545—488
——	四月	辛丑	051	266—256	117—108	104—47
——	五月	庚午	052	765—755	616—607	603—546
——	六月	庚子	053	324—314	175—166	162—105
——	七月	己巳	054	823—813	674—665	661—604
——	八月	己亥	055	382—372	233—224	220—163
——	九月	戊辰	056	881—871	732—723	719—662
卅四年（前213）	十月	戊戌	066	440—430	291—282	278—221
——	十一月	丁卯	057	939—929	790—781	777—720
——	十二月	丁酉	066	498—488	349—340	336—279

续表

年份	月份	朔干支	资料编号	历法 A	历法 B	历法 C
——	正月	丁卯	058	57—47	丙寅 848—839	丙寅 835—778
——	二月	丙申	059	556—546	407—398	394—337
——	三月	丙寅	060	115—105	乙丑 906—897	乙丑 893—836
——	四月	乙未	066	614—604	465—456	452—395
——	五月	乙丑	066	173—163	24—15	乙丑(甲子) 11—894
——	六月	甲午	061	672—662	523—514	510—453
——	七月	甲子	062	231—221	82—73	69—12
——	八月	癸巳	063	730—720	581—572	568—511
——	九月	癸亥	064	289—279	140—131	127—70
——	后九月	壬辰	065	788—778	639—630	626—569
卅五年 (前212)	十月	壬戌	079	347—337	198—189	185—128
——	十一月	辛卯	068	846—836	697—688	684—627
——	十二月	辛酉	079	405—395	256—247	243—186
——	正月	庚寅	069	904—894	755—746	742—685
——	二月	庚申	070	463—453	314—305	301—244
——	三月	庚寅	071	22—12	己丑 813—804	己丑 800—743
——	四月	己未	072	521—511	372—363	359—302
——	五月	己丑	073	80—70	戊子 871—862	戊子 858—801
——	六月	戊午	074	579—569	430—421	417—360
——	七月	戊子	075	138—128	丁亥 929—920	丁亥 916—859
——	八月	丁巳	076	637—627	488—479	475—418
——	九月	丁亥	078	196—186	47—38	丁亥(丙戌) 34—917

年份	月份	朔干支	资料编号	历法 A	历法 B	历法 C
卅六年 （前 211）	十月	丙辰	080	695—685	546—537	533—476
——	十一月	丙戌	080	254—244	105—96	92—35
——	十二月	乙卯	080	753—743	604—595	591—534
——	正月	乙酉	080	312—302	163—154	150—93
——	二月	甲寅	080	811—801	662—653	649—592
——	三月	甲申	080	370—360	221—212	208—151
——	四月	癸丑	080	869—859	720—711	707—650
——	五月	癸未	080	428—418	279—270	266—209
——	六月	壬子	080	927—917	778—769	765—708
——	七月	壬午	080	486—476	337—328	324—267
——	八月	壬子	080	45—35	辛亥 836—827	辛亥 823—766
——	九月	辛巳	080	544—534	395—386	382—325
卅七年 （前 210）	十月	辛亥	081	103—93	庚戌 894—885	庚戌 881—824
——	十一月	庚辰	081	602—592	453—444	440—383
——	十二月	庚戌	081	161—151	12—3	己酉 939—882
——	正月	己卯	081	660—650	511—502	498—441
——	二月	己酉	081	219—209	70—61	57—0
——	三月	戊寅	081	718—708	569—560	554—497
——	四月	戊申	081	277—267	128—119	115—58
——	五月	丁丑	081	776—766	627—618	614—557
——	六月	丁未	081	335—325	186—177	173—116
——	七月	丙子	081	834—824	685—676	672—615
——	八月	丙午	081	393—383	244—235	231—174
——	九月	乙亥	081	892—882	743—734	730—673

年份	月份	朔干支	资料编号	历法 A	历法 B	历法 C
——	后九月	乙巳	补 2	451—441	302—293	289—232
秦二世元年（前 209）	十月	乙亥	085	10—0	甲戌 801—792	甲戌 788—731
——	十一月	甲辰	085	509—499	360—351	347—290
——	十二月	甲戌	085	68—58	癸酉 859—850	癸酉 846—789
——	正月	癸卯	082	567—557	418—409	405—348
——	二月	癸酉	085	126—116	壬申 917—908	壬申 904—847
——	三月	壬寅	085	625—615	476—467	463—406
——	四月	壬申	085	184—174	35—26	壬申（辛未）22—905
——	五月	辛丑	085	683—673	534—525	521—464
——	六月	辛未	085	242—232	93—84	80—23
——	七月	庚子	083	741—731	592—583	579—522
——	八月	庚午	084	300—290	151—142	138—81
——	九月	己亥	085	799—789	650—641	637—580
汉高祖三年（前 204）	十一月	乙亥	112	427—417	278—269	265—208
——	十二月	甲辰	113	926—916	777—768	764—707
五年（前 202）	四月	辛卯	086	798—788	649—640	636—579
——	五月	辛酉	086	357—347	208—199	195—138
——	六月	庚寅	086	856—846	707—698	694—637
——	七月	庚申	086	415—405	266—257	253—196
——	八月	己丑	086	914—904	765—756	752—695
——	九月	己未	086	473—463	324—315	311—254
——	后九月	戊子	补 3	己丑 32—22	823—814	810—753
六年（前 201）	十月	戊午	087	531—521	382—373	369—312
——	十一月	丁亥	087	戊子 90—80	881—872	868—811

年份	月份	朔干支	资料编号	历法 A	历法 B	历法 C
——	十二月	丁巳	087	589—579	440—431	427—370
——	正月	丙戌	087	丁亥 148—138	939—930	926—869
——	二月	丙辰	087	647—637	498—489	485—428
——	三月	丙戌	087	206—196	57—48	丙戌（乙酉）44—927
——	四月	乙卯	087	705—695	556—547	543—486
——	五月	乙酉	087	264—254	115—106	102—45
——	六月	甲寅	087	763—753	614—605	601—544
——	七月	甲申	087	322—312	173—164	160—103
——	八月	癸丑	087	821—811	672—663	659—602
——	九月	癸未	087	380—370	231—222	218—161
七年（前200）	十月	壬子	088	879—869	730—721	717—660
——	十一月	壬午	088	438—428	289—280	276—219
——	十二月	辛亥	088	937—927	788—779	775—718
——	正月	辛巳	补4	496—486	347—338	334—277
——	九月	丁丑	补5	728—718	579—570	566—509
八年（前199）	十月	丁未	090	287—277	138—129	125—68
——	十一月	丙子	090	786—776	637—628	624—567
——	十二月	丙午	090	345—335	196—187	183—126
——	正月	乙亥	090	844—834	695—686	682—625
——	二月	乙巳	090	403—393	254—245	241—184
——	三月	甲戌	090	902—892	753—744	740—683
——	四月	甲辰	089	461—451	312—303	299—242
——	五月	癸酉	090	甲戌 20—10	811—802	798—741
——	六月	癸卯	090	519—509	370—361	357—300
——	七月	壬申	090	癸酉 78—68	869—860	856—799
——	八月	壬寅	090	577—567	428—419	415—358

年份	月份	朔干支	资料编号	历法 A	历法 B	历法 C
——	九月	辛未	090	壬申 136—126	927—918	914—857
——	后九月	辛丑	090	635—625	486—477	473—416
九年（前198）	十月	辛未	091	194—184	45—36	辛未（庚午） 32—915
——	十一月	庚子	091	693—683	544—535	531—474
——	十二月	庚午	091	252—242	103—94	90—33
——	正月	己亥	091	751—741	602—593	589—532
——	二月	己巳	091	310—300	161—152	148—93
——	三月	戊戌	091	809—799	660—651	647—590
——	四月	戊辰	091	368—358	219—210	206—149
——	五月	丁酉	091	867—857	718—709	705—648
——	六月	丁卯	091	426—416	277—268	264—207
——	七月	丙申	114	925—915	776—767	763—706
——	八月	丙寅	091	484—474	335—326	322—165
——	九月	乙未	091	丙申 43—33	834—825	821—764
十年（前197）	十月	乙丑	094	542—532	393—384	380—323
——	十一月	甲午	094	乙未 101—91	892—883	879—822
——	十二月	甲子	094	600—590	451—442	438—381
——	正月	甲午	094	159—149	10—1	癸巳 937—880
——	二月	癸亥	094	658—648	509—500	496—439
——	三月	癸巳	094	217—207	68—59	癸巳（壬辰） 55—938
——	四月	壬戌	094	716—706	567—558	554—497
——	五月	壬辰	094	275—265	126—117	113—56
——	六月	辛酉	094	774—764	625—616	612—555
——	七月	辛卯	094	333—323	184—175	171—114
——	八月	庚申	094	832—822	683—674	670—613

续表

年份	月份	朔干支	资料编号	历法 A	历法 B	历法 C
——	九月	庚寅	094	391—381	242—233	229—172
——	后九月	己未	094	890—880	741—732	728—671
十一年（前196）	十月	己丑	096	449—439	300—291	287—230
——	十一月	戊午	096	己巳（戊午）8—938	799—790	786—729
——	十二月	戊子	096	507—497	358—349	345—288
——	正月	丁巳	096	戊午 66—56	857—848	844—787
——	二月	丁亥	096	565—555	416—407	403—346
——	三月	丙辰	096	丁巳124—114	915—906	902—845
——	四月	丙戌	096	623—613	474—465	461—404
——	五月	丙辰	096	182—172	33—24	丙辰（乙卯）20—903
——	六月	乙酉	096	681—671	532—523	519—462
——	七月	乙卯	096	240—230	91—82	78—21
——	八月	甲申	095	739—729	590—581	577—520
——	九月	甲寅	096	298—288	149—140	136—79
十二年（前195）	十月	癸未	097	797—787	648—659	654—797
——	十一月	癸丑	097	356—346	207—198	194—137
——	十二月	壬午	097	855—845	706—697	693—636
——	正月	壬子	097	414—404	265—256	252—195
——	二月	辛巳	097	913—903	764—755	751—694
——	三月	辛亥	097	472—462	323—314	310—253
——	四月	庚辰	097	辛巳 31—21	822—813	809—752
——	五月	庚戌	097	530—520	381—372	368—311
——	六月	己卯	097	庚辰 89—79	880—871	867—810
——	七月	己酉	097	588—578	439—430	426—369

续表

年份	月份	朔干支	资料编号	历法 A	历法 B	历法 C
——	八月	戊寅	097	己卯 147—137	938—929	925—868
——	九月	戊申	097	646—636	497—488	484—427
惠帝元年 （前 194）	八月	癸酉	098	495—485	346—337	333—276
——	九月	壬寅	098	癸卯 54—44	845—836	832—775
——	后九月	壬申	098	553—543	404—395	391—334
二年（前 193）	十月	辛丑	099	壬寅 112—102	903—894	890—833
——	十一月	辛未	099	611—601	462—453	449—392
——	十二月	辛丑	099	170—160	21—12	辛丑（庚子） 8—891
——	正月	庚午	099	669—659	520—511	507—450
——	二月	庚子	099	228—218	79—70	66—9
——	三月	己巳	099	727—717	578—569	565—508
——	四月	己亥	099	286—276	137—128	124—67
——	五月	戊辰	099	785—775	636—627	623—566
——	六月	戊戌	099	344—334	195—186	182—125
——	七月	丁卯	099	843—833	694—685	681—624
——	八月	丁酉	099	402—392	253—244	240—183
——	九月	丙寅	099	901—891	752—743	739—682
三年（前 192）	十月	丙申	100	460—450	311—302	298—241
——	十一月	乙丑	100	丙寅 19—9	810—801	797—740
——	十二月	乙未	100	518—508	369—360	356—299
——	正月	甲子	100	乙丑 77—67	868—859	855—798
——	二月	甲午	100	576—566	427—418	414—357
——	三月	癸亥	100	甲戌 135—125	926—917	913—856
——	四月	癸巳	100	634—624	485—476	472—415

年份	月份	朔干支	资料编号	历法 A	历法 B	历法 C
——	五月	癸亥	100	193—183	44—35	癸亥（壬戌） 31—914
——	六月	壬辰	100	692—682	543—534	530—473
——	——	壬戌	100	251—241	102—93	89—32
——	——	辛卯	100	750—740	601—592	588—531
——	——	辛酉	100	309—299	160—151	147—90
四年（前191）	——	庚寅	101	808—798	659—650	646—589
——	——	庚申	101	367—357	218—209	205—148
——	——	己丑	101	866—856	717—708	704—647
——	——	己未	101	425—415	276—267	263—206
——	二月	戊子	101	924—914	775—766	762—705
——	三月	戊午	101	483—473	334—325	321—264
——	四月	丁亥	101	戊子 42—32	833—824	820—763
——	五月	丁巳	101	541—531	392—383	379—322
——	六月	丙戌	101	丁亥 100—90	891—882	878—821
——	七月	丙辰	101	599—589	450—441	437—380
——	八月	丙戌	101	158—148	9—0	乙酉 936—879
——	九月	乙卯	101	657—647	508—499	495—438
——	后九月	乙酉	101	216—206	67—58	乙酉（甲申） 54—937
五年（前190）	十月	甲寅	102	715—705	566—557	553—496
——	十一月	甲申	102	274—264	125—116	112—55
——	十二月	癸丑	102	773—763	624—615	611—554
——	正月	癸未	102	332—322	183—174	170—113
——	二月	壬子	102	831—821	682—673	669—612
——	三月	壬午	102	390—380	241—232	228—171
——	四月	辛亥	102	889—879	740—731	727—670

年份	月份	朔干支	资料编号	历法 A	历法 B	历法 C
——	五月	辛巳	102	448—438	299—290	286—229
——	六月	庚戌	102	庚戌（辛亥）7—937	798—789	785—728
——	七月	庚辰	102	506—496	357—348	344—287
——	八月	己酉	102	庚戌 65—55	856—847	843—786
——	九月	己卯	102	564—554	415—406	402—345
六年（前 189）	十月	戊申	103	己酉 123—113	914—905	901—844
——	十一月	戊寅	103	622—612	473—464	460—403
——	十二月	戊申	103	181—171	32—23	戊申（丁未）19—902
——	正月	丁丑	103	680—670	531—522	518—461
——	二月	丁未	103	239—229	90—81	77—20
——	三月	丙子	103	738—728	589—580	576—519
——	四月	丙午	103	297—287	148—139	135—78
——	五月	乙亥	103	796—786	647—638	634—577
——	六月	乙巳	103	355—345	206—197	193—136
——	七月	甲戌	103	854—844	705—696	692—635
——	八月	甲辰	103	413—403	264—255	251—194
——	九月	癸酉	103	912—902	763—754	750—693
——	后九月	癸卯	103	471—462	322—313	309—252
七年（前 188）	十月	壬申	104	癸酉 30—20	821—812	808—751
——	十一月	壬寅	104	529—519	380—371	367—310
——	十二月	辛未	104	壬申 88—78	879—870	866—809
——	正月	辛丑	104	587—577	438—429	425—368
——	二月	庚午	104	辛未 146—136	937—928	924—867
——	三月	庚子	104	645—635	496—487	483—426

年份	月份	朔干支	资料编号	历法 A	历法 B	历法 C
——	四月	庚午	104	204—194	55—46	庚午(己巳)42—925
——	五月	己亥	104	703—693	554—545	541—484
——	六月	己巳	104	262—252	113—104	100—43
——	七月	戊戌	104	761—751	612—603	599—542
——	八月	戊辰	104	320—310	171—162	158—101
——	九月	丁酉	104	819—809	670—661	657—600
高后元年(前187)	七月	癸巳	补6	169—159	20—11	癸巳(壬辰)7—890
——	八月	壬戌	105	668—658	519—510	506—449
——	九月	壬辰	105	227—217	78—69	65—8
二年(前186)	正月	庚寅	补7	343—333	194—185	181—124
——	二月	己未	106	842—832	693—684	680—623
——	三月	己丑	106	401—391	252—243	239—182
——	四月	戊午	106	900—890	751—742	738—681
——	五月	戊子	106	459—449	310—301	297—240
——	六月	丁巳	106	戊午 18—8	809—800	796—739
——	七月	丁亥	106	517—507	368—359	355—298
——	八月	丙辰	106	丁巳 76—66	867—858	854—797
——	九月	丙戌	106	575—565	426—417	413—356
——	后九月	乙卯	补8	丙寅 134—124	925—916	912—855
七年(前181)	二月	庚寅	120	760—750	611—602	598—541
文帝前元元年(前179)	十月	庚戌	121	899—889	750—741	737—680
二年(前178)	十二月	甲辰	122	365—355	216—207	203—146
三年(前177)	十一月	戊戌	123	713—703	564—555	551—494
——	十二月	戊辰	124	272—262	123—114	110—53
七年(前173)	十月	丙子	107	225—215	76—67	63—6

续表

年份	月份	朔干支	资料编号	历法 A	历法 B	历法 C
十二年（前 168）	二月	乙巳	108	259—249	110—101	97—40
后元四年（前 160）	五月	丁巳	125	397—387	248—239	235—178
七年（前 157）	正月	辛未	127	884—874	735—726	722—665
景帝前元三年（前 154）	三月	癸未	130	605—595	456—447	443—386
	六月	壬子	109	222—212	73—64	60—3
七年（前 150）	十二月	辛卯	132	558—548	409—400	396—339
中元元年（前 149）	正月	乙卯	133	465—455	316—307	303—246
二年（前 148）	后九月	乙亥	134	604—594	455—446	442—385
四年（前 146）	十月	己亥	135	511—501	362—353	349—292
六年（前 144）	八月	壬子	136	116—106	907—898	894—837
后元元年（前 143）	八月	丁未	137	464—454	315—306	302—245
武帝建元二年（前 139）	二月	丙戌	139	800—790	651—642	638—581
四年（前 137）	十月	丁丑	140	440—430	291—282	278—221
五年（前 136）	正月	己巳	141	904—894	755—746	742—685
元光元年（前 134）	十月	己丑	110	庚寅 103—93	894—885	881—824
——	十一月	己未	110	602—592	453—444	440—383
——	十二月	戊子	110	己丑 161—151	己丑 12—3	939—882
——	正月	戊午	110	660—650	511—502	498—441
——	二月	戊子	110	219—209	70—61	57—0
——	三月	丁巳	110	718—708	569—560	556—499
——	四月	丁亥	110	277—267	128—117	115—58
——	五月	丙辰	110	776—766	627—618	614—557

续表

年份	月份	朔干支	资料编号	历法 A	历法 B	历法 C
——	六月	丙戌	110	335—325	186—177	173—116
——	七月	乙卯	110	834—824	685—676	672—615
——	八月	乙酉	110	393—383	244—235	231—174
——	九月	甲寅	110	892—882	743—734	730—673
——	后九月	甲申	110	451—441	302—293	289—232
元朔二年 （前 127）	三月	丙午	144	891—881	742—733	729—672
——	四月	丙子	145	450—440	301—292	288—231
六年（前 123）	十二月	甲寅	146	844—834	695—686	682—625
元狩元年 （前 122）	六月	丙午	147	426—416	277—268	264—207
六年（前 117）	三月	戊申	148	727—717	578—569	565—508
——	四月	戊寅	149	286—276	137—128	124—67
元鼎五年 （前 112）	十一月	辛巳	150	529—519	380—371	367—310
——	五月	戊寅	151	713—703	564—545	541—484
元封四年 （前 107）	六月	己酉	152	621—611	472—463	459—402
太初元年 （前 104）	十一月	甲子	153	乙丑 110—100	901—892	888—831
——	十二月	甲午	154	609—599	460—451	447—390

　　*《吕氏春秋》中的这条材料虽然没有明确的月份，但可限定在秋季，即七、八、九三月。

　　根据上表的排算结果，我们更加坚定了三段分法的看法。[①] 现在，我们根据上表来分析各个时段的上下限。其中历法 A 的上限是我们人为确定的，它是我们研究范围的上限，历法 C 的下限为武帝太初元年（前 104年）。

---

　　① 张培瑜在《根据新出历日简牍试论秦和汉初的历法》一文中也指出过秦与汉初、高祖与武帝时期历法可能存在差别。

历法 A 的行用下限和历法 B 的行用上限。从表中能够看出,历法 A 下推后,从高祖五年(前 202 年)开始与实历不合,实历后九月戊子朔,历法 A 所推为己丑朔;[①]另一方面,历法 B 上推后,从秦二世元年(前 209 年)开始与实历不合,实历十月乙亥朔、十二月甲戌朔、二月癸酉朔,而历法 B 所推上述各月的朔日干支分别是甲戌、癸酉、壬申。由此知道,这次历改应该发生在秦二世二年(前 208 年)至汉高祖五年(前 202 年)之间。根据《史记·高祖本纪》载刘邦称帝是在高祖五年正月,按照秦汉人改正朔的观念,我们推测这次历改当发生在高祖称帝前后几月之内,但不会迟于高祖五年年底,因为从这年后九月开始历法 A 已不再适用。考虑到高祖五年的四月、五月、六月、七月、八月和九月用两种历法推得的朔干支是一致的,历法的历面差异是在这一年后九月出现的,我们不妨认为历改就在高祖称帝时,即当年的正月。[②]这次历改岁首仍设在十月,只是各月朔小余调小若干分,这样历元就发生了更改。

历法 B 的行用下限和历法 C 的行用上限。许多学者都注意到了文帝时期的历改,[③]据《汉书》载,文帝曾"召公孙臣以为博士,草立土德时历制度,更元年"[④]。在上文讨论置闰时,我们也注意到了公元前 162 年置闰的变革,即将公元前 161 年的闰月提前到了公元前 162 年,种种迹象表明在这一年有过历改。因此将公元前 163 年定为历法 B 和历法 C 的分界是可行的,即,历法 C 从文帝后元元年(公元前 163 年)十月开始行用,或许因为改历,纪年重新开始计算。

---

①　至于由历法 A 推步得到秦始皇廿七年四月乙亥(丙子)朔小余 0—930,只是表示在这一位置取得双解。事实上,我们在后面选取历元时排出了这一位置丙子朔小余 0 所对应的蔀首。

②　《汉书》云:"燕王臧荼反,苍以代相从攻荼有功,封为北平侯,食邑千二百户。迁为计相,一月,更以列侯为主计四岁。是时萧何为相国,而苍乃自秦时为柱下御史,明习天下图书计籍,又善用算律历,故令苍以列侯居相府,领主郡国上计者。"臧荼反在高祖五年七月,随之张苍受拜并迁为计相,或许张苍在这个时候进行了历改。由于新历和旧历的历面差异发生在高祖五年后九月,因此这种可能也是存在的。参见《汉书》卷四十二《张周赵任申屠传》,第 2093—2094 页。

③　参见张培瑜《新出土秦汉简牍中关于太初前历法的研究》,陈久金、陈美东《从元光历谱及马王堆帛书天文资料试探颛顼历问题》,两文均载于中国社会科学院考古研究所编《中国古代天文文物论集》,北京:文物出版社,1989 年,第 69—82 页、第 83—103 页。

④　《汉书》卷四十二《张周赵任申屠传》,第 2099 页。

三　结论与讨论

根据上一部分的时段划分,在本部分详细讨论三种历法的岁首建正和历元(置闰规则已在第三章有过讨论)。

有了对岁首建正和闰月设置的基本认识,结合表 28 的分析,我们可以得到下面的结论:

1、历法 A、B、C 分别是以公元前 285 年十月丙申朔、公元前 240 年十月乙亥朔、公元前 206 年十一月丁巳朔夜半起算的,当月朔小余为 0,并且假定这一年以十月为岁首。我们从上文所推得的各种可能历元中,把历法 A 和历法 B,即秦代和汉初前期的历法历元取在十月是与岁首设在十月相应的,并且公元前 285 年十月丙申朔,上推一蔀后为公元前 361 年十月丁巳(假定十月在岁首),这一年正是秦孝公元年(前 361 年),极具天命色彩,这或许不是巧合。把历法 C 的历元取在公元前 206 年十一月也是有缘由的,这一年为汉高祖元年,十一月是子月,一般是冬至所在月。但这里的历元只是一个朔无余的朔望月起算点。

2、历法 A 的行用时间下限在汉高祖五年(前 202 年)十二月,其上限不明,但从现有资料看来,至少在秦王政二年(前 245 年)十月是相合的;历法 B 的行用时间上限在汉高祖五年正月,下限在文帝前元十六年(前 164 年)后九月;历法 C 的行用时间上限在文帝后元元年(前 163 年)十月,下限在太初元年(前 104 年)五月。

3、各时段均以十月为岁首。

4、根据史书记载秦统一后对历法有过改革,由于我们目前所见秦统一前的朔干支仅有 8 条(含秦始皇二十六年的 3 条),其小余取值共有 176 种可能性,其历法不能判明,暂付阙如。但考虑到这些朔干支与历法 A 是相容的,我们暂时认为秦时期(前 246 至前 207 年)的历法是一致的,即我们这里所说的历法 A,它一直行用到汉高祖五年十二月,这可能就是《史记》、《汉书》所讲的秦颛顼历。

5、上文确定了七条气干支,其中元光元年历谱中的十一月丙戌冬至、正月壬申立春、六月戊子夏至、七月甲戌立秋均合于颛顼历,由于这四条气干支的小余取值是唯一的，[①]因此它们与颛顼历所推是严格密合的。《汉书·武帝纪》和《郊祀志》载有武帝元鼎五年十一月辛巳朔旦冬至，以颛顼历推得干支相合，但小余为 27（分母是 32），考虑到古人测量的误差较大，可以认为这条材料也与颛顼历是相洽的。《汉书·武帝纪》载有太初元年十一月甲子朔旦冬至，以颛顼历推算为癸亥冬至，小余 27。材料 282 文帝七年十一月辛酉冬至与颛顼历所推不相符，这条材料见于出土的占盘，其可靠性值得怀疑，暂不论列。由此看来，武帝时期的气干支与颛顼历所推是基本相合的。

6、三种历法的朔小余是依次递减的，具体数据是：历法 B 比历法 A 小 144，历法 C 比历法 B 小 18。四分历术的朔策比真值长，久则后天，为了减小历法的失天，调小朔小余是可以理解的。假定战国时期的秦国在历法 A 之前行用过颛顼历，那么由颛顼历过渡到历法 A 却是小余增加了 639，因此，我们很怀疑颛顼历真正行用过，大概它和其他五种古历一样，仅仅是当时的一种推步体系而已。只是由于时人认为其节气的设置合于实测，而采用了这一部分数值。虽然二十四节气在战国后期就已经出现，但起初在历法编订中的作用并不明显。秦到汉初治历时的闰月是按照 3—3—3—2—3—3—2 这样的序列排定，我们在上面的分析中指出，这个序列并不是用固定节气置闰法安排的结果，补充一点，这也不是无中置闰法安排的结果，这个固定的闰年设置序列应该是由经验所得。这正好可以说明秦至汉初的历法并不一定像人们想像的那样有一个朔气齐同的历元，而只有一个夜半朔无余的朔望月起算点，至于闰月的设置则是按照 3—3—3—2—3—3—2 的经验序列安排在年终，只不过在历改时会将这一周期的起算点调整而已，比如文帝后元元年的历改就是这样。其实，按照这样的原则，也是可以排定历谱的。

以上所论历法 A、B、C 的主要参数如表 31。

表 31　三种历法主要参数表

历法	历法 A	历法 B	历法 C
岁首	十月		
置闰规则	按照 19 年 7 闰的经验序列：3—3—3—2—3—3—2		

---

① 张培瑜：《新出土秦汉简牍中关于太初前历法的研究》，中国社会科学院考古研究所编《中国古代天文文物论集》，北京：文物出版社，1989 年，第 69—82 页。

续表

历法	历法 A	历法 B	历法 C
朔望月起算点	公元前 361 年（秦孝公元年）十月丁巳朔无余	公元前 240 年十月乙亥朔无余	公元前 206 年十一月丁巳朔无余
节气算法	古颛顼历		
朔小余关系	较颛顼历大 639 分	较历法 A 小 144 分	较历法 B 小 18 分
史书记载	秦颛顼历	汉传颛顼历	文帝后元元年历改
起用时间	暂定为秦王政以前	汉高祖五年正月	文帝后元元年十月

　　根据上面的结论，我们可以排出秦至西汉太初改历前（公元前 246 至前 104 年）的朔闰表（见书后附录），表中的朔干支与第二章第二节考得的 127 条历简日干支（矛盾讹误者除外）也是相洽的。

第五章　与秦至汉初历法相关的两个问题

从前边的讨论我们可以看到,由于四分术朔策和岁实较真值为大,经过长时段的累积,这一时段的历法后天在所难免。但是,令人费解的是,秦至汉初的历法在历改后很快就出现了"朔晦月见"的后天现象,在《汉书·五行志》和帝纪中日食发生在晦或晦前一日的记载格外引人注目。在本部分我们将重点讨论这一时段历法的后天问题,并通过对相关数据的系联与分析,揭示和彰显当时人改历中的非科学诉求,即迎合天命论的消极取向。在本部分还将对早期历法文本中的历注作一个附带性的说明。

一　前人讨论秦至汉初历法后天问题的两种基本方法

秦至汉初历法所取朔策和岁实都较真值为大,[①]故久则后天,这一点古人也有论及,《汉书·律历志》云:"汉兴,方纲纪大基,庶事草创,袭秦正朔。以北平侯张苍言,用《颛顼历》,比于六历,疏阔中最为微近。然正朔服色,未睹其真,而朔晦月见,弦望满亏,多非是。"通过简单计算,我们很容易知道四分历合朔时分每 100 年大约后天 0.325 天,308 年后天一日。如此一来就会出现日食在晦日甚至晦前一日的情况。古人所谓"历验在天"指的就是这个道理。

目前详细讨论过这一时期历法后天问题的学者有新城新藏、张培瑜、陈久金、陈美东等先生,分别代表了两种最基本的讨论思路,下分述之。

第一种思路是日本学者新城新藏在讨论汉初历法的制定年代时所提出的,他在论文集《东洋天文学史研究》一书中使用了这种方法,在论文集第八编《汉代所见之诸种历法》一文中,新城氏论道:[②]

---

① 现代天文学测得的朔望月平均长度为 29.530589 日,回归年长度为 365.24219879 日。而在四分术中,朔望月的长度是 29.530851 日,回归年长度为 365.25 日,均较真值为大。

② [日]新城新藏著,沈璿译:《东洋天文学史研究》,上海:中华学艺社,1933 年,第 496—497 页。

案日食之起于朔、晦，推定汉初历之制定年代。

汉初之颛顼历，恐大略制定于战国时代之中叶者，即由如下之考察，亦可确定之焉。前汉书《律历志》内对诸汉初颛顼历，评谓"朔晦月见，弦望满亏，多非是"。夫月之晦朔，较易得观测，故此时代似颇已注意及之。然汉初之日蚀大多起于晦日者，是可注意之事。盖春秋后半叶之日食，几皆起于朔日，彼此二者，乃可谓显著之对照也。此恐于制定历法之当时，合朔似恒当朔日，惟因其所采用一个月之长稍大。约每三百年有一日之差，爰当制定历法以后，随年代之迁移，而遂渐俾其与天象间生参差者乎？今自诸《五行志》查考太初以前之日食，则其起于朔日者五，起于晦者二十一，起于晦之前日者三，取其平均值，则日蚀起于朔以前〇·九三日。于是案甫述之见解，求此历之制定年代（合朔正在朔日之时代），则依：

$$\frac{206+104}{2}+0.93\times310=440\text{B.C.}\frac{206+104}{2}$$

即得约西元前四四〇年间。

关于日蚀起于朔前〇·九三日，即历法后天〇·九三日，在第九编《战国秦汉之历法》一文中，新城氏给出了详细的算法：[①]

右列之记事中关于（汉初百年）日蚀之记事有三十二款，就中除(2)、(17)、(24)、(29)、(39)等事实上非指日蚀之五款外，若检查其余二十七款日蚀记事，则得：

起于朔之日蚀　　　　　五

起于晦之日蚀　　　　　十九

起于晦前一日之日蚀　　三

爰由

$$\frac{0\times5-1\times19-2\times3}{5+19+3}=-0.926$$

之计算，二十七个日蚀乃平均起于朔以前〇·九二六日。

---

① ［日］新城新藏著，沈璿译：《东洋天文学史研究》，上海：中华学艺社，1933年，第548—549页。0.926与上文0.93的差值是因为新城氏统计的日蚀"起于晦日者"一为19次，一为21次，无关计算方法。

　　张培瑜在做有关计算时也采用了与新城氏同样的方法,不过,他详细统计了汉初百年日食的数据。今将这组数据列为表 32,以资讨论。[①] 其中备注部分为张培瑜考证所得。

表 32　汉初百年日食数据表

序号	史载日食	史料出处	日食时分	备注
1	高祖三年十月甲戌晦　食	帝纪、五行志	11:17	——
2	三年十一月癸卯晦　食	帝纪、五行志	——	无日食
3	九年六月乙未晦　食	帝纪、五行志	10:7	
4	惠帝七年正月辛丑朔　食	帝纪、五行志	10:54	应为上月辛未朔
5	五月丁卯先晦一日　食	五行志	14:17	
6	高后二年六月丙戌晦　食	帝纪、五行志	14:42	应为四月丁亥晦
7	七年正月己丑晦　食	史记、帝纪、五行志	13:33	
8	文帝前元二年十一月癸卯晦　食	帝纪、五行志	13:42	
9	三年十月丁酉晦　食	史记、帝纪、五行志	13:21	——
10	三年十一月丁卯晦　食	帝纪、五行志	——	无日食
11	后元四年四月丙辰晦　食	五行志	12:37	应为五月乙酉晦
12	七年正月辛未朔　食	五行志	11:11	应为三月己亥晦
13	景帝前元三年二月壬午晦　食	五行志	5:58	——
14	四年十月戊戌晦　食	帝纪	——	无日食
15	七年十一月庚寅晦　食	帝纪、五行志	11:4	
16	中元元年十二月甲寅晦　食	五行志	18:47	应为十月甲寅先晦一日
17	二年九月甲戌晦　食	史记、帝纪、五行志	20:15	应为后九月癸卯先晦一日

　　① 张培瑜:《新出土秦汉简牍中关于太初前历法的研究》,中国社会科学院考古研究所编《中国古代天文文物论集》,北京:文物出版社,1989 年,第 74—75 页。

续表

序号	史载日食	史料出处	日食时分	备注
18	三年九月戊戌晦　食	史记、帝纪、五行志	11:30	——
19	四年十月戊午　食	帝纪		无日食
20	六年七月辛亥晦　食	史记、帝纪、五行志	7:53	——
21	后元元年七月乙巳先晦一日　食	五行志	14:45	
22	武帝建元二年二月丙戌朔　食	帝纪、五行志	8:26	应为四月甲寅晦
23	三年九月丙子晦　食	帝纪、五行志	9:41	——
24	五年正月己巳朔　食	天文志	13:29	应为二月丁卯晦
25	元光元年二月丙辰晦　食	五行志	11:26	应为一月丁亥晦
26	元年七月癸未先晦一日　食	五行志	13:00	
27	元朔二年二月乙巳晦　食	五行志	13:12	
28	六年十一月癸丑晦　食	五行志	13:7	
29	元狩元年五月乙巳晦　食	帝纪、五行志	9:20	
30	元鼎五年四月丁丑晦　食	帝纪、五行志	10h:42	——
31	元封四年六月己西朔　食	五行志	6:38	应为八月丙子晦前一日

很明显,新城新藏的算法只是一种估算,其算理是:凡食在朔日者定为合天;食在晦日者,则历法后天1日;食在晦前一日者,则历法后天2日,余类推;最后求其平均数,以此作为历法的后天数值。这种算法的粗略是显见的,今试举一例以明之。假设我们只知道高后以前的日食记录,按照这种算法,则历法的后天数值当为:

$$\frac{0 \times 1 - 1 \times 2 - 2 \times 1}{4} = -1 ①$$

---

① 高祖五年(前202年)至高后七年(前181年)以前共有4次日食,分别发生在高祖九年(前198年)六月乙未晦、惠帝七年(前188年)正月辛丑朔(该条有误,当为上月辛未朔)、惠帝七年五月丁未先晦一日、高后二年(前186年)六月丙戌晦(该条有误,当为同年四月丁亥晦)。日食记录据《汉书·五行志》及张培瑜《新出土秦汉简牍中关于太初前历法的研究》一文中的表五《汉初日月食考》。

这与新城氏算得的汉初百年历法后天 0.926 存在巨大的矛盾。这是因为,历法后天是由于历法朔策大于朔望月长而造成的,[①]历法按照一定的速率失天,行用愈久,后天数值愈大。汉初至惠帝七年不过十几年,后天数值就达 1 天,而汉初百年却只有 0.926 天。

为了克服这种粗算的误差,陈久金、陈美东曾提出了另外一种算法。[②]这种算法从汉初改历入手,认为太初元年历面是符合天象的,即太初元年前十一月甲子朔旦为当时实测,然后根据他所认定的汉初历法算得当日合朔时分,以其差值来定历法后天数值,从而推定历法的行用时间。具体算法如次:

1、按照他们认定的汉初历法(颛顼历加借半日法)推得当日(太初元年前十一月初一)历面合朔小余为 871(分母为 940);

2、考虑到借半日法,[③]当日历法合朔小余应该是:871－470＝401(分母为 940)

3、再根据 308 年月朔后天一日的比率算得历法行用时距当前的积年数:[④]

$$\frac{401}{940} \times 308 \approx 132$$

4、由此得历法行用时间为 132＋104＝236(公元前)年。

其实这种算法在理论上存在着严重缺陷。我们知道,日月运行有疾迟盈缩,因之就有平朔和定朔的区别,日月实际合朔在定朔点上,定朔望月有长有短,其间时间相差最大可达到 13 个小时。但汉初的历家是不知道这一点的,[⑤]由此知汉初的历法起算点在实朔,但所用朔策则是均朔,这样一来,即便汉初历家所用的朔策和实测的朔无余起算点是精确无误的,排出

---

① 历法后天也指历法所取岁实大于回归年长度,但由于节气前后移动一两天古人不易觉察,而月相却由日食可以验证,因此在本节我们只讨论月相后天的情况。

② 陈久金、陈美东:《从元光历谱及马王堆帛书天文资料试探颛顼历问题》,中国社会科学院考古研究所编《中国古代天文文物论集》,北京:文物出版社,1989 年,第 83—103 页。

③ 作者认为汉初历法行"先借半日"的借半日法,即历法推得的小余再加半日(470)为历面小余。

④ 陈久金、陈美东在《从元光历谱及马王堆帛书天文资料试探颛顼历问题》一文中取"月朔大约每 318 年差一日"当是笔误,这个数值应为 308 年。

⑤ 东汉永元年间,贾逵创造黄道仪,测黄道度,才知道日月疾迟,他讲到"考校月行,当有疾迟"。详参《后汉书·律历志》中的"贾逵论历"。

的朔望月也会有后天的现象。反之,用一个实测的合朔点向后推求历法行用时间的算法也是存在问题的。这是因为所选的合朔点一定不是平朔"合朔点"。

二　秦至汉初历法后天基本数值分析

为了考察汉初历法的后天情况,我们采用以下思路推求不同历法行用时期的后天数据。

一、先用第四章确定的秦汉时期的三种不同历法分别排出各时段每个朔日的历法合朔时刻;

二、利用张培瑜在《三千五百年历日天象》一书中的《合朔满月表(前1500年—公元2050年)》将各次合朔的真实时刻查得,所有数据依西安经度做了修正;

三、分别求得历法 A、历法 B、历法 C 行用时段每月的平均后天值(由于我们统计了足够多的数据,所以这个平均后天值应该是接近真值的);[①]

四、我们利用四分术朔策和现代天文学测得的朔望月长度(29.530589天)算得每合朔一次历法后天的数值,这个数值为:

$$29\frac{499}{940}-29.530589=0.000262063829787234042553191489 3617$$

五、根据若干个连续的朔望月的后天数值构成一个等差数列的特点,很容易算得历法行用初期和末期的后天数值。

经过计算,得到秦至汉初历法后天数值列为表 33(计算过程略,相关数据可参看书后附录)。

表 33　秦至汉初历法后天数值表

	历法 A	历法 B	历法 C
起用月	秦王政元年十月	汉高祖五年一月	文帝后元元年十月

---

① 理论上,只要能够算得特定月份的真平朔,与历法平朔相差就能求得历法在此月的后天数值,但由于计算真平朔会出现一次性误差,因此我们采用文中较为繁复的计算,通过足够多的数据就能大大减少计算误差。计算所得各月后天数据可参看书后附录。

续表

	历法 A	历法 B	历法 C
终止月	汉高祖五年十二月	文帝前元十六年后九月	武帝太初元年五月
累积月数	547	480	738
累积后天值	0.14335 天	0.12579 天	0.19340 天
平均后天值	1.04195 天	0.99327 天	1.15696 天
初期后天值	0.97027 天	0.93038 天	1.06026 天
末期后天值	1.11362 天	1.05617 天	1.25366 天

我们复原的秦汉时期的历法从行用时期就已后天,且数值接近 1 天,是否存在问题呢?

从汉初的日食记载来看,高祖时期就有 2 次,其中"九年六月乙未晦,日有食之"发生在历法 B 行用初期,这说明当时的人是明知历法后天而行用之的。造成古人行用不合天的历法固然是由于技术不够成熟,但竭力牵合天命思想是主要的原因。以历法 C 为例,它以公元前 206 年十一月丁巳朔(小余为 0)为起算点就是为了迎合刘汉王朝受命于天的君权神授思想,因为十一月是子月,公元前 206 年是汉高祖元年,而按前一种历法,也就是历法 B 推得的该月朔小余为 18,接近 0。事实上文帝后元四年(前 160 年)五月乙酉晦就有日食。虽然日月在天,人人可见,但汉初百年食在晦日史不绝书,足见秦汉初的历法制定牵合天命的思想是很严重的。

如果我们详细考察第四章的有关数据,就不难明白当时历法在行用初期就不合天的事实。历法 B 共行用 480 月,累积后天 0.12579 天,相当于四分术小余余分 118,但改行历法 C 时,小余仅减少 18,显然不足以抵消行用期间产生的后天值,所以改历后第四年,也就是文帝后元四年(前 160 年)就出现五月乙酉晦日有食。

下面通过图表对三种历法行用初期的后天情况做进一步的分析。①

---

① 后天数据依据西安经度作了修正。

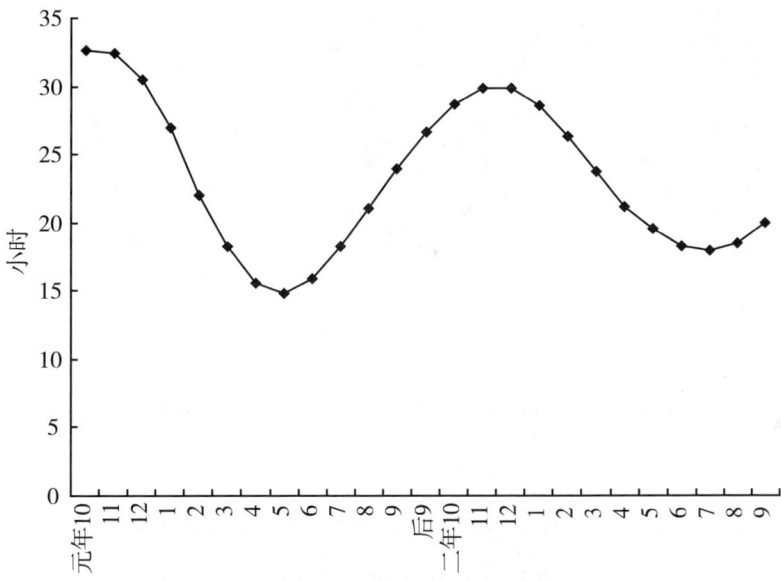

图一　秦王政元二年历法后天数值逐月变化图

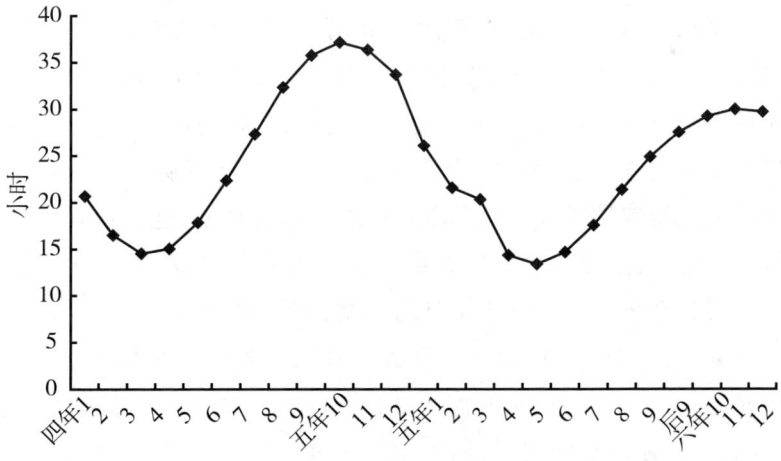

图二　汉高祖五年一月前后历法后天数值逐月变化图

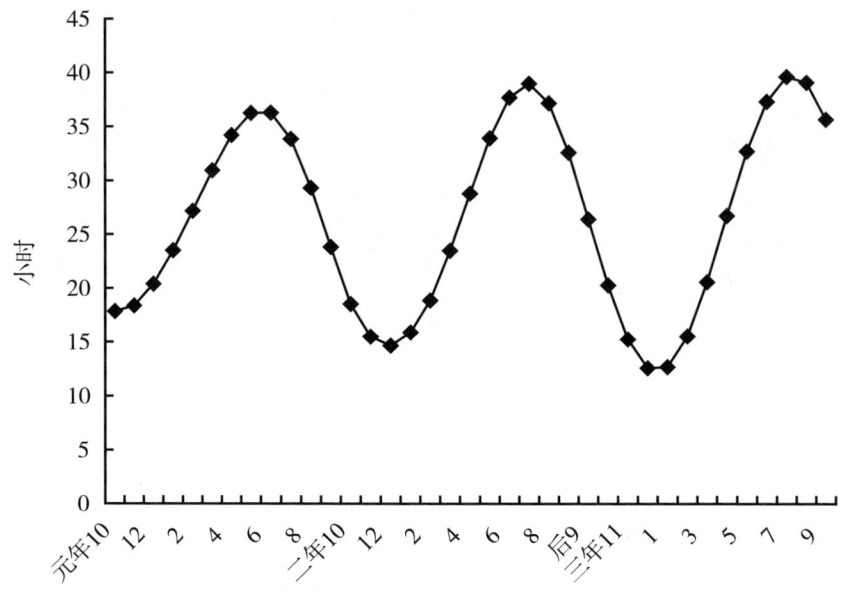

图三　文帝后元元二三年历法后天数值逐月变化图

　　尽管秦汉初历法有着严重的后天情况发生,但制定历法的目的就是为了准确的反映天象,秦汉时期的历法应该也符合这个原则。我们观察上面图二、图三的曲线就会发现,在历法 B 和历法 C 行用初期的几个月里,历法的"后天"数值处于波谷,也就是说,在当时改历者看来,相对旧历而言新历明显更加合天,这当然也是新历得以实行的技术数据支持。由于秦汉时人不知月球在白道上运动速度的不均匀性,加上当时测量仪器不够精确,所以新历运行初期的后天情形还不足以出现朔晦月见,这显然有利于新历的推行。不仅如此,新历更能迎合统治者的天命思想:汉高祖五年正月所改新历的历元在公元前 240 年十月乙亥朔无余,按照《史记》所载,"高祖十月始至霸上",在"十月"获得天命,所以十月朔无余就被选作了历元。同样文帝后元元年(前 163 年)所改新历是以公元前 206 年十一月丁巳朔无余为历元的,按照西汉统治者的看法,高祖元年(前 206 年)为汉家天命的起始年,十一月为冬至所在月,属子,为一年的开始,所以历元就选在了这一年。至于"秦王政元二年历法后天数值逐月变化图"之所以不符合我们上边所讲的道理,这是因为秦王政元年(前 246 年)作为历法 A 的行用上限是我们人为认定的,即取我们研究的时段上限,它不一定是历法 A 行用的真实初始年。

这里似乎存在矛盾,既然历元是由已知数据回推得到,又如何迎合人主的天命思想? 事实上,当朔小余被人为地调动 1(分母是 940),相当于前后相差一分半钟稍多,所回推得到的历元就要错动 81 个月。古人很难测到朔气严格齐同的历点,许多所谓的朔气相齐只不过是朔与气在同一天罢了,这样一来通过人为调整小余就能得到想要的历元,真可谓"失之毫厘,差之千里"。当时的人正是利用了这种方法,通过减少旧历的朔小余数值,促成历元改动,最终得到了一个极具天命色彩的时间点。

至于武帝太初改历的这种色彩就更加浓厚了。

三　太初改历与"五德""三统"天命思想

汉初高祖和文帝时期的两次改历都因"五德终始说"而起。"五德终始说"起于战国人邹衍,《史记·封禅书》云:"自齐威、宣之时,驺子之徒论著终始五德之运。"《集解》引如淳注云:"今其书有《五德终始》,五德各以所胜为行。"[①]可见邹衍还著有《五德终始》一书,其书虽佚,但其基本原理当时还是明了的。《文选·魏都赋》注引《七略》云:"邹子有《终始五德》,从所不胜。土德后木德继之,金德次之,火德次之,水德次之。"[②]这里说的土木金火水是按五行相胜原理规定的次序。邹衍的这种思想在当时影响很大,在《吕氏春秋》中也留下了许多印迹,《应同篇》对黄帝、夏禹、商汤、周文王所配"德"做了具体的记述,其文曰:

> 凡帝王之兴,天必见祥乎下民。黄帝之时,天先见大蚓大蝼。黄帝曰:"土气胜!"土气胜,故其色上黄,其事则土。及禹之时,天先见草木秋冬不杀。禹曰:"木气胜!"木气胜,故其色上青,其事则木。及汤之时,天先见金,刃生于水。汤曰:"金气胜!"金气胜,故其色上白,其事则金。及文王之时,天先见火,赤乌衔丹书集于周社。文王曰:"火气胜!"火气胜,故其色上赤,其事则火。[③]

既然周为火德,那么秦就应该是水德了。《史记·封禅书》云:

---

① 《史记》卷二十八《封禅书》,第 1368—1369 页。
② 《文选·魏都赋》,上海:上海古籍出版社,1986 年,第 287 页。
③ 陈奇猷:《吕氏春秋校释》,上海:学林出版社,1984 年,第 677 页。

秦始皇既并天下而帝，或曰："黄帝得土德，黄龙地螾见。夏得木德，青龙止于郊，草木畅茂。殷得金德，银自山溢。周得火德，有赤乌之符。今秦变周，水德之时。昔秦文公出猎，获黑龙，此其水德之瑞。"于是秦更命河曰"德水"，以冬十月为年首，色上黑，度以六为名，音上大吕，事统上法。

这段文字不仅说明了秦为水德，还说明配水德的秦典制礼仪中的具体规定，如"色上黑，度以六为名，音上大吕，事统上法"等等。不仅水德如此，其他的"德"也有相应的规定，如土德就要求色上黄，度以五为名等。我们这里重点看历法岁首建正的要求，按照五德终始说，木德的夏建寅，金德的殷建丑，火德的周建子，而秦为水德，正好以十月（亥）为岁首，由此一来，代嬴秦而立的刘汉王朝就应当是土德建戌了。在汉初针对这个问题发生过多次争论。《史记·历书》载："高祖曰'北畤待我而起'，亦自以为获水德之瑞。虽明习历及张苍等，咸以为然。是时天下初定，方纲纪大基，高后女主，皆未遑，故袭秦正朔服色。"[1]尽管从高祖到惠帝高后时期，刘汉王朝沿袭秦的水德，没有改正朔，但诚如我们在前文所说的那样，历法的朔小余还是有过调动的，这当然也是为了配合天命由秦转移到汉的。到了文帝时候就出现了第一次土德和水德的争论。贾谊是最先提出改"德"的人，《史记·贾生列传》云："贾生以为汉兴至孝文二十余年，天下和洽而固，当改正朔，易服色，法制度，定官名，兴礼乐。乃悉草具其事仪法，色上黄，数用五，为官名，悉更秦之法。"[2]但贾谊的这次改制并未得到实行。后来公孙臣再次提出改"德"。《史记·封禅书》载："鲁人公孙臣上书曰：'始秦得水德，今汉受之，推终始传，则汉当土德，土德之应黄龙见。宜改正朔，易服色，色上黄。"公孙臣的说法却受到张苍的反对，《史记·封禅书》载："是时丞相张苍好律历，以为汉乃水德之始，故河决金堤，其符也。年始冬十月，色外黑内赤，与德相应。如公孙臣言，非也。罢之。"[3]不过，公孙臣所预言的黄龙却终于"出现"了。《史记·张丞相列传》云："其后黄龙见成纪，于是文帝召公孙臣以为博士，草土德之历制度，更元年。张丞相由此自绌，谢病称老。"[4]

---

① 《史记》卷二十六《历书》，第1260页。
② 《史记》卷八十四《屈原贾生列传》，第2492页。
③ 《史记》卷二十八《封禅书》，第1381页。
④ 《史记》卷九十六《张丞相列传》，第2681—2682页

不幸的是,文帝这次改"德"的事情却因为主持改历的新垣平的阴谋作乱而取消。"是后,文帝怠于改正服鬼神之事"①。这次轰轰烈烈的改"德"改历活动就不了了之了。

武帝元封年间,改"德"改历再次提上议事日程,并且付诸了实施,这就是著名的太初改历。《汉书·武帝纪》云:

> 太初元年……夏五月,正历,以正月为岁首。色上黄,数用五,定官名,协音律。②

太初改历除过历法建寅与土德不符外,服色用数都与土德相应,对此又当作何解释?顾颉刚先生在《五德终始说下的政治和历史》一文中对这个问题做过深入的讨论。事实上在太初改德改历中,改德循"五德终始说",而改历循"三统论"。"三统论"最早出现在董仲舒《春秋繁露》中的《三代改制质文》,其文曰:

> 《春秋》曰:"王正月。"《传》曰:"王者孰谓?谓文王也。曷为先言王而后言正月?王正月也。"

> 何以谓之王正月?曰:王者必受命而后王,王者必改正朔,易服色,制礼乐,一统于天下,所以明易姓,非继人,通以己受之于天也。王者受命而王,制此月以应变,故作科以奉天地,故谓之王正月也。

> 王者改制作科奈何?曰:当十二色,历各法而正色,逆数三而复,绌三之前曰五帝,帝迭首一色,顺数五而相复,礼乐各以其法象其宜,顺数四而相复,咸作国号,迁宫邑,易官名,制礼作乐。

> 故汤受命而王,应天变夏作殷号,时正白统,亲夏故虞,绌唐谓之帝尧,以神农为赤帝,作宫邑于下洛之阳,名相官曰尹,作《濩乐》,制质礼以奉天。

> 文王受命而王,应天变殷作周号,时正赤统,亲殷故夏,绌虞谓之帝舜,以轩辕为黄帝,推神农以为九皇,作宫邑于丰,名相官曰宰,作《武乐》,制文礼以奉天。……③

> 故《春秋》应天作新王之事,时正黑统,王鲁,尚黑,绌夏,亲周,故

① 《汉书》卷二十五上,第1214页。
② 《汉书》卷六,第199页。
③ 董仲舒著,苏舆注:《春秋繁露义证》,北京,中华书局,1992年,第184—187页。

宋,乐宜亲《招武》,故以虞录亲,乐制宜商,合伯子男为一等。

　　然则其略说奈何? 曰:三正以黑统初……曰:正白统者……曰:正
赤统者……①

　　四法修于所故,祖于先帝,故四法如四时然,终而复始,穷则反
本……故天将授舜,主天法商而王……天将授禹,主地法夏而王……
天将授汤,主天法质而王……天将授文王,主地法文而王……②

　　顾颉刚对董仲舒三统论的基本原理做过很好的概括,他说:"我们在明
了五德终始说之后再来看这种学说(指三统论),不消说得,这是从五德说
蜕化出来的。五德说终而复始,它也终而复始,此其一。五德说以颜色分,
它也以颜色分,此其二。五德说以五德做礼乐制度的标准,它也以三统四
法作礼乐制度的标准,此其三。不过五德说但以五数循环,而它则以三与
四为小循环,十二为大循环。可见它起得较后,故能把简单的五德说改头
换面,变成了复杂的三统说。"③他还列出了一份比较表,来对五德说与三
统论加以比较。

表 34　顾颉刚所排五德三统运行表

代次	夏前一代	夏	商	周	周后一代	周后二代
五德说	土德 尚黄	木德 尚青	金德 尚白	火德 尚赤	水德 尚黑	土德 尚黄
三统说	赤统 法商	黑统 法夏	白统 法质	赤统 法文	黑统 法商	白统 法夏

　　资料来源:顾颉刚《五德终始说下的政治和历史》,《古史辨自序》,石家庄:河北教
育出版社,2003 年,第 373 页。对原表列行做了交换,原表有附记一栏,今略去。

　　从表中能很明了地看出,汉武帝的改德是按五德说来安排的,而改历
则是按三统论来安排,因为按三统论的说法,周后二代当法夏,所以武帝的
改历就行夏正,即以正月为岁首了。

　　通过讨论,我们可以得出这样的认识,汉初高祖、文帝和武帝的三次历
法改革都有着明显的天命论色彩,其目的是为其统治寻找合乎天意的依
据。由此影响了历法改革的科学性诉求,但是通过对历改前后历法实际后

---

　　①　董仲舒著,苏舆注:《春秋繁露义证》,北京,中华书局,1992 年,第 187—194 页。
　　②　同上书,第 212 页。
　　③　顾颉刚:《五德终始说下的政治和历史》,《古史辨自序》,石家庄:河北教育出版社,2003
年,第 372—373 页。

天数据分析发现,历改初期的后天数值正好处于低谷,从而暂时掩盖了"朔晦月见"的后天事实。不过,从算理上讲,这种掩盖持续的时间不会超过十几个朔望月,因此历改后的一两年内出现明显的"朔晦月见"不仅是可能的,而且确实也得到了相关史籍的印证。

具有明显数理推演特征的天命理论在武帝前是五德终始说,而武帝时期随着董氏之学的昌盛,三统论得到最高统治者的重视。高祖和文帝时期的两次历法改革并未触及岁首建正,其原因在于当时人对汉为土德或水德争持不下,在文帝时期虽然因为出现了"黄龙现成纪"的祥瑞,[①]而最终确定了汉为土德,但由于主持历改的新垣平诈谋事发而再次作罢。虽然历法的建正没有改变,但从出土历简及史书中实朔干支很容易考得两次历改时朔小余的变动值,通过朔小余的调整,高祖五年(前202年)正月后的历法对应的历元就在公元前240年的十月朔无余,这与刘邦十月至霸上从而在十月受天命的事迹可以对应。而文帝后元元年(前163年)的新改历法的历元恰好就在公元前206年十一月朔无余,这一年是高祖元年(前206年),十一月为冬至月,古人常将此月看做一年的起始,其天命色彩是毋庸多言的。或许由于这两次历改并未变动岁首建正,史书甚至没有明确的载述,而武帝时期的太初改历则被大书特书,其主要原因就是这次历改不仅朔策岁实等历法数据发生了改变,而且改动了岁首建正。需要说明的是,岁首的改动并非依据五德终始说的理论,而是依据了三统论的次序。

四　历注

古代的历书除给出年份、各月大小和历日干支外,还附带一些有关农事节令,用事宜忌,各日吉凶等种种供占卜选择用的注释内容,这些项目都属于历注。秦时期历谱中是否存在历注不得而知。汉初的历谱有着较为简单的历注,与宋以后相比内容要少很多,以《元光元年历谱》为例,其历注大致只有部分节气、伏腊等杂节气和反支等日忌性历注。而西汉后期的一些历谱中的历注就已经有了八节、伏腊、建除、反支、血忌、八魁等。时代愈

---

① 这次祥瑞的真实性当然无从查考,但由此可以说明文帝是倾向于土德的,事实上秦汉时的许多祥瑞的认定大都取决于最高统治者的好恶。

晚,历注就愈繁,以宋代的《宋宝裕四年丙辰岁会天万年具注历》为例,①首页题"大宋宝裕四年丙辰岁会天万年具注历",后列太岁、支干纳音、总计一岁日数、岁德方位、岁德合、取土修造、大将军、太阴、岁刑、岁破、杀岁、黄幡、豹尾、年九宫和各月大小等。次页题依会天历推算历书者官职姓名,列二十四中节气时刻。以后即逐月分列,每月之前,前题月之大小、九宫、月建、小注六行纪本月中节时刻,天道宜向、修造方位、天德、月厌、月杀、月德、月合、取土修造用时。闰月单列,月神则同前月。而后每月按日排列,每日一行,每行由上至下分为七栏。第一栏为逐日日序干支、纳音、建除、廿八宿,旁注帝后大忌及长短星。第二栏为二十四节气,四正卦爻、弦望没灭、社、伏、腊,沐浴、除手足甲、上朔。第三栏为七十二侯,公、辟、侯、大夫、卿(五等用卦),土王用事。第四栏为吉凶神煞、大会小会、用事宜忌。第五栏为昼夜及日出入时刻。第六栏为人神所在,旁注血忌、血支。第七栏为日游神所在。

　　历注内容按性质不同可以分为两类:一类与农业生产活动相关,是为了反映物候的变化,地球的真实运动和太阳的视位置而创设的,用于补充历法之不足,如伏、社、梅、腊等;另一类则属于阴阳选择术,从本质上讲属于迷信的范畴,如建除、丛辰等,它们只是依附于"历",并不具有"历象日月"的功能,从这个意义上讲,这部分中的一些类目与秦汉时盛行的《日书》有异曲同工之用,只不过《日书》是反复使用的通书,而选择类历注是随历而注,每岁一变。

　　我们以《元光元年历谱》为例来介绍汉初历书中的历注条目。

元光元年历谱

　　十月大己丑　庚寅　辛卯　壬辰　癸巳　甲午反　乙未　丙申丁酉　戊戌　己亥　庚子反　辛丑　壬寅　癸卯　甲辰　乙巳　丙午反　未丁　戊申　己酉　庚戌　辛亥　壬子反　癸丑　甲寅　乙卯　丙辰　丁巳　戊午反

　　十一月小己未　庚申　辛酉反　壬戌　癸亥　甲子　乙丑　丙

---

　　① 原历书见于薄树人主编:《中国科学技术典籍通汇·天文卷》(第一分册),郑州:河南教育出版社,1997年。今经核对后,按张培瑜先生《历注简论》一文转述。本部分主要参考了张文,原文刊于《南京大学学报》(自然科学版)1984年第1期。

寅　丁卯反　戊辰　己巳　庚午　辛未　壬申　癸酉反　甲戌　乙
亥　丙子　丁丑　戊寅　己卯反　庚辰　辛巳　壬午　癸未　甲申
乙酉反　丙戌冬日至　丁亥

　　十二月大戊子　己丑　庚寅　辛卯　壬辰　癸巳反　甲午　乙
未　丙申　丁酉　戊戌腊　己亥　庚子　辛丑　壬寅　癸卯　甲辰
乙巳反　丙午　未丁　戊申　己酉　庚戌　辛亥土□反　壬子　癸
丑　甲寅　乙卯　丙辰　丁巳反

　　正月大戊午　己未　庚申反　辛酉　壬戌　癸亥　甲子　乙丑
丙寅反　丁卯　戊辰　己巳　庚午　辛未　壬申反立春　癸酉　甲
戌　乙亥　丙子　丁丑　戊寅反　己卯　庚辰　辛巳　壬午　癸未
甲申反　乙酉　丙戌　丁亥

　　二月小戊子　己丑　庚寅　辛卯　壬辰　癸巳反　甲午　乙未
丙申　丁酉　戊戌　己亥　庚子　辛丑　壬寅　癸卯　甲辰　乙巳
反　丙午　未丁　戊申　己酉　庚戌　辛亥反　壬子　癸丑　甲寅
乙卯　丙辰

　　三月大丁巳　戊午　己未　庚申反　辛酉　壬戌　癸亥　甲子
乙丑　丙寅反　丁卯　戊辰　己巳　庚午　辛未　壬申反　癸酉
甲戌　乙亥　丙子　丁丑　戊寅反　己卯　庚辰　辛巳　壬午　癸
未　甲申反　乙酉　丙戌

　　四月小丁亥反　戊子　己丑　庚寅　辛卯　壬辰　癸巳反　甲
午　乙未　丙申　丁酉　戊戌　己亥反　庚子　辛丑　壬寅　癸
卯　甲辰　乙巳反　丙午　未丁　戊申　己酉　庚戌　辛亥反　壬
子　癸丑　甲寅　乙卯

　　五月大丙辰　丁巳　戊午　己未反　庚申　辛酉　壬戌　癸亥
甲子　乙丑反　丙寅　丁卯　戊辰　己巳　庚午　辛未反　壬申
癸酉　甲戌　乙亥　丙子　丁丑反　戊寅　己卯　庚辰　辛巳　壬
午　癸未反　甲申　乙酉

　　六月小丙戌反　丁亥　戊子反夏至　己丑　庚寅　辛卯　壬辰
反　癸巳　甲午　乙未　丙申　丁酉　戊戌反　己亥　庚子初伏
辛丑　壬寅　癸卯　甲辰反　乙巳　丙午　未丁　戊申　己酉　庚
戌反中伏　辛亥　壬子　癸丑　甲寅

　　七月大乙卯　丙辰　丁巳　戊午　己未反　庚申　辛酉　壬戌
癸亥　甲子　乙丑反　丙寅　丁卯　戊辰　己巳　庚午　辛未反
壬申　癸酉　甲戌立秋　乙亥　丙子　丁丑反　戊寅　己卯　庚辰
后伏　辛巳　壬午　癸未反　甲申

　　八月小乙酉　丙戌反　丁亥　戊子　己丑　庚寅　辛卯　壬辰
癸巳　甲午　乙未　丙申　丁酉　戊戌反　己亥　庚子　辛丑　壬
寅　癸卯　甲辰反　乙巳　丙午　未丁　戊申　己酉　庚戌反　辛
亥　壬子　癸丑

　　九月大甲寅　乙卯　丙辰　丁巳　戊午反　己未　庚申　辛酉
壬戌　癸亥　甲子子　乙丑　丙寅　丁卯　戊辰　己巳　庚午反
辛未　壬申　癸酉　甲戌　乙亥　丙子子　丁丑　戊寅　己卯　庚
辰　辛巳　壬午反　癸未

　　后九月小甲申　乙酉反　丙戌　丁亥　戊子　己丑　庚寅　辛
卯　壬辰　癸巳　甲午　乙未　丙申　丁酉反　戊戌　己亥　庚子
辛丑　壬寅　癸卯反　甲辰　乙巳　丙午　未丁　戊申　己酉反
庚戌　辛亥　壬子

　　节气。《元光元年历谱》属于节气类的有"十一月丙戌冬日至"、"正月
壬申反立春"、"六月戊子反夏至"、"七月甲戌立秋"四条,冬至和夏至是太
阳位置的转折点,是从天文学的角度来划分的,立春和立秋是春季和秋季
的开始。

　　除过节气之外,还有一些"杂节气",见于元光元年历谱的杂节气有伏
和腊。

　　先说"伏"。伏分初伏、中伏和末伏(也叫"后伏"),是一个重要的杂节
气,最早见于《史记》,据《秦本纪》,德公二年就有初伏的记载,①可见当时
不仅有"伏",也可能有了与后世一样的初、中、末(后)的三分法。

　　关于"伏",《太平御览·时序部》云:"四时代谢,皆以相生。立春以木
代水,水生木也;立夏以火代木,木生火也;立冬以水代金,金生水也。至于
立秋以金代火,金畏火克,故至庚日则必伏藏。庚者,金也,金气伏藏则火
益炽。三,阳数也,故夏至后第三庚为初伏,第四庚为中伏,立秋后初庚为

────────────────

① 《史记·秦本纪》载:"德公二年初伏。"

末伏,谓之三伏。如夏至日得庚便为初庚,立秋日得庚亦即末伏也。"又引《阴阳书》曰:"夏至后第三庚为初伏,第四庚为中伏,立秋后初庚为后伏,谓之三伏。"又《历忌释》曰:"伏者何? 金气伏藏之名。四时代谢,皆以相生。而春木代水,水生木也。夏火代木,木生火也。冬水代金,金生水也。至秋,则以金代火,金畏于火,故至庚日必伏。庚者,金日也。"与之略同。

今按,《元光元年历谱》中的夏至在六月戊子,初伏在六月庚子,即夏至后第二个庚日。中伏在庚戌,属夏至后第三个庚日。后(末)伏在立秋后第一个庚日,立秋在七月甲戌。

在唐以前三伏并无统一规定,初伏有在夏至后第二、第三甚至第四个庚日的,相应的,中伏也随之后移一庚,后(末)伏又设在立秋后第一、第二、第三庚不等。唐以后都依《阴阳书》的规定,将夏至后第三庚设为初伏,第四庚设为中伏,立秋后第一个庚日设为后(末)伏。就北半球的地理为之而言,夏至时尽管天顶距最小,日照也最强,但地面整体处于升温过程,地面热量聚大于散,气温未达最高,经过一段时间后才能达到最高,因此"伏"天常常是一年最热的时段。

腊。腊在古代是一个重要的节日,《左传·僖公五年》云:"虞不腊矣。"杜预作注谓:"腊,岁终祭众神之名腊祭,乃周制,秦人受之。"春秋时期的腊祭是很盛大的祭仪,《礼记·郊特牲》:"伊耆氏为蜡。蜡也者,索也。岁十二月,合聚万物而索飨之也。"《礼记·杂记下》云:"子贡观于蜡,孔子曰:'赐也,乐乎?'对曰:'一国之人皆若狂,赐未知其乐也。'子曰:'百日之蜡,一日之泽,非尔所知也。"秦人初腊在公元前 326 年,按《史记·秦本纪》载"惠文君十二年初腊",又《史记·秦始皇本纪》云:"三十一年十二月,更名腊曰嘉平。"这一点也得到了出土历简的证明,周家台 30 号秦墓竹简始皇三十四年历谱载"正月丁卯,嘉平视事",同墓所出秦二世元年历谱载"以十二月戊戌嘉平"。不过,称"腊"为"嘉平"并非秦人的首创,《广雅》释"腊"云:"夏曰清祀,殷曰嘉平,周曰大蜡,亦曰腊,秦更名为嘉平。"这也见于《风俗通义》。关于腊的时间,《玉烛宝典》卷十二云:"腊者祭先祖,蜡者报百神,同日异祭也。……汉以戌为腊,魏以辰,晋以丑。"汉代以戌日为腊日还见于其他文献,《风俗通义》卷八:"太史丞邓平说:腊者所以迎刑送德也,大寒至,常恐阴胜,故以戌日腊。戌者土气也。"今《元光元年历谱》腊在十二月戊戌,也是一证,历谱所记冬至在十一月二十八日丙戌,则腊为冬至后的第二个戌日。

　　除过上面的这些节气或杂节气性质的历注外,还有一些历忌性历注,这类历注具有选择术的特征,是说明当日吉凶宜忌的。但汉初这一类历注还很不发达,《元光元年历谱》中仅有反支是属于此类。《后汉书·王符传》曰"公车以反支日不受奏",李贤在注中讲道:"凡反支日用月朔为正。戌、亥朔一日反支,申、酉朔二日反支,午、未朔三日反支,辰、巳朔四日反支,寅、卯朔五日反支,子、丑朔六日反支。见《阴阳书》也。"今根据《元光元年历谱》历谱来看,其关系如表 35:

表 35　元光元年历谱反支表

朔日地支	戌、亥	申、酉	午、未	辰、巳	寅、卯	子、丑
反支所在日	一	二	三	四	五	六
	七	八	九	十	十一	十二
	十三	十四	十五	十六	十七	十八
	十九	廿	廿一	廿二	廿三	廿四
	廿五	廿六	廿七	廿八	廿九	三十

　　反支与推算"离日"有很大关系。睡虎地秦墓竹简《日书》甲种有《艮山图》。

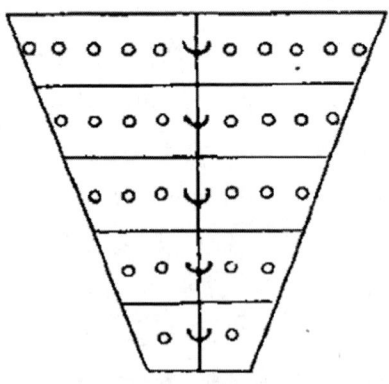

图四　《艮山图》(睡虎地秦墓竹简)

　　下附文字云:"此所胃(谓)艮山,禹之离日也。从上右方数朔之初日及枳(支)各一日,数之而复从上数。□与枳(支)刺(夹)艮山之胃(谓)离日,离日不可以家(嫁)女、取(娶)妇及入人民畜生,唯利以分异。离日不可以行,行不反(返)。"①离日相传是夏禹离家外出之日,这种日子利于分而不利于合。李学勤先生认为"艮山"取于《易·说卦》"艮为山"之说,图中的"反支",是以右上角的圆圈为朔日,按竖读的顺序,从右向左读。"离日"当指紧挨中线两侧,与"反支"轴对称的日子。李学勤以《元光元年历谱》十月为例做了图解如下。②

戊	丙	癸	己	甲	己	乙	壬	庚	己
午	辰	丑	酉	辰	亥	未	辰	寅	丑
		甲	庚	乙	庚	丙	癸	辛	
		巳	寅	戌	子	申	巳	卯	
		乙	辛	丙	辛	丁	甲		
		卯	亥	午	丑	酉	午		
			壬	丁	壬	戊			
			子	未	寅	戌			
				戊	癸				
				申	卯				

图五　推"离日"法示意图

上图中黑体字标出的日子为反支日,按李先生的解释,与紧贴中轴线的反支日对轴称的日子就是离日,图中用楷体标出。

历忌性历注比较重要的还有建除丛辰等,但太初以前的历谱中未见,这里就不讨论了。

如果不是书写时出现衍文,在《元光元年历谱》的历注中可能还有"甲子子"、"丙子子"等,不甚明了。另外十二月有"辛亥土□反","反"指反支,与本月上一个反支日乙巳相差六日,惟"土□"不明,或许就是"土王","土王"是用五行注历的一种杂节气,因为一年有四季,五行中的木、火、金、水分别主春、夏、秋、冬,但各管七十二天,从第七十三天到九十天就由土主之,称为"土王",四季土王之日总和也是七十二天。今《元光元年历谱》冬

---

① 睡虎地秦墓竹简整理小组:《睡虎地秦墓竹简》,北京:文物出版社,1990年,第190页。

② 李学勤:《睡虎地秦简中的〈艮山图〉》,《文物天地》1991年第4期。

至日丙戌,小余为11(分母为32),^①由此向前回推45天,可得到当年立冬干支为庚子,由庚子(含庚子)前推72天则为辛亥,由此我们推测这里的"土□"应该就是"土王"的意思。

　　总之,仅从《元光元年历谱》来看,当时的历注已经有繁琐化的趋势,诚如司马迁所言:"尝窃观阴阳之术,大详而众忌讳,使人拘而多畏。"^②

---

　　① 　张培瑜:《新出土秦汉简牍中关于太初前历法的研究》,中国社会科学院考古研究所编《中国古代天文文物论集》,北京:文物出版社,1989年,第71页。

　　② 　《史记》卷一三零《太史公自序》,第3290页。

附录一　文中所引主要竹简（牍）简影

一　岳麓书院藏秦简相关部分简影

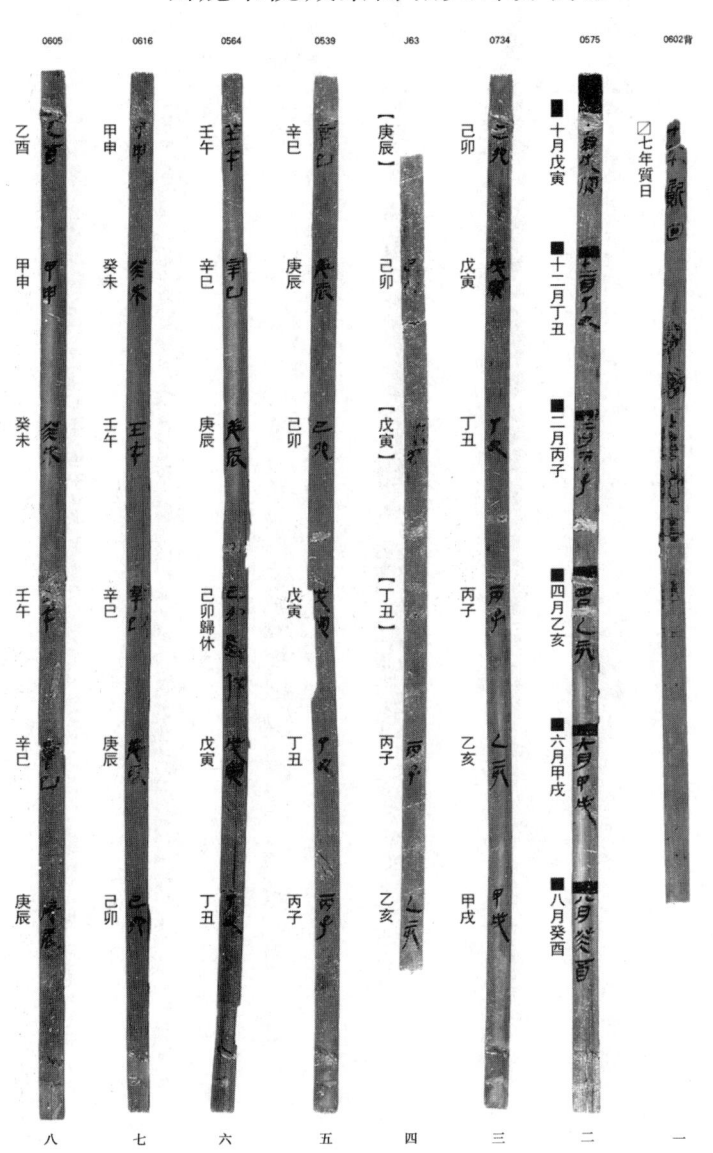

0605	0616	0564	0539	J63	0734	0575	0602背
乙酉	甲申	壬午	辛巳	【庚辰】	己卯	■十月戊寅	▢七年质日
甲申	癸未	辛巳	庚辰	己卯	戊寅	■十二月丁丑	
癸未	壬午	庚辰	己卯	【戊寅】	丁丑	■二月丙子	
壬午	辛巳	己卯归休	戊寅	【丁丑】	丙子	■四月乙亥	
辛巳	庚辰	戊寅	丁丑		乙亥	■六月甲戌	
庚辰	己卯	丁丑	丙子		甲戌	■八月癸酉	
八	七	六	五	四	三	二	一

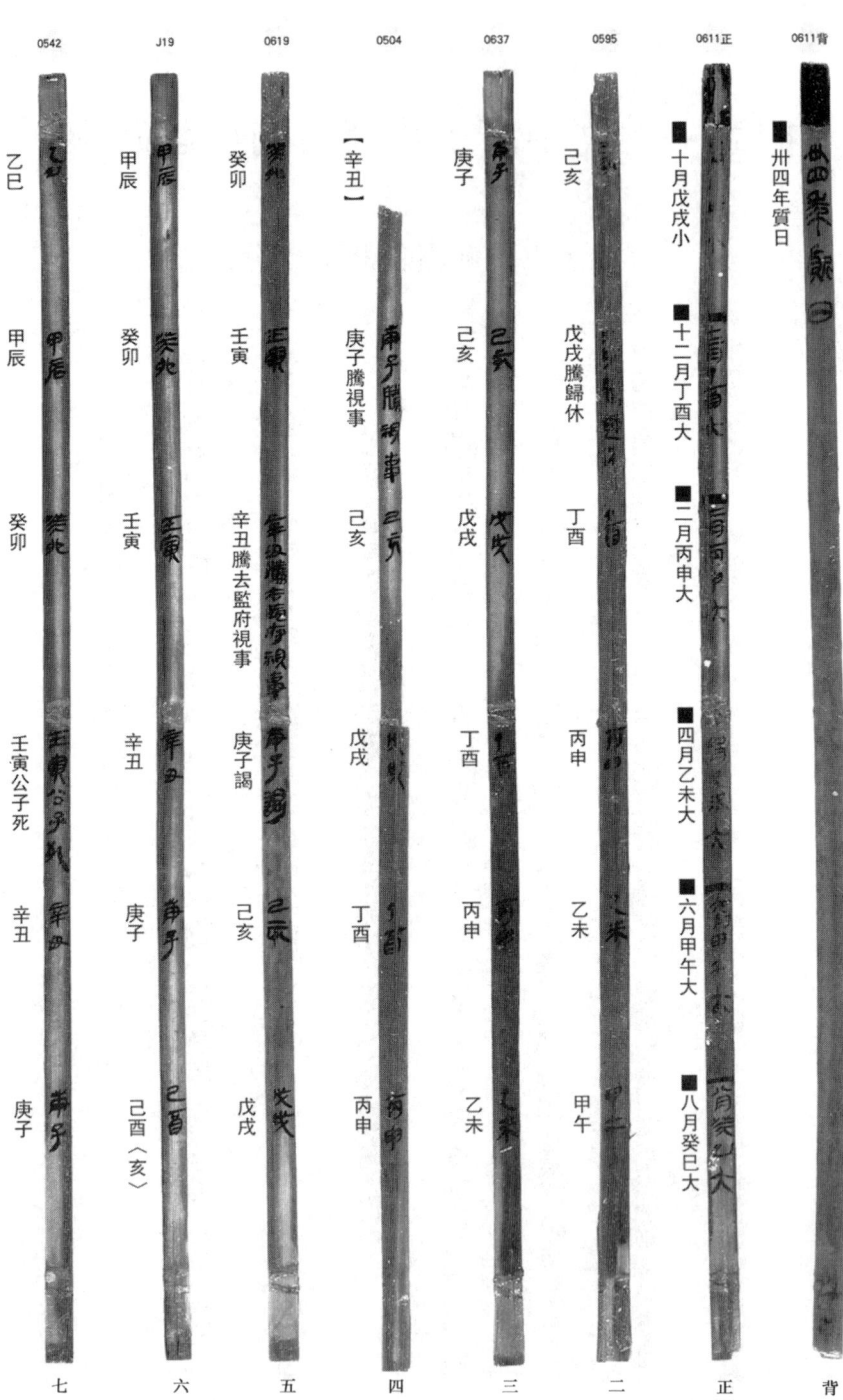

七	六	五	四	三	二	正一	背一
0542	J19	0619	0504	0637	0595	0611正	0611背
乙巳	甲辰	癸卯	【辛丑】	庚子	己亥	■十月戊戌小	■卅四年質日
甲辰	癸卯	壬寅	庚子騰視事	己亥	戊戌騰歸休	■十二月丁酉大	
癸卯	壬寅	辛丑騰去監府視事	己亥	戊戌	丁酉	■二月丙申大	
壬寅公子死	辛丑	庚子謁	戊戌	丁酉	丙申	■四月乙未大	
辛丑	庚子	己亥	丁酉	丁酉	乙未	■六月甲午大	
庚子	己酉〈亥〉	戊戌	丙申	丙申	甲午	■八月癸巳大	

0192	0111	0071	0006	2177+1117	0052	0092正	0092背
【庚午	【己巳	丁卯	甲子	癸亥	【壬戌】	■十月小	■卅五年私質日
己巳	戊辰	丙寅	癸亥	壬戌	辛酉	■十二月小嘉平	
戊辰】	丁卯】	乙丑	壬戌	辛酉	庚申	■二月大	
丁卯宿杏乡	丙寅宿临沃邮	甲子宿鄧	辛酉宿箬乡	庚申宿销	己未宿當陽	■四月大	
丙寅	乙丑	癸亥	庚申	己未	戊午	■六月大	
乙丑	甲子	壬戌	己未	戊午	丁巳	■八月大	
七	六	五	四	三	二	正一	背一

二　关沮周家台秦简相关部分简影

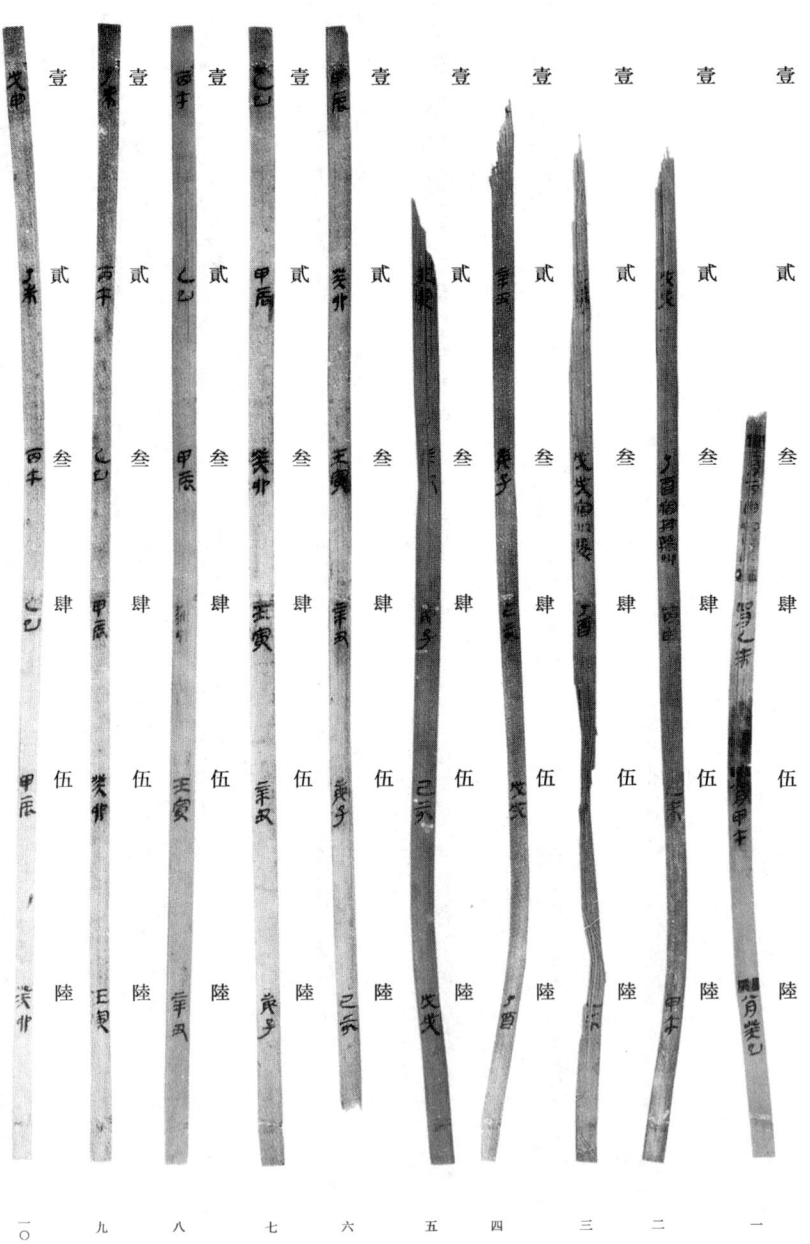

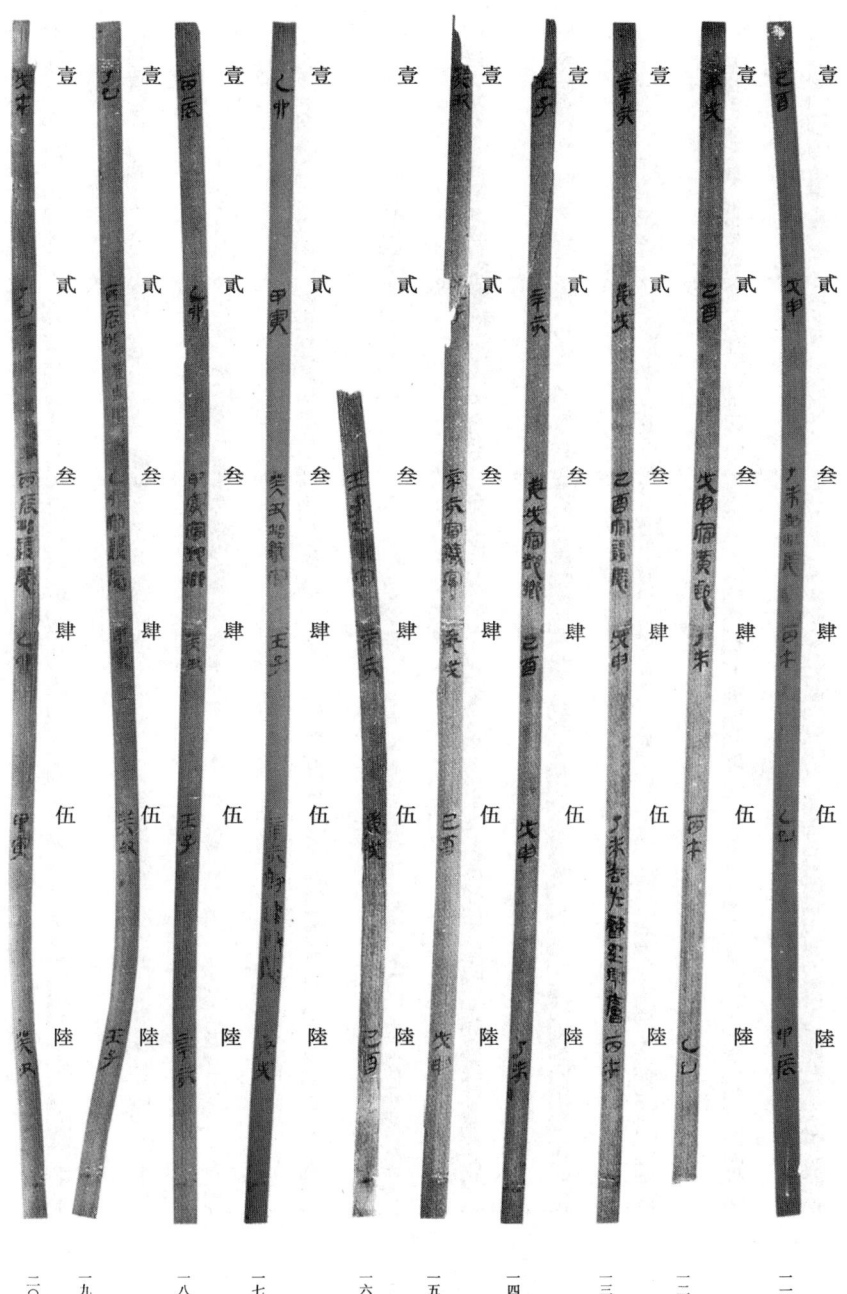

壹　贰　叁　肆　伍　陆

三〇　二九　二八　二七　二六　二五　二四　二三　二二　二一

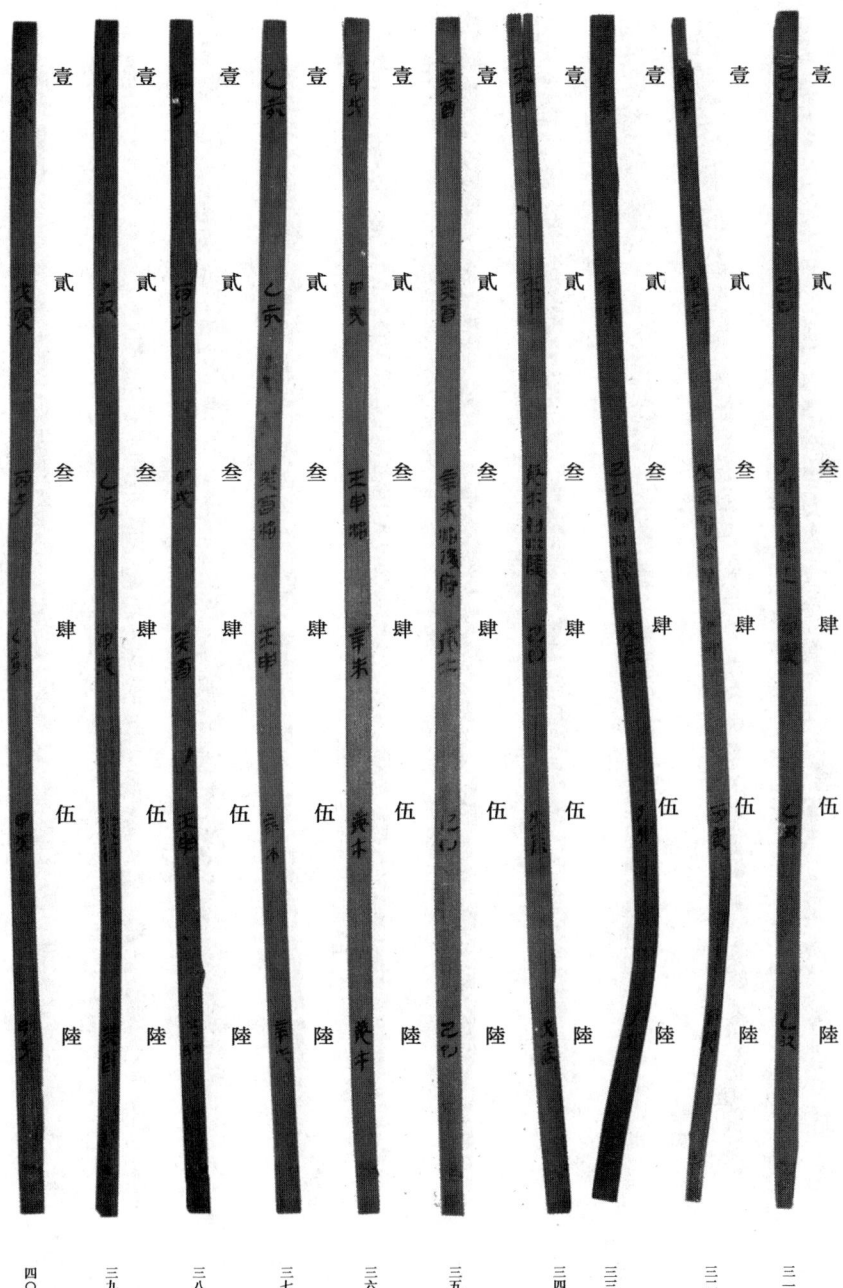

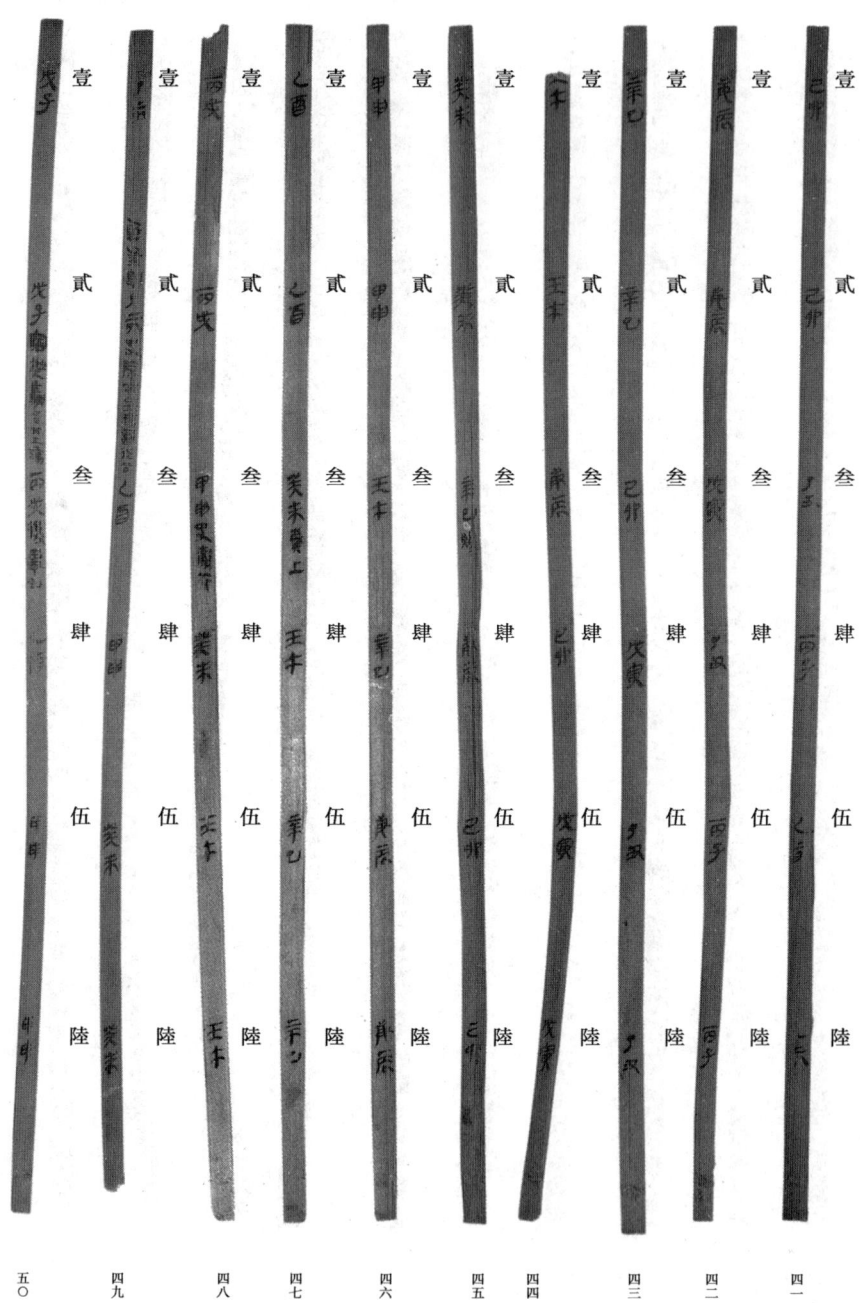

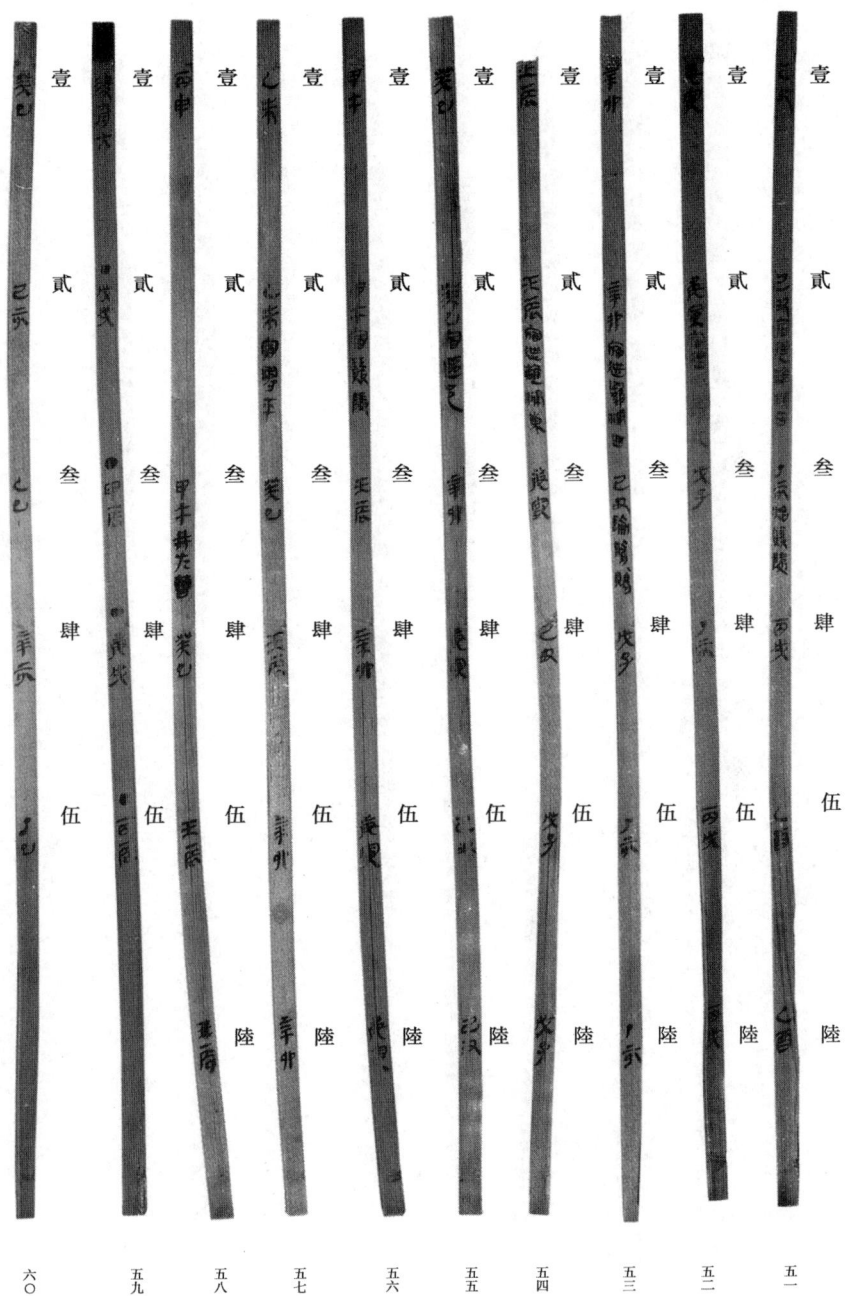

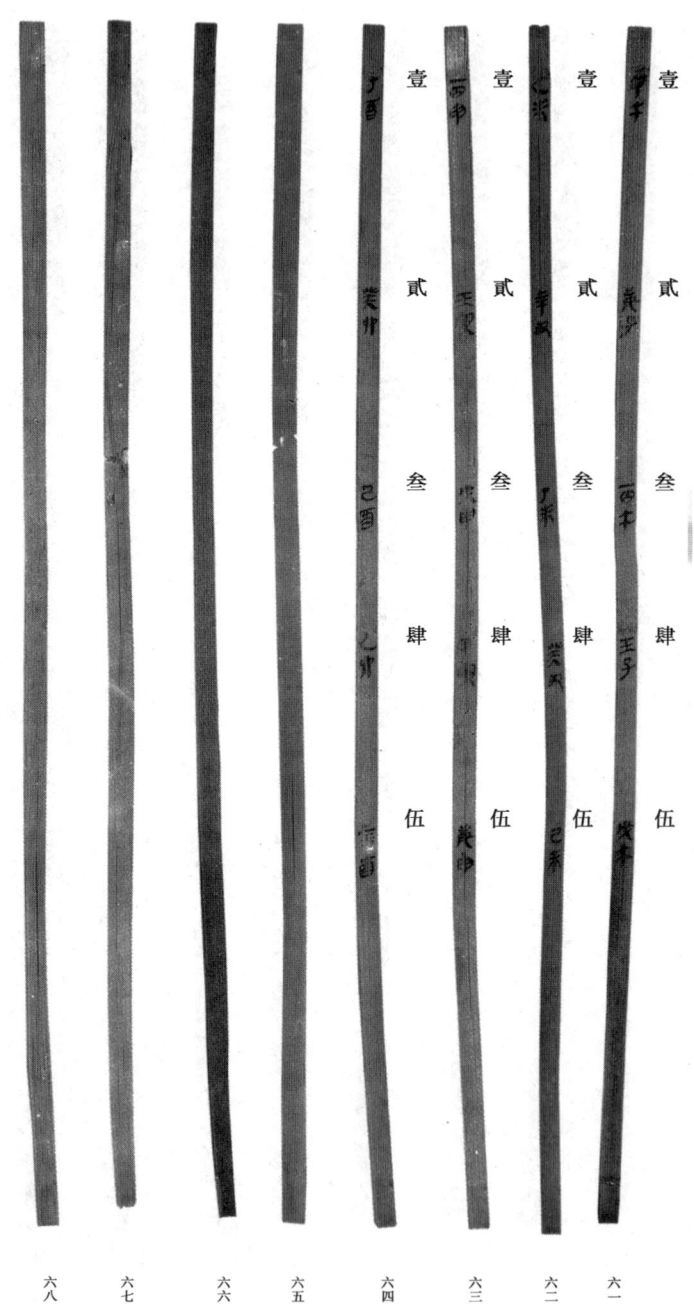

壹　　貳　　叁　　肆　　伍

六八　六七　六六　六五　六四　六三　六二　六一

七八　　七七　　七六　　七五　　七四　　七三　　七二　　七一　　七〇　　六九

八七　　八六　　八五　　八四　　八三　　八二　　八一　　八〇正　　八〇背　　七九

九七　九六　九五　九四　九三　九二　九一　九〇　八九　八八

一七　一六　一五　一四　一三　一二　一一　一〇　〇九　〇八

一三〇　　一二九　　一二八

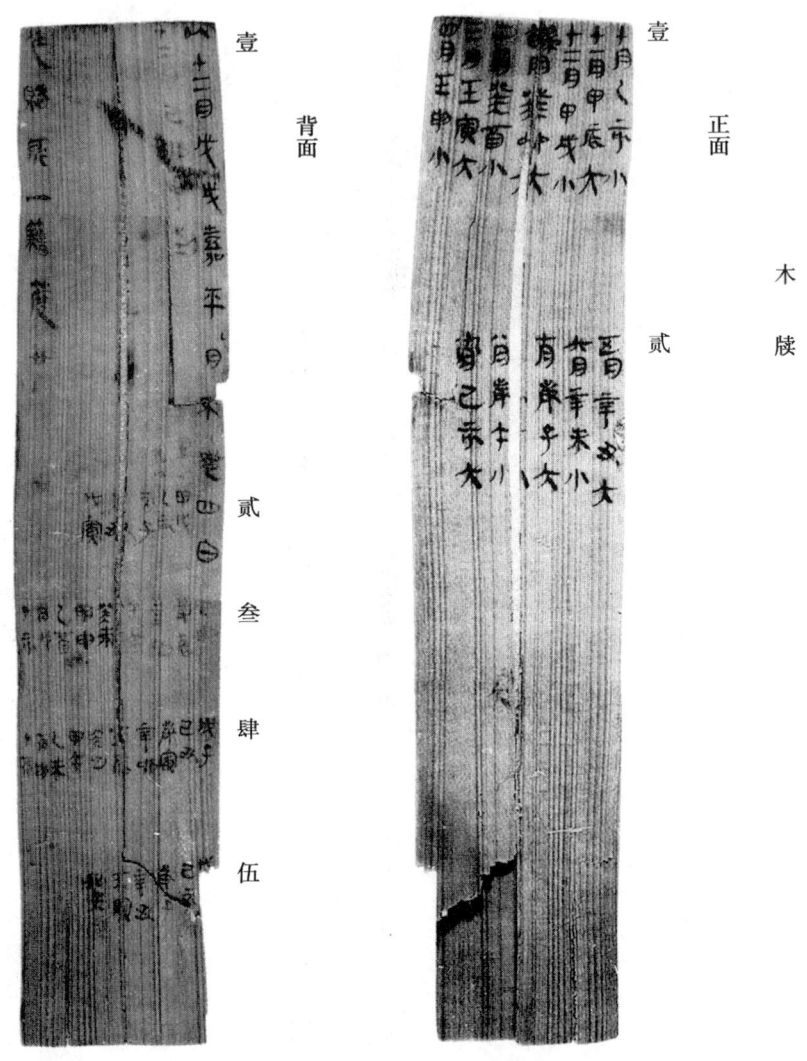

木牍

三　张家山汉简相关部分简影

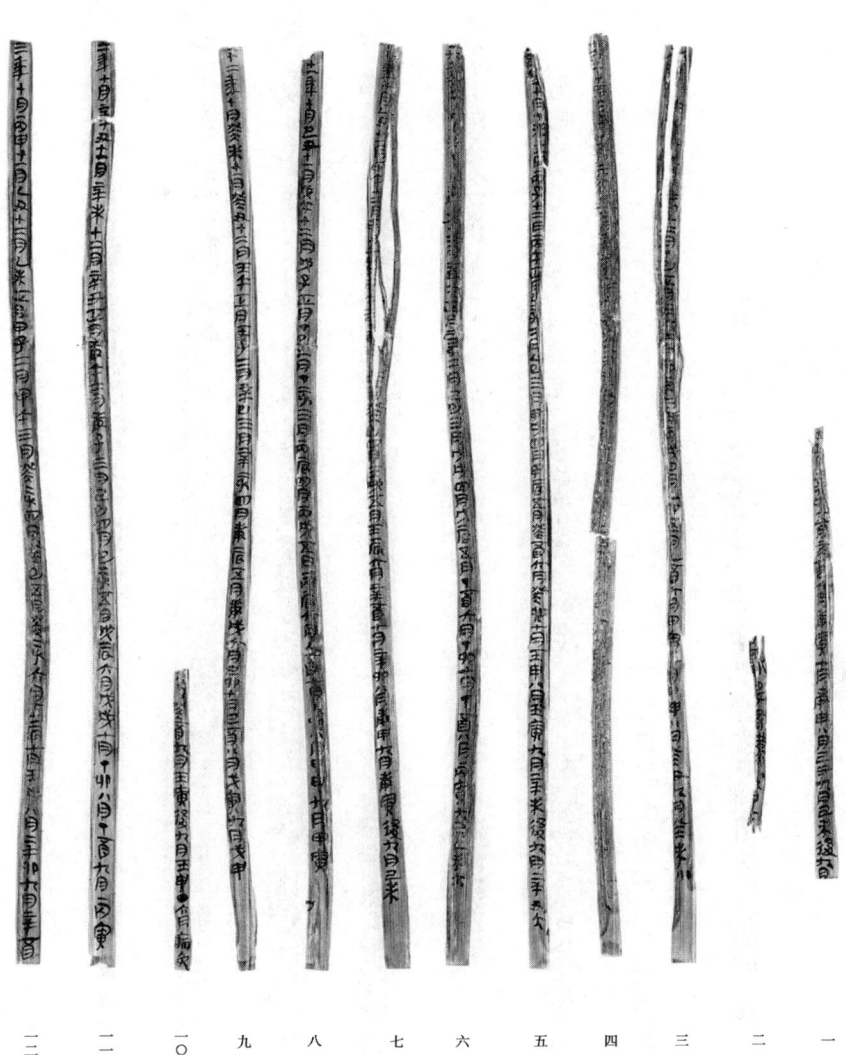

三　二　〇　九　八　七　六　五　四　三　二　一

附录二　秦至汉初
(公元前 246—前 104 年)朔闰表

说明:1、"相当时分"栏是根据朔小余换算得到的历法合朔时刻。

2、"实际合朔日时分"数据来源于张培瑜《三千五百年历日天象》之《合朔满月表》(郑州:大象出版社,1997 年)。

3、考虑到古历通行全国,后天数值未按西安经度修正。

秦王政元年

月序	朔干支	公历	朔小余	相当时分	实际合朔日时分	后天数值
十月	己酉	前 247 年 11 月 6 日	818	20:53	戊申 13:04	31h49m
十一月	己卯	12 月 6 日	377	09:38	戊寅 01:60	31h38m
十二月	戊申	前 246 年 1 月 4 日	876	22:22	丁未 16:39	29h43m
正月	戊寅	2 月 3 日	435	11:06	丁丑 08:56	26h10m
二月	丁未	3 月 4 日	934	23:21	丁未 02:09	21h12m
三月	丁丑	3 月 3 日	493	12:35	丙子 19:05	17h30m
四月	丁未	5 月 3 日	52	01:20	丙午 10:34	14h46m
五月	丙子	6 月 1 日	551	14:04	丙子 00:03	14h01m
六月	丙午	7 月 1 日	110	02:49	乙巳 11:42	15h07m
七月	乙亥	7 月 30 日	609	15:33	甲戌 22:09	17h24m
八月	乙巳	8 月 29 日	168	04:17	甲辰 08:03	20h14m
九月	甲戌	9 月 27 日	667	17:02	癸酉 17:53	23h09m
后九月	甲辰	10 月 27 日	226	05:46	癸卯 03:58	25h48m

秦王政二年

月序	朔干支	公历	朔小余	相当时分	实际合朔日时分	后天数值
十月	癸酉	前 246 年 11 月 25 日	725	18:31	壬申 14:36	27h55m
十一月	癸卯	12 月 25 日	284	07:15	壬寅 02:09	29h06m
十二月	壬申	前 245 年 1 月 23 日	783	19:59	辛未 14:56	29h03m
正月	壬寅	2 月 22 日	342	08:44	辛丑 05:00	27h44m
二月	辛未	3 月 22 日	841	21:28	庚午 19:59	25h29m
三月	辛丑	4 月 21 日	400	10:13	庚子 11:17	22h56m
四月	庚午	5 月 20 日	899	22:57	庚午 02:25	20h22m
五月	庚子	6 月 19 日	458	11:42	己亥 16:55	18h47m
六月	庚午	7 月 19 日	17	00:26	己巳 06:56	17h30m
七月	己亥	8 月 17 日	516	13:10	戊戌 20:04	17h06m
八月	己巳	9 月 16 日	75	01:55	戊辰 08:13	17h42m
九月	戊戌	10 月 15 日	574	14:39	丁酉 19:29	19h10m

秦王政三年

月序	朔干支	公历	朔小余	相当时分	实际合朔日时分	后天数值
十月	戊辰	前 245 年 11 月 14 日	133	03:24	丁卯 06:14	21h10m
十一月	丁酉	12 月 13 日	632	16:08	丙申 16:52	23h16m
十二月	丁卯	前 244 年 1 月 12 日	191	04:53	丙寅 03:43	25h10m
正月	丙申	2 月 10 日	690	17:37	乙未 14:52	26h45m
二月	丙寅	3 月 12 日	249	06:21	乙丑 02:23	27h58m
三月	乙未	4 月 10 日	748	19:06	甲午 14:27	28h39m
四月	乙丑	5 月 10 日	307	07:50	甲子 03:29	28h21m
五月	甲午	6 月 8 日	806	20:35	癸巳 17:46	26h49m
六月	甲子	7 月 8 日	365	09:19	癸亥 09:10	25h09m
七月	癸巳	8 月 6 日	864	22:04	癸巳 01:03	21h01m

续表

月序	朔干支	公历	朔小余	相当时分	实际合朔日时分	后天数值
八月	癸亥	9月5日	423	10:48	壬戌 16:31	18h17m
九月	壬辰	10月4日	922	23:32	壬辰 06:53	16h39m

秦王政四年

月序	朔干支	公历	朔小余	相当时分	实际合朔日时分	后天数值
十月	壬戌	前244年11月3日	481	12:17	辛酉 20:04	16h13m
十一月	壬辰	12月3日	40	01:01	辛卯 08:14	16h47m
十二月	辛酉	前243年1月1日	539	13:46	庚申 19:32	18h18m
正月	辛卯	1月31日	98	02:30	庚寅 05:55	20h35m
二月	庚申	3月1日	597	15:15	己未 15:28	23h47m
三月	庚寅	3月31日	156	03:59	己丑 00:37	27h22m
四月	己未	4月29日	655	16:43	戊午 10:14	30h29m
五月	己丑	5月29日	214	05:28	丁亥 21:15	32h13m
六月	戊午	6月27日	713	18:12	丁巳 10:22	31h50m
七月	戊子	7月27日	272	06:57	丁亥 01:25	29h32m
八月	丁巳	8月25日	771	19:41	丙辰 18:05	25h36m
九月	丁亥	9月24日	330	08:26	丙戌 11:16	21h10m
后九月	丙辰	10月23日	829	21:10	丙辰 04:05	17h05m

秦王政五年

月序	朔干支	公历	朔小余	相当时分	实际合朔日时分	后天数值
十月	丙戌	前243年11月22日	388	09:54	乙酉 19:49	14h05m
十一月	乙卯	12月21日	887	22:39	乙卯 09:54	12h45m
十二月	乙酉	前242年1月20日	446	11:23	甲申 21:55	13h28m

续表

月序	朔干支	公历	朔小余	相当时分	实际合朔日时分	后天数值
正月	乙卯	2月19日	5	00:08	甲寅 07:51	16h17m
二月	甲申	3月20日	504	12:52	癸未 16:10	20h42m
三月	甲寅	4月19日	63	01:37	壬子 23:46	25h51m
四月	癸未	5月18日	562	14:21	壬午 07:47	30h34m
五月	癸丑	6月17日	121	03:05	辛亥 17:12	33h53m
六月	壬午	7月16日	620	15:50	辛巳 04:44	35h06m
七月	壬子	8月15日	179	04:34	庚戌 18:43	33h51m
八月	辛巳	9月13日	678	17:19	庚辰 11:06	30h13m
九月	辛亥	10月13日	237	06:03	庚戌 05:20	24h43m

秦王政六年

月序	朔干支	公历	朔小余	相当时分	实际合朔日时分	后天数值
十月	庚辰	前242年11月11日	736	18:47	庚辰 00:17	18h30m
十一月	庚戌	12月11日	295	07:32	己酉 18:20	13h12m
十二月	己卯	前241年1月9日	794	20:16	己卯 10:01	10h15m
正月	己酉	2月8日	353	09:01	戊申 22:40	10h21m
二月	戊寅	3月8日	852	21:45	戊寅 08:34	13h11m
三月	戊申	4月7日	411	10:30	丁未 16:36	17h54m
四月	丁丑	5月6日	910	23:14	丙子 23:45	23h29m
五月	丁未	6月5日	469	11:58	丙午 06:58	29h00m
六月	丁丑	7月5日	28	00:43	乙亥 15:07	32h24m
七月	丙午	8月3日	527	13:27	乙巳 01:02	36h25m
八月	丙子	9月2日	86	02:12	甲戌 13:28	36h44m
九月	乙巳	10月1日	585	14:56	甲辰 05:03	33h53m

秦王政七年

月序	朔干支	公历	朔小余	相当时分	实际合朔日时分	后天数值
十月	乙亥	前241年10月31日	144	03:41	癸酉 23:34	28h07m
十一月	甲辰	11月29日	643	16:25	癸卯 19:35	20h50m
十二月	甲戌	12月29日	202	05:09	癸酉 14:56	14h13m
正月	癸卯	前240年1月27日	701	17:54	癸卯 07:47	10h07m
二月	癸酉	2月26日	260	06:38	壬申 21:29	09h09m
三月	壬寅	3月27日	759	19:23	壬寅 08:19	11h04m
四月	壬申	4月26日	318	08:07	辛未 17:00	15h07m
五月	辛丑	5月25日	817	20:52	辛丑 00:20	20h32m
六月	辛未	6月24日	376	09:36	庚午 07:08	26h28m
七月	庚子	7月23日	875	22:20	己亥 14:22	31h58m
八月	庚午	8月22日	434	11:05	戊辰 23:09	35h56m
九月	己亥	9月20日	933	23:49	戊戌 10:34	37h15m
后九月	己巳	10月20日	492	12:34	戊辰 01:16	35h18m

秦王政八年

月序	朔干支	公历	朔小余	相当时分	实际合朔日时分	后天数值
十月	己亥	前240年11月19日	51	01:18	丁酉 19:00	30h18m
十一月	戊辰	12月18日	550	14:43	丁卯 14:26	24h17m
十二月	戊戌	前239年1月17日	109	02:47	丁酉 09:42	17h05m
正月	丁卯	2月16日	608	15:31	丁卯 03:19	12h12m
二月	丁酉	3月17日	167	04:16	丙申 18:24	09h52m
三月	丙寅	4月15日	666	17:00	丙寅 06:40	10h20m
四月	丙申	5月15日	225	05:45	乙未 16:23	13h22m
五月	乙丑	6月13日	724	18:29	乙丑 00:13	18h16m
六月	乙未	7月13日	283	07:14	甲午 07:10	24h04m

续表

月序	朔干支	公历	朔小余	相当时分	实际合朔日时分	后天数值
七月	甲子	8月11日	782	19:58	癸亥 14:25	29h33m
八月	甲午	9月10日	341	08:42	壬辰 23:07	33h35m
九月	癸亥	10月9日	840	21:27	壬戌 10:11	35h16m

秦王政九年

月序	朔干支	公历	朔小余	相当时分	实际合朔日时分	后天数值
十月	癸巳	前239年11月7日	399	10:11	辛卯 23:42	34h29m
十一月	壬戌	12月7日	898	22:56	辛酉 15:32	31h24m
十二月	壬辰	前238年1月5日	457	11:40	辛卯 09:02	26h38m
正月	壬戌	2月5日	16	00:25	辛酉 03:18	21h07m
二月	辛卯	3月6日	515	13:09	庚寅 21:09	16h00m
三月	辛酉	4月5日	74	01:53	庚申 13:20	12h33m
四月	庚寅	5月4日	573	14:38	庚寅 02:58	11h40m
五月	庚申	6月3日	132	03:22	己未 13:59	13h23m
六月	己丑	7月2日	631	16:07	戊子 23:02	17h05m
七月	己未	8月1日	190	06:51	戊午 07:11	23h40m
八月	戊子	8月30日	689	17:35	丁亥 15:33	26h02m
九月	戊午	9月29日	248	06:20	丁巳 00:53	29h27m

秦王政十年

月序	朔干支	公历	朔小余	相当时分	实际合朔日时分	后天数值
十月	丁亥	前238年10月28日	747	19:04	丙戌 11:33	31h31m
十一月	丁巳	11月27日	306	07:49	乙卯 23:41	32h08m
十二月	丙戌	12月26日	805	20:33	乙酉 13:21	31h12m
正月	丙辰	前237年1月25日	364	09:18	乙卯 04:38	28h40m

续表

月序	朔干支	公历	朔小余	相当时分	实际合朔日时分	后天数值
二月	乙酉	2 月 23 日	863	22:02	甲申 21:14	24h48m
三月	乙卯	3 月 24 日	422	10:46	甲寅 14:14	20h32m
四月	甲申	4 月 22 日	921	23:31	甲申 06:25	17h06m
五月	甲寅	5 月 22 日	480	12:15	癸丑 20:53	15h22m
六月	甲申	6 月 21 日	39	01:00	癸未 09:30	15h30m
七月	癸丑	7 月 20 日	538	13:44	壬子 20:39	17h05m
八月	癸未	8 月 19 日	97	02:29	壬午 06:59	19h30m
九月	壬子	9 月 17 日	596	15:13	辛亥 17:03	22h10m
后九月	壬午	10 月 17 日	155	03:57	辛巳 03:19	24h38m

秦王政十一年

月序	朔干支	公历	朔小余	相当时分	实际合朔日时分	后天数值
十月	辛亥	前 237 年 11 月 15 日	654	16:42	庚戌 13:44	26h58m
十一月	辛巳	12 月 15 日	213	05:26	庚辰 00:43	28h43m
十二月	庚戌	前 236 年 1 月 13 日	712	18:11	己酉 12:40	29h31m
正月	庚辰	2 月 12 日	271	06:55	己卯 01:48	29h07m
二月	己酉	3 月 13 日	770	19:40	戊申 16:01	27h39m
三月	己卯	4 月 12 日	329	08:24	戊寅 06:55	25h29m
四月	戊申	5 月 11 日	828	21:08	丁未 22:00	23h08m
五月	戊寅	6 月 10 日	387	09:53	丁丑 12:55	20h58m
六月	丁未	7 月 9 日	886	22:37	丁未 03:24	19h13m
七月	丁丑	8 月 8 日	445	11:22	丙子 17:14	18h08m
八月	丁未	9 月 7 日	4	00:06	丙午 06:10	17h50m
九月	丙子	10 月 6 日	503	12:51	乙亥 18:07	18h44m

秦王政十二年

月序	朔干支	公历	朔小余	相当时分	实际合朔日时分	后天数值
十月	丙午	前 236 年 11 月 5 日	62	01:35	乙巳 05:15	20h20m
十一月	乙亥	12 月 4 日	561	14:19	甲戌 15:58	22h21m
十二月	乙巳	前 235 年 1 月 3 日	120	03:04	甲辰 02:38	24h26m
正月	甲戌	2 月 1 日	619	15:48	癸酉 13:27	26h21m
二月	甲辰	3 月 3 日	178	04:33	癸卯 00:30	28h03m
三月	癸酉	4 月 1 日	677	17:17	壬申 11:59	29h18m
四月	癸卯	5 月 1 日	236	06:02	壬寅 00:15	30h47m
五月	壬申	5 月 30 日	735	18:46	辛未 13:45	29h01m
六月	壬寅	6 月 29 日	294	07:30	辛丑 04:37	26h53m
七月	辛未	7 月 28 日	793	20:15	庚午 20:30	23h45m
八月	辛丑	8 月 27 日	352	08:59	庚子 12:32	20h27m
九月	庚午	9 月 25 日	851	21:44	庚午 03:49	17h55m
后九月	庚子	10 月 25 日	410	10:28	己亥 17:50	16h38m

秦王政十三年

月序	朔干支	公历	朔小余	相当时分	实际合朔日时分	后天数值
十月	己巳	前 235 年 11 月 23 日	909	23:13	己巳 06:43	16h30m
十一月	己亥	12 月 23 日	468	11:57	戊戌 18:30	17h27m
十二月	己巳	前 234 年 1 月 22 日	27	00:41	戊辰 05:17	19h24m
正月	戊戌	2 月 20 日	526	13:26	丁酉 15:02	22h24m
二月	戊辰	3 月 22 日	86	02:12	丁卯 00:02	26h10m
三月	丁酉	4 月 20 日	584	14:55	丙申 09:01	29h54m
四月	丁卯	5 月 20 日	143	07:09	乙丑 18:58	36h11m
五月	丙申	6 月 18 日	642	16:23	乙未 06:49	33h34m
六月	丙寅	7 月 18 日	201	05:08	甲子 20:58	32h10m

续表

月序	朔干支	公历	朔小余	相当时分	实际合朔日时分	后天数值
七月	乙未	8 月 16 日	700	17：52	甲午 13：08	28h44m
八月	乙丑	9 月 15 日	259	06：37	甲子 06：24	24h13m
九月	甲午	10 月 14 日	758	19：21	癸巳 23：46	19h35m

秦王政十四年

月序	朔干支	公历	朔小余	相当时分	实际合朔日时分	后天数值
十月	甲子	前 234 年 11 月 12 日	317	08：06	癸亥 16：20	15h46m
十一月	癸巳	12 月 12 日	816	20：50	癸巳 07：24	13h26m
十二月	癸亥	前 233 年 1 月 11 日	375	09：34	壬戌 20：29	13h05m
正月	壬辰	2 月 9 日	874	22：19	壬辰 07：18	15h01m
二月	壬戌	3 月 10 日	433	11：03	辛酉 16：10	18h53m
三月	辛卯	4 月 8 日	932	23：48	庚寅 23：49	23h59m
四月	辛酉	5 月 8 日	491	12：32	庚申 07：19	29h13m
五月	辛卯	6 月 7 日	50	01：17	己丑 15：49	33h28m
六月	庚申	7 月 6 日	549	14：01	己未 02：10	35h51m
七月	庚寅	8 月 5 日	108	02：45	戊子 14：58	35h47m
八月	己未	9 月 3 日	607	15：30	戊午 06：19	33h11m
九月	己丑	10 月 3 日	166	04：14	丁亥 23：54	28h40m

秦王政十五年

月序	朔干支	公历	朔小余	相当时分	实际合朔日时分	后天数值
十月	戊午	前 233 年 11 月 1 日	665	16：59	丁巳 18：51	22h08m
十一月	戊子	12 月 1 日	224	05：43	丁亥 13：41	16h02m
十二月	丁巳	12 月 30 日	723	18：28	丁巳 06：43	11h45m
正月	丁亥	前 232 年 1 月 29 日	282	07：12	丙戌 20：54	10h18m

续表

月序	朔干支	公历	朔小余	相当时分	实际合朔日时分	后天数值
二月	丙辰	2 月 27 日	781	19:56	丙辰 08:02	11h54m
三月	丙戌	3 月 29 日	340	08:04	乙酉 16:46	15h18m
四月	乙卯	4 月 27 日	839	21:25	乙卯 00:07	21h18m
五月	乙酉	5 月 27 日	398	10:10	甲申 07:06	27h04m
六月	甲寅	6 月 25 日	897	22:54	癸丑 14:38	32h16m
七月	甲申	7 月 25 日	456	11:39	壬午 23:33	36h06m
八月	甲寅	8 月 24 日	15	00:23	壬子 10:40	13h43m
九月	癸未	9 月 22 日	514	13:07	壬午 00:45	36h22m
后九月	癸丑	10 月 22 日	73	01:52	辛亥 18:00	31h52m

秦王政十六年

月序	朔干支	公历	朔小余	相当时分	实际合朔日时分	后天数值
十月	壬午	前 232 年 11 月 20 日	572	14:36	辛巳 13:36	25h00m
十一月	壬子	12 月 20 日	131	03:21	辛亥 09:34	17h47m
十二月	辛巳	前 231 年 1 月 18 日	630	16:05	辛巳 03:47	12h18m
正月	辛亥	2 月 17 日	189	04:50	庚戌 18:59	09h51m
二月	庚辰	3 月 18 日	688	17:34	庚辰 07:03	10h31m
三月	庚戌	4 月 17 日	247	06:18	己酉 16:38	13h40m
四月	己卯	5 月 16 日	746	19:03	己卯 00:29	18h34m
五月	己酉	6 月 15 日	305	07:47	戊申 07:26	24h21m
六月	戊寅	7 月 14 日	804	20:32	丁丑 14:23	30h09m
七月	戊申	8 月 13 日	363	09:16	丙午 22:22	34h54m
八月	丁丑	9 月 11 日	862	22:01	丙子 08:27	37h34m
九月	丁未	10 月 11 日	421	10:45	乙巳 21:35	37h10m

秦王政十七年

月序	朔干支	公历	朔小余	相当时分	实际合朔日时分	后天数值
十月	丙子	前 231 年 11 月 9 日	920	23:29	乙亥 13:58	33h31m
十一月	丙午	12 月 9 日	479	12:14	乙巳 08:44	27h30m
十二月	丙子	前 230 年 1 月 8 日	38	00:58	乙亥 04:13	20h05m
正月	乙巳	2 月 6 日	537	13:43	甲辰 22:31	15h12m
二月	乙亥	3 月 8 日	96	02:27	甲戌 14:51	11h36m
三月	甲辰	4 月 6 日	595	15:11	甲辰 04:29	10h42m
四月	甲戌	5 月 6 日	154	03:56	癸酉 15:28	12h28m
五月	癸卯	6 月 4 日	653	16:40	癸卯 00:13	16h27m
六月	癸酉	7 月 4 日	212	05:25	壬申 07:35	21h50m
七月	壬寅	8 月 2 日	711	18:09	辛丑 14:40	27h29m
八月	壬申	9 月 1 日	270	06:54	庚午 22:40	32h14m
九月	辛丑	9 月 30 日	769	19:38	庚子 08:34	35h04m

秦王政十八年

月序	朔干支	公历	朔小余	相当时分	实际合朔日时分	后天数值
十月	辛未	前 230 年 10 月 30 日	328	08:22	己巳 20:53	35h29m
十一月	庚子	11 月 28 日	827	21:07	己亥 11:36	33h31m
十二月	庚午	12 月 28 日	386	09:51	己巳 04:16	29h35m
正月	己亥	前 229 年 1 月 26 日	885	22:36	戊戌 22:05	24h31m
二月	己巳	2 月 25 日	444	11:20	戊辰 16:04	19h16m
三月	己亥	3 月 26 日	3	00:05	戊戌 09:02	15h03m
四月	戊辰	4 月 24 日	502	12:49	丁卯 23:56	12h53m
五月	戊戌	5 月 24 日	61	01:33	丁酉 12:15	13h18m
六月	丁卯	6 月 22 日	560	14:18	丙寅 22:16	16h02m
七月	丁酉	7 月 22 日	119	03:02	丙申 06:53	20h09m

续表

月序	朔干支	公历	朔小余	相当时分	实际合朔日时分	后天数值
八月	丙寅	8月20日	618	15:47	乙丑 15:14	24h33m
九月	丙申	9月19日	177	04:31	乙未 00:12	28h19m
后九月	乙丑	10月18日	676	17:16	甲子 10:21	30h55m

秦王政十九年

月序	朔干支	公历	朔小余	相当时分	实际合朔日时分	后天数值
十月	乙未	前229年11月17日	235	06:00	癸巳 21:48	32h12m
十一月	甲子	12月16日	734	18:44	癸亥 10:37	32h07m
十二月	甲午	前228年1月15日	293	07:29	癸巳 00:56	30h33m
正月	癸亥	2月13日	792	20:13	壬戌 16:41	27h32m
二月	癸巳	3月15日	351	08:58	壬辰 09:12	23h46m
三月	壬戌	4月13日	850	21:42	壬戌 01:43	19h59m
四月	壬辰	5月13日	409	10:27	辛卯 17:03	17h24m
五月	辛酉	6月11日	908	23:11	辛酉 06:41	16h30m
六月	辛卯	7月11日	467	11:55	庚寅 18:44	17h11m
七月	辛酉	8月10日	26	00:40	庚申 05:43	18h57m
八月	庚寅	9月8日	525	13:24	己丑 16:10	21h14m
九月	庚申	10月8日	84	02:09	己未 02:28	23h43m

秦王政廿年

月序	朔干支	公历	朔小余	相当时分	实际合朔日时分	后天数值
十月	己丑	前228年11月6日	583	14:53	戊子 12:52	26h01m
十一月	己未	12月6日	142	03:38	丁巳 23:34	28h04m
十二月	戊子	前227年1月4日	641	16:22	丁亥 10:53	29h29m
正月	戊午	2月3日	200	05:06	丙辰 23:11	29h55m

续表

月序	朔干支	公历	朔小余	相当时分	实际合朔日时分	后天数值
二月	丁亥	3 月 4 日	699	17:51	丙戌 12:36	29h15m
三月	丁巳	4 月 3 日	258	06:35	丙辰 02:57	27h38m
四月	丙戌	5 月 2 日	757	19:20	乙酉 17:47	25h33m
五月	丙辰	6 月 1 日	316	08:04	乙卯 08:45	23h19m
六月	乙酉	6 月 30 日	815	20:49	甲申 23:33	21h16m
七月	乙卯	7 月 30 日	374	09:43	甲寅 13:57	19h46m
八月	甲申	8 月 28 日	873	22:17	甲申 03:38	18h39m
九月	甲寅	9 月 27 日	432	11:02	癸丑 16:21	18h41m
后九月	癸未	10 月 26 日	931	23:46	癸未 04:05	19h41m

秦王政廿一年

月序	朔干支	公历	朔小余	相当时分	实际合朔日时分	后天数值
十月	癸丑	前 227 年 11 月 25 日	490	12:31	壬子 15:04	21h27m
十一月	癸未	12 月 25 日	49	01:15	壬午 01:42	23h33m
十二月	壬子	前 226 年 1 月 23 日	548	13:59	辛亥 12:17	25h42m
正月	壬午	2 月 22 日	107	02:44	庚辰 22:59	27h45m
二月	辛亥	3 月 23 日	606	15:28	庚戌 09:59	29h29m
三月	辛巳	4 月 22 日	165	04:13	己卯 21:28	30h45m
四月	庚戌	5 月 21 日	664	06:57	己酉 10:04	20h53m
五月	庚辰	6 月 20 日	223	05:42	己卯 00:09	29h33m
六月	己酉	7 月 19 日	722	18:26	戊申 15:41	26h45m
七月	己卯	8 月 18 日	281	07:10	戊寅 08:00	23h10m
八月	戊申	9 月 16 日	780	19:55	戊申 00:05	19h50m
九月	戊寅	10 月 16 日	339	08:39	丁丑 15:07	17h32m

秦王政廿二年

月序	朔干支	公历	朔小余	相当时分	实际合朔日时分	后天数值
十月	丁未	前 226 年 11 月 14 日	838	21:24	丁未 04:46	16h38m
十一月	丁丑	12 月 14 日	397	10:08	丙子 17:08	17h00m
十二月	丙午	前 225 年 1 月 12 日	896	22:53	丙午 04:22	18h31m
正月	丙子	2 月 11 日	455	11:37	乙亥 14:28	21h09m
二月	丙午	3 月 12 日	14	00:21	甲辰 23:34	24h47m
三月	乙亥	4 月 10 日	153	03:54	甲戌 08:14	19h40m
四月	乙巳	5 月 10 日	72	01:50	癸卯 17:22	32h28m
五月	甲戌	6 月 8 日	571	14:35	癸酉 04:03	34h32m
六月	甲辰	7 月 8 日	130	03:19	壬寅 17:00	34h19m
七月	癸酉	8 月 6 日	629	16:04	壬申 08:20	31h44m
八月	癸卯	9 月 5 日	188	04:48	壬寅 01:22	27h26m
九月	壬申	10 月 4 日	687	17:32	辛未 19:03	22h29m

秦王政廿三年

月序	朔干支	公历	朔小余	相当时分	实际合朔日时分	后天数值
十月	壬寅	前 225 年 11 月 3 日	246	06:17	辛丑 12:20	17h57m
十一月	辛未	12 月 2 日	745	19:01	辛未 04:23	14h38m
十二月	辛丑	前 224 年 1 月 1 日	304	07:46	庚子 18:32	13h14m
正月	庚午	1 月 30 日	803	20:30	庚午 06:24	14h06m
二月	庚子	3 月 1 日	362	19:15	己亥 16:01	27h14m
三月	己巳	3 月 30 日	861	21:59	戊辰 23:58	22h01m
四月	己亥	4 月 29 日	420	10:43	戊戌 07:22	27h21m
五月	戊辰	5 月 28 日	919	23:28	丁卯 15:05	32h23m
六月	戊戌	6 月 27 日	478	12:12	丁酉 00:18	35h54m
七月	戊辰	7 月 27 日	37	00:57	丙寅 11:46	37h11m

续表

月序	朔干支	公历	朔小余	相当时分	实际合朔日时分	后天数值
八月	丁酉	8 月 25 日	536	13:41	丙申 15:03	22h38m
九月	丁卯	9 月 24 日	95	02:26	乙丑 18:32	31h55m
后九月	丙申	10 月 23 日	594	15:10	乙未 13:07	26h03m

秦王政廿四年

月序	朔干支	公历	朔小余	相当时分	实际合朔日时分	后天数值
十月	丙寅	前 224 年 11 月 22 日	153	03:54	乙丑 08:24	19h30m
十一月	乙未	12 月 21 日	652	16:39	乙未 02:40	13h59m
十二月	乙丑	前 223 年 1 月 20 日	211	05:23	甲子 18:23	11h00m
正月	甲午	2 月 18 日	710	18:08	甲午 06:53	11h15m
二月	甲子	3 月 20 日	269	06:52	癸亥 16:34	14h36m
三月	癸巳	4 月 18 日	768	19:37	癸巳 00:21	19h16m
四月	癸亥	5 月 18 日	327	08:21	壬戌 07:19	25h02m
五月	壬辰	6 月 16 日	826	21:05	辛卯 14:26	30h39m
六月	壬戌	7 月 16 日	385	09:50	庚申 22:34	35h16m
七月	辛卯	8 月 14 日	884	22:34	庚寅 08:33	38h01m
八月	辛酉	9 月 13 日	443	11:19	己未 21:11	38h08m
九月	辛卯	10 月 13 日	2	00:03	己丑 13:00	35h03m

秦王政廿五年

月序	朔干支	公历	朔小余	相当时分	实际合朔日时分	后天数值
十月	庚申	前 223 年 11 月 11 日	501	12:47	己未 07:41	29h06m
十一月	庚寅	12 月 11 日	60	01:32	己丑 03:47	21h45m
十二月	己未	前 222 年 1 月 8 日	559	14:16	戊午 23:04	15h12m
正月	己丑	2 月 8 日	118	03:01	戊子 15:46	11h15m

续表

月序	朔干支	公历	朔小余	相当时分	实际合朔日时分	后天数值
二月	戊午	3 月 8 日	617	15:45	戊午 05:15	10h30m
三月	戊子	4 月 8 日	176	04:30	丁亥 15:52	12h38m
四月	丁巳	5 月 7 日	675	17:14	丁巳 00:25	16h51m
五月	丁亥	6 月 5 日	234	05:58	丙戌 07:51	22h07m
六月	丙辰	7 月 5 日	733	18:43	乙卯 14:44	27h59m
七月	丙戌	8 月 4 日	292	07:27	甲申 22:09	33h18m
八月	乙卯	9 月 2 日	791	20:12	甲寅 07:08	37h04m
九月	乙酉	10 月 2 日	350	08:56	癸未 18:43	38h13m

秦始皇廿六年

月序	朔干支	公历	朔小余	相当时分	实际合朔日时分	后天数值
十月	甲寅	前 222 年 10 月 31 日	849	21:41	癸丑 09:30	36h11m
十一月	甲申	11 月 30 日	408	10:25	癸未 03:11	31h14m
十二月	癸丑	12 月 29 日	907	23:09	壬子 22:24	24h45m
正月	癸未	前 221 年 1 月 28 日	466	11:54	壬午 17:25	18h29m
二月	癸丑	2 月 27 日	25	00:38	壬子 10:46	13h52m
三月	壬午	3 月 27 日	524	13:23	壬午 01:40	11h43m
四月	壬子	4 月 26 日	83	02:07	辛亥 13:52	12h15m
五月	辛巳	5 月 25 日	582	14:52	庚辰 23:40	15h12m
六月	辛亥	6 月 24 日	141	03:36	庚戌 07:41	19h55m
七月	庚辰	7 月 23 日	640	16:20	己卯 14:53	25h27m
八月	庚戌	8 月 22 日	199	05:05	戊申 22:28	30h37m
九月	己卯	9 月 20 日	698	17:49	戊寅 07:28	34h21m
后九月	己酉	10 月 20 日	257	06:34	丁未 18:40	35h54m

秦始皇廿七年

月序	朔干支	公历	朔小余	相当时分	实际合朔日时分	后天数值
十月	戊寅	前 221 年 11 月 18 日	756	19:18	丁丑 08:15	35h03m
十一月	戊申	12 月 18 日	315	08:03	丙午 23:56	32h07m
十二月	丁丑	前 220 年 1 月 16 日	814	20:47	丙子 17:06	27h41m
正月	丁未	2 月 15 日	373	09:31	丙午 10:54	22h37m
二月	丙子	3 月 16 日	872	22:16	丙子 04:20	17h56m
三月	丙午	4 月 15 日	431	11:00	乙巳 20:14	14h46m
四月	乙亥	5 月 14 日	930	23:45	乙亥 09:50	13h55m
五月	乙巳	6 月 13 日	489	12:29	甲辰 21:00	15h29m
六月	乙亥	7 月 13 日	48	01:14	甲戌 06:26	18h48m
七月	甲辰	8 月 11 日	547	13:58	癸卯 15:01	22h57m
八月	甲戌	9 月 10 日	106	02:42	壬申 23:49	26h53m
九月	癸卯	10 月 9 日	605	15:27	壬寅 09:31	29h56m

秦始皇廿八年

月序	朔干支	公历	朔小余	相当时分	实际合朔日时分	后天数值
十月	癸酉	前 220 年 11 月 8 日	164	04:11	辛未 20:24	31h47m
十一月	壬寅	12 月 7 日	663	16:56	辛丑 08:28	32h28m
十二月	壬申	前 219 年 1 月 6 日	222	05:40	庚午 21:49	31h51m
正月	辛丑	2 月 4 日	721	18:25	庚子 12:33	29h52m
二月	辛未	3 月 6 日	280	07:09	庚午 04:31	26h38m
三月	庚子	4 月 4 日	779	18:59	己亥 20:59	22h00m
四月	庚午	5 月 4 日	338	08:38	己巳 12:53	19h45m
五月	己亥	6 月 2 日	837	21:22	己亥 03:25	17h57m
六月	己巳	7 月 2 日	396	10:07	戊辰 16:20	17h43m
七月	戊戌	7 月 31 日	895	22:51	戊戌 03:59	18h52m

续表

月序	朔干支	公历	朔小余	相当时分	实际合朔日时分	后天数值
八月	戊辰	8 月 30 日	454	11:35	丁卯 14:54	20h41m
九月	戊戌	9 月 29 日	13	00:20	丁酉 01:29	22h51m

秦始皇廿九年

月序	朔干支	公历	朔小余	相当时分	实际合朔日时分	后天数值
十月	丁卯	前 219 年 10 月 28 日	512	13:04	丙寅 12:00	25h04m
十一月	丁酉	11 月 17 日	71	01:49	乙未 22:35	27h14m
十二月	丙寅	12 月 26 日	570	14:33	乙丑 09:29	29h04m
正月	丙申	前 218 年 1 月 25 日	129	03:18	甲午 21:05	30h13m
二月	乙丑	2 月 23 日	628	16:02	甲子 09:41	30h21m
三月	乙未	3 月 25 日	187	04:46	癸巳 23:18	29h28m
四月	甲子	4 月 23 日	686	17:31	癸亥 13:42	27h49m
五月	甲午	5 月 23 日	245	06:15	癸巳 04:31	25h44m
六月	癸亥	6 月 21 日	744	19:00	壬戌 19:27	23h33m
七月	癸巳	7 月 21 日	303	07:44	壬辰 10:14	21h30m
八月	壬戌	8 月 19 日	802	20:29	壬戌 00:31	19h58m
九月	壬辰	9 月 18 日	361	09:13	辛卯 14:07	19h06m
后九月	辛酉	10 月 17 日	860	21:57	辛酉 02:38	19h19m

秦始皇卅年

月序	朔干支	公历	朔小余	相当时分	实际合朔日时分	后天数值
十月	辛卯	前 218 年 11 月 16 日	419	10:42	庚寅 14:09	20h33m
十一月	庚申	12 月 15 日	918	23:26	庚申 00:58	22h28m
十二月	庚寅	前 217 年 1 月 14 日	477	12:11	己丑 11:27	24h44m
正月	庚申	2 月 13 日	36	00:55	戊午 21:51	27h04m

续表

月序	朔干支	公历	朔小余	相当时分	实际合朔日时分	后天数值
二月	己丑	3 月 13 日	535	13：40	戊子 08：21	29h19m
三月	己未	4 月 12 日	94	02：24	丁巳 19：14	31h10m
四月	戊子	5 月 11 日	593	15：08	丁亥 07：00	32h08m
五月	戊午	6 月 10 日	152	03：53	丙辰 20：11	31h42m
六月	丁亥	7 月 9 日	651	16：37	丙戌 11：04	29h33m
七月	丁巳	8 月 8 日	210	05：22	丙辰 03：16	26h06m
八月	丙戌	9 月 6 日	709	18：06	乙酉 19：52	22h14m
九月	丙辰	10 月 6 日	268	06：51	乙卯 11：47	19h04m

秦始皇卅一年

月序	朔干支	公历	朔小余	相当时分	实际合朔日时分	后天数值
十月	乙酉	前 217 年 11 月 4 日	767	19：35	乙酉 02：21	16h58m
十一月	乙卯	12 月 4 日	326	08：19	甲寅 15：28	16h40m
十二月	甲申	前 216 年 1 月 2 日	825	21：04	甲申 03：15	18h06m
正月	甲寅	2 月 1 日	384	09：48	癸丑 13：47	20h01m
二月	癸未	3 月 2 日	883	22：33	壬午 23：09	23h24m
三月	癸丑	4 月 1 日	442	11：17	壬子 07：44	27h33m
四月	癸未	5 月 1 日	1	00：02	辛巳 16：17	31h45m
五月	壬子	5 月 30 日	500	12：46	辛亥 01：55	34h51m
六月	壬午	6 月 29 日	59	01：30	庚辰 13：37	35h53m
七月	辛亥	7 月 28 日	558	14：15	庚戌 03：50	34h25m
八月	辛巳	8 月 27 日	117	02：59	己卯 20：07	30h52m
九月	庚戌	9 月 25 日	616	15：44	己酉 13：52	25h52m
后九月	庚辰	10 月 25 日	175	04：28	己卯 07：45	20h43m

秦始皇卅二年

月序	朔干支	公历	朔小余	相当时分	实际合朔日时分	后天数值
十月	己酉	前216年11月23日	674	17:13	己酉00:44	16h29m
十一月	己卯	12月23日	233	05:57	戊寅16:02	13h55m
十二月	戊申	前215年1月21日	732	18:41	戊申05:06	13h35m
正月	戊寅	2月20日	291	07:26	丁丑15:42	15h44m
二月	丁未	3月21日	790	20:10	丁未00:14	19h56m
三月	丁丑	4月20日	349	08:55	丙子07:32	25h23m
四月	丙午	5月19日	848	21:39	乙巳14:44	30h55m
五月	丙子	6月18日	407	10:23	甲戌23:01	35h22m
六月	乙巳	7月17日	906	23:08	甲辰09:18	37h50m
七月	乙亥	8月16日	465	11:52	癸酉22:08	37h44m
八月	乙巳	9月15日	24	00:37	癸卯13:41	34h56m
九月	甲戌	10月14日	523	13:21	癸酉07:35	29h46m

秦始皇卅三年

月序	朔干支	公历	朔小余	相当时分	实际合朔日时分	后天数值
十月	甲辰	前215年11月13日	82	02:06	癸卯02:51	23h15m
十一月	癸酉	12月12日	581	14:50	壬申21:56	16h54m
十二月	癸卯	前214年1月11日	140	03:34	壬寅15:03	12h31m
正月	壬申	2月9日	639	16:19	壬申05:06	11h13m
二月	壬寅	3月11日	198	05:03	辛丑15:59	13h01m
三月	辛未	4月9日	697	17:48	辛未00:27	17h21m
四月	辛丑	5月9日	256	06:32	庚子07:36	22h56m
五月	庚午	6月7日	755	19:17	己巳14:28	28h49m
六月	庚子	7月7日	314	08:01	戊戌22:00	34h01m
七月	己巳	8月5日	813	20:45	戊辰07:02	37h43m

续表

月序	朔干支	公历	朔小余	相当时分	实际合朔日时分	后天数值
八月	己亥	9 月 4 日	372	09:30	丁酉 18:21	39h09m
九月	戊辰	10 月 3 日	871	22:14	丁卯 08:34	37h40m

秦始皇卅四年

月序	朔干支	公历	朔小余	相当时分	实际合朔日时分	后天数值
十月	戊戌	前 214 年 11 月 2 日	430	10:59	丁酉 01:58m	33h01m
十一月	丁卯	12 月 1 日	929	23:43	丙寅 21:37	26h06m
十二月	丁酉	12 月 31 日	488	12:28	丙申 17:35	18h53m
正月	丁卯	前 213 年 1 月 30 日	47	01:12	丙寅 11:41	13h31m
二月	丙申	2 月 28 日	546	13:56	丙申 02:44	11h12m
三月	丙寅	3 月 29 日	105	02:41	乙丑 14:40	12h01m
四月	乙未	4 月 27 日	604	15:25	乙未 00:08	15h17m
五月	乙丑	5 月 27 日	163	04:10	甲子 07:58	20h12m
六月	甲午	6 月 25 日	662	16:54	癸巳 15:00	25h54m
七月	甲子	7 月 25 日	221	05:39	壬戌 22:07	31h32m
八月	癸巳	8 月 23 日	720	18:23	壬辰 06:18	36h05m
九月	癸亥	9 月 22 日	279	07:07	辛酉 16:36	38h31m
后九月	壬辰	10 月 21 日	778	19:52	辛卯 05:51	38h01m

秦始皇卅五年

月序	朔干支	公历	朔小余	相当时分	实际合朔日时分	后天数值
十月	壬戌	前 213 年 11 月 20 日	337	08:36	庚申 22:13	34h23m
十一月	辛卯	12 月 19 日	836	21:21	庚寅 16:48	28h33m
十二月	辛酉	前 212 年 1 月 18 日	395	10:05	庚申 12:00	22h05m
正月	庚寅	2 月 16 日	894	22:50	庚寅 06:09	16h41m

续表

月序	朔干支	公历	朔小余	相当时分	实际合朔日时分	后天数值
二月	庚申	3 月 18 日	453	11：34	己未 22：11	13h23m
三月	庚寅	4 月 17 日	12	00：18	己丑 11：40	12h38m
四月	己未	5 月 16 日	511	13：03	戊午 22：36	14h27m
五月	己丑	6 月 15 日	70	01：47	戊子 07：28	18h21m
六月	戊午	7 月 14 日	569	14：32	丁巳 15：04	23h28m
七月	戊子	8 月 13 日	128	03：16	丙戌 22：28	28h48m
八月	丁巳	9 月 11 日	627	16：01	丙辰 06：49	33h12m
九月	丁亥	10 月 11 日	186	04：45	乙酉 17：00	35h45m

秦始皇卅六年

月序	朔干支	公历	朔小余	相当时分	实际合朔日时分	后天数值
十月	丙辰	前 212 年 11 月 9 日	685	17：29	乙卯 05：31	35h58m
十一月	丙戌	12 月 9 日	244	06：14	甲申 20：06	34h08m
十二月	乙卯	前 211 年 1 月 7 日	743	18：58	甲寅 12：24	30h34m
正月	乙酉	2 月 6 日	302	07：43	甲申 05：42	26h01m
二月	甲寅	3 月 7 日	801	20：27	癸丑 23：12	21h15m
三月	甲申	4 月 6 日	360	09：11	癸未 15：51	17h20m
四月	癸丑	5 月 5 日	859	21：56	癸丑 06：39	15h17m
五月	癸未	6 月 4 日	418	10：40	壬午 19：07	15h33m
六月	壬子	7 月 3 日	917	23：25	壬子 05：28	17h57m
七月	壬午	8 月 2 日	476	12：09	辛巳 14：32	21h37m
八月	壬子	9 月 1 日	35	00：54	庚戌 23：21	25h33m
九月	辛巳	9 月 30 日	534	13：38	庚辰 08：45	28h53m

秦始皇卅七年

月序	朔干支	公历	朔小余	相当时分	实际合朔日时分	后天数值
十月	辛亥	前 211 年 10 月 30 日	93	02:22m	己酉 19:10m	31h12m
十一月	庚辰	11 月 28 日	592	15:07m	己卯 06:40m	32h27m
十二月	庚戌	12 月 28 日	151	03:51m	戊申 19:16m	32h35m
正月	己卯	前 210 年 1 月 26 日	650	16:36m	戊寅 09:05m	31h31m
二月	己酉	2 月 25 日	209	05:20m	戊申 00:12m	29h08m
三月	戊寅	3 月 26 日	708	18:05m	丁丑 16:16m	25h51m
四月	戊申	4 月 25 日	267	06:49m	丁未 08:23m	22h26m
五月	丁丑	5 月 24 日	766	19:33m	丙子 23:37m	19h56m
六月	丁未	6 月 23 日	325	08:18m	丙午 13:26m	18h52m
七月	丙子	7 月 22 日	824	21:02m	丙子 01:51m	19h11m
八月	丙午	8 月 21 日	383	09:47m	乙巳 13:19m	20h28m
九月	乙亥	9 月 19 日	882	22:31m	乙亥 00:18m	22h13m
后九月	乙巳	10 月 19 日	441	11:16m	甲辰 11:03m	24h13m

二世元年

月序	朔干支	公历	朔小余	相当时分	实际合朔日时分	后天数值
十月	乙亥	前 210 年 11 月 18 日	0	00:00	癸酉 21:42	26h18m
十一月	甲辰	12 月 17 日	499	12:44	癸卯 08:31	28h13m
十二月	甲戌	前 209 年 1 月 16 日	58	01:29	壬申 19:33	29h56m
正月	癸卯	2 月 14 日	557	14:13	壬寅 07:19	30h54m
二月	癸酉	3 月 14 日	116	02:58	辛未 20:06	30h52m
三月	壬寅	4 月 13 日	615	15:42	辛丑 09:49	29h53m
四月	壬申	5 月 13 日	174	04:27	辛未 00:14	28h13m
五月	辛丑	6 月 11 日	673	17:11	庚子 15:04	26h07m
六月	辛未	7 月 11 日	232	05:55	庚午 06:05	23h50m

续表

月序	朔干支	公历	朔小余	相当时分	实际合朔日时分	后天数值
七月	庚子	8月9日	731	18:40	己亥 20:58	21h42m
八月	庚午	9月8日	290	07:24	己巳 11:18	20h06m
九月	己亥	10月7日	789	20:09	己亥 00:40	19h29m

二世二年

月序	朔干支	公历	朔小余	相当时分	实际合朔日时分	后天数值
十月	己巳	前209年11月6日	348	08:53	戊辰 12:51	20h02m
十一月	戊戌	12月5日	847	21:38	戊戌 00:03	21h35m
十二月	戊辰	前208年1月4日	406	10:22	丁卯 10:37	23h45m
正月	丁酉	2月2日	905	23:06	丙申 20:52	26h14m
二月	丁卯	3月4日	464	11:51	丙寅 07:03	28h48m
三月	丁酉	4月3日	23	00:35	乙未 17:26	31h09m
四月	丙寅	5月2日	522	13:20	乙丑 04:28	32h52m
五月	丙申	6月1日	81	02:04	甲午 16:44	33h20m
六月	乙丑	6月30日	580	14:49	甲子 06:44	32h05m
七月	乙未	7月30日	139	03:33	癸巳 22:27	29h14m
八月	甲子	8月28日	638	16:17	癸亥 15:13	25h04m
九月	甲午	9月27日	197	05:02	癸巳 07:53	21h09m
后九月	癸亥	10月26日	696	17:46	壬戌 23:26	18h20m

二世三年

月序	朔干支	公历	朔小余	相当时分	实际合朔日时分	后天数值
十月	癸巳	前208年11月25日	255	06:31	壬辰 13:25	17h06m
十一月	壬戌	12月24日	754	19:15	壬戌 01:54	17h21m
十二月	壬辰	前207年1月23日	313	07:59	辛卯 13:07	18h52m

续表

月序	朔干支	公历	朔小余	相当时分	实际合朔日时分	后天数值
正月	辛酉	2月21日	812	20:44	庚申 22:53	21h51m
二月	辛卯	3月23日	371	09:28	庚寅 07:33	25h55m
三月	庚申	4月21日	870	22:13	己未 15:45	30h28m
四月	庚寅	5月21日	429	10:57	己丑 00:30	34h27m
五月	己未	6月19日	928	23:42	戊午 10:53	36h49m
六月	己丑	7月19日	487	12:26	丁亥 23:45	36h41m
七月	己未	8月18日	46	01:10	丁巳 15:13	33h57m
八月	戊子	9月16日	545	13:55	丁亥 08:39	29h16m
九月	戊午	10月16日	104	02:39	丁巳 02:50	23h49m

汉高祖元年

月序	朔干支	公历	朔小余	相当时分	实际合朔日时分	后天数值
十月	丁亥	前207年11月14日	603	15:24	丙戌 20:35	18h49m
十一月	丁巳	12月14日	162	04:08	丙辰 12:55	15h13m
十二月	丙戌	前206年1月12日	661	16:53	丙戌 03:08	13h45m
正月	丙辰	2月11日	220	05:37	乙卯 14:51	14h46m
二月	乙酉	3月12日	719	18:21	乙酉 00:11	18h10m
三月	乙卯	4月11日	278	07:06	甲寅 07:49	23h17m
四月	甲申	5月10日	777	19:50	癸未 14:47	29h03m
五月	甲寅	6月9日	336	08:35	壬子 22:18	34h17m
六月	癸未	7月8日	835	21:19	壬午 07:27	37h52m
七月	癸丑	8月7日	394	10:04	辛亥 19:01	39h03m
八月	壬午	9月5日	893	22:48	辛巳 09:20	37h28m
九月	壬子	10月5日	452	11:32	辛亥 02:17	33h15m

汉高祖二年

月序	朔干支	公历	朔小余	相当时分	实际合朔日时分	后天数值
十月	壬午	前206年11月4日	11	00:17	庚辰 21:10	27h07m
十一月	辛亥	12月4日	510	13:01	庚戌 16:40	20h21m
十二月	辛巳	前205年1月2日	69	01:46	庚辰 10:59	14h47m
正月	庚戌	1月31日	568	14:30	庚戌 02:35	11h55m
二月	庚辰	3月1日	127	03:15	己卯 14:57	12h18m
三月	己酉	3月30日	626	15:59	己酉 00:26	15h33m
四月	己卯	4月29日	185	04:43	戊寅 08:01	20h42m
五月	戊申	5月28日	684	17:28	丁未 14:51	26h37m
六月	戊寅	6月27日	243	06:12	丙子 21:56	32h16m
七月	丁未	7月26日	742	18:57	丙午 06:07	36h50m
八月	丁丑	8月25日	301	07:41	乙亥 16:15	39h26m
九月	丙午	9月23日	800	20:26	乙巳 05:02	39h24m
后九月	丙子	10月23日	359	09:10	甲戌 20:58	36h12m

汉高祖三年

月序	朔干支	公历	朔小余	相当时分	实际合朔日时分	后天数值
十月	乙巳	前205年11月21日	858	21:54	甲辰 15:44	30h10m
十一月	乙亥	12月21日	417	10:39	甲戌 11:48	22h51m
十二月	甲辰	前204年1月19日	916	23:23	甲辰 06:59	16h24m
正月	甲戌	2月18日	475	12:08	癸酉 23:31	12h37m
二月	甲辰	3月20日	34	00:52	癸卯 12:50	12h02m
三月	癸酉	4月18日	533	13:37	壬申 23:21	14h16m
四月	癸卯	5月18日	92	02:21	壬寅 07:52	18h29m
五月	壬申	6月16日	591	15:05	辛未 15:14	23h51m
六月	壬寅	7月16日	150	03:50	庚子 22:16	29h34m

续表

月序	朔干支	公历	朔小余	相当时分	实际合朔日时分	后天数值
七月	辛未	8 月 14 日	649	16:34	庚午 05:56	34h38m
八月	辛丑	9 月 13 日	208	05:19	己亥 15:11	38h08m
九月	庚午	10 月 12 日	707	18:03	己巳 02:59	39h04m

汉高祖四年

月序	朔干支	公历	朔小余	相当时分	实际合朔日时分	后天数值
十月	庚子	前 204 年 11 月 11 日	266	06:47	戊戌 17:53	36h54m
十一月	己巳	12 月 10 日	765	19:32	戊辰 11:29	32h03m
十二月	己亥	前 203 年 1 月 9 日	324	08:16	戊戌 06:28	25h48m
正月	戊辰	2 月 7 日	823	21:01	戊辰 01:08	19h53m
二月	戊戌	3 月 9 日	382	09:45	丁酉 18:02	15h43m
三月	丁卯	4 月 7 日	881	22:30	丁卯 08:45	13h45m
四月	丁酉	5 月 7 日	440	11:14	丙申 20:58	14h16m
五月	丙寅	6 月 5 日	939	23:58	丙寅 06:54	17h04m
六月	丙申	7 月 5 日	498	12:43	乙未 15:10	21h33m
七月	丙寅	8 月 4 日	57	01:27	甲子 22:43	26h44m
八月	乙未	9 月 2 日	556	14:12	甲午 06:39	31h33m
九月	乙丑	10 月 2 日	115	02:56	癸亥 15:58	34h58m

汉高祖五年

月序	朔干支	公历	朔小余	相当时分	实际合朔日时分	后天数值
十月	甲午	前 203 年 10 月 31 日	614	15:41	癸巳 03:20	36h21m
十一月	甲子	11 月 30 日	173	04:25	壬戌 16:52	35h33m
十二月	癸巳	12 月 29 日	672	17:09	壬辰 08:15	32h54m
正月	癸亥	前 202 年 1 月 28 日	87	02:13	壬戌 00:56	25h17m

续表

月序	朔干支	公历	朔小余	相当时分	实际合朔日时分	后天数值
二月	壬辰	2月26日	586	14:58	辛卯 18:12	20h46m
三月	壬戌	3月28日	145	06:42	辛酉 11:11	19h31m
四月	辛卯	4月25日	644	16:27	辛卯 02:54	13h33m
五月	辛酉	5月26日	203	05:11	庚申 16:35	12h36m
六月	庚寅	6月24日	702	17:55	庚寅 04:02	13h53m
七月	庚申	7月24日	261	06:40	己未 13:48	16h52m
八月	己丑	8月22日	760	19:24	戊子 22:50	20h34m
九月	己未	9月21日	319	08:09	戊午 08:05	24h04m
后九月	戊子	10月20日	818	20:53	丁亥 18:09	26h44m

汉高祖六年

月序	朔干支	公历	朔小余	相当时分	实际合朔日时分	后天数值
十月	戊午	前202年11月19日	377	09:38	丁巳 05:11	28h27m
十一月	丁亥	12月18日	876	22:22	丙戌 17:10	29h12m
十二月	丁巳	前201年1月17日	435	11:06	丙辰 06:11	28h55m
正月	丙戌	2月15日	934	23:51	乙酉 20:24	27h27m
二月	丙辰	3月16日	493	12:35	乙卯 11:46	24h49m
三月	丙戌	4月15日	52	01:20	乙酉 03:36	21h46m
四月	乙卯	5月14日	551	14:04	甲寅 19:17	18h47m
五月	乙酉	6月13日	110	02:49	甲申 09:54	16h55m
六月	甲寅	7月12日	609	15:33	癸丑 23:12	16h21m
七月	甲申	8月11日	168	04:17	癸未 11:23	16h54m
八月	癸丑	9月9日	667	17:02	壬子 22:54	18h08m
九月	癸未	10月9日	226	05:46	壬午 10:02	19h44m

汉高祖七年

月序	朔干支	公历	朔小余	相当时分	实际合朔日时分	后天数值
十月	壬子	前 201 年 11 月 7 日	725	18:31	辛亥 20:55	21h36m
十一月	壬午	12 月 7 日	284	07:15	辛巳 07:35	23h40m
十二月	辛亥	前 200 年 1 月 5 日	783	19:59	庚戌 18:18	25h41m
正月	辛巳	2 月 4 日	342	08:44	庚辰 05:27	27h17m
二月	庚戌	3 月 5 日	841	21:28	己酉 17:26	28h02m
三月	庚辰	4 月 4 日	400	10:13	己卯 06:25	27h48m
四月	己酉	5 月 3 日	899	22:57	戊申 20:18	26h39m
五月	己卯	6 月 2 日	458	11:42	戊寅 10:52	24h50m
六月	己酉	7 月 2 日	17	00:26	戊申 01:51	22h35m
七月	戊寅	7 月 31 日	516	13:10	丁丑 17:02	20h08m
八月	戊申	8 月 30 日	75	01:55	丁未 07:59	17h56m
九月	丁丑	9 月 28 日	574	14:39	丙子 22:09	16h30m

汉高祖八年

月序	朔干支	公历	朔小余	相当时分	实际合朔日时分	后天数值
十月	丁未	前 200 年 10 月 28 日	133	03:24	丙午 11:10	16h14m
十一月	丙子	11 月 26 日	632	16:08	乙亥 22:57	17h11m
十二月	丙午	12 月 26 日	191	04:53	乙巳 09:48	19h05m
正月	乙亥	前 199 年 1 月 24 日	690	17:37	甲戌 20:03	27h34m
二月	乙巳	2 月 23 日	249	06:21	甲辰 06:01	24h20m
三月	甲戌	3 月 24 日	748	19:06	癸酉 16:01	21h05m
四月	甲辰	4 月 23 日	307	07:50	癸卯 02:25	29h25m
五月	癸酉	5 月 22 日	806	20:35	壬申 13:45	30h50m
六月	癸卯	6 月 21 日	365	09:19	壬寅 02:42	30h37m
七月	壬申	7 月 20 日	864	22:04	辛未 17:36	28h28m

续表

月序	朔干支	公历	朔小余	相当时分	实际合朔日时分	后天数值
八月	壬寅	8月19日	423	10:48	辛丑 10:09	24h39m
九月	辛未	9月17日	922	23:32	辛未 03:19	20h13m
后九月	辛丑	10月17日	481	12:17	庚子 19:51	16h26m

汉高祖九年

月序	朔干支	公历	朔小余	相当时分	实际合朔日时分	后天数值
十月	辛未	前199年11月16日	40	01:01	庚午 10:55	14h06m
十一月	庚子	12月15日	539	13:46	庚子 00:17	13h29m
十二月	庚午	前198年1月14日	98	02:30	己巳 12:02	14h28m
正月	己亥	2月12日	597	15:15	戊戌 22:20	16h55m
二月	己巳	3月14日	156	03:59	戊辰 07:18	20h41m
三月	戊戌	4月12日	655	16:43	丁酉 15:26	25h17m
四月	戊辰	5月12日	214	05:28	丙寅 23:35	29h53m
五月	丁酉	6月10日	713	18:12	丙申 08:54	33h18m
六月	丁卯	7月10日	272	06:57	乙丑 20:26	34h31m
七月	丙申	8月8日	771	09:41	乙未 10:42	22h59m
八月	丙寅	9月7日	330	08:26	乙丑 03:26	29h00m
九月	乙未	10月6日	829	21:10	甲午 21:36	23h34m

汉高祖十年

月序	朔干支	公历	朔小余	相当时分	实际合朔日时分	后天数值
十月	乙丑	前198年11月5日	388	09:54	甲子 15:55	17h59m
十一月	甲午	12月4日	887	22:39	甲午 09:12	13h27m
十二月	甲子	前197年1月3日	446	11:23	甲子 00:35	10h48m
正月	甲午	2月2日	5	00:08	癸巳 13:29	10h39m

续表

月序	朔干支	公历	朔小余	相当时分	实际合朔日时分	后天数值
二月	癸亥	3 月 2 日	504	12:52	壬戌 23:49	13h03m
三月	癸巳	4 月 1 日	63	01:37	壬辰 08:02	17h35m
四月	壬戌	4 月 30 日	562	14:21	辛酉 15:03	23h18m
五月	壬辰	5 月 30 日	121	03:05	庚寅 22:03	29h02m
六月	辛酉	6 月 28 日	620	15:50	庚申 06:18	33h32m
七月	辛卯	7 月 28 日	179	04:34	己丑 16:32	36h02m
八月	庚申	8 月 26 日	678	17:19	己未 05:29	31h50m
九月	庚寅	9 月 25 日	237	06:03	戊子 21:14	32h51m
后九月	己未	10 月 24 日	736	18:47	戊午 15:22	27h25m

汉高祖十一年

月序	朔干支	公历	朔小余	相当时分	实际合朔日时分	后天数值
十月	己丑	前 197 年 11 月 23 日	295	07:32	戊子 10:53	20h39m
十一月	戊午	12 月 22 日	794	20:16	戊午 06:06	14h08m
十二月	戊子	前 196 年 1 月 21 日	353	09:01	丁亥 23:14	09h47m
正月	丁巳	2 月 19 日	852	21:45	丁巳 13:10	08h35m
二月	丁亥	3 月 21 日	411	10:30	丙戌 23:52	10h38m
三月	丙辰	4 月 19 日	910	23:14	丙辰 08:09	15h05m
四月	丙戌	5 月 19 日	469	11:58	乙酉 15:10	20h48m
五月	丙辰	6 月 18 日	28	00:43	甲寅 22:00	26h43m
六月	乙酉	7 月 17 日	527	13:27	甲申 05:34	31h53m
七月	乙卯	8 月 16 日	86	02:12	癸丑 14:43	35h29m
八月	甲申	9 月 14 日	585	14:56	癸未 02:12	36h44m
九月	甲寅	10 月 14 日	144	03:41	壬子 16:38	35h03m

汉高祖十二年

月序	朔干支	公历	朔小余	相当时分	实际合朔日时分	后天数值
十月	癸未	前 196 年 11 月 12 日	643	16：25	壬午 10：10	30h15
十一月	癸丑	12 月 12 日	202	05：09	壬子 05：49	23h20
十二月	壬午	前 195 年 1 月 10 日	701	17：54	壬午 01：39	16h15
正月	壬子	2 月 9 日	260	06：38	辛亥 19：32	11h06
二月	辛巳	3 月 10 日	759	19：23	辛巳 10：21	09h02
三月	辛亥	4 月 9 日	318	08：07	庚戌 22：06	10h01
四月	庚辰	5 月 8 日	817	20：52	庚辰 07：28	13h24
五月	庚戌	6 月 7 日	376	09：36	己酉 15：18	18h18
六月	己卯	7 月 6 日	875	22：20	戊寅 22：37	23h43
七月	己酉	8 月 5 日	434	11：05	戊申 05：57	29h08
八月	戊寅	9 月 3 日	933	23：49	丁丑 14：24	33h25
九月	戊申	10 月 3 日	492	12：34	丁未 00：55	35h39

惠帝元年

月序	朔干支	公历	朔小余	相当时分	实际合朔日时分	后天数值
十月	戊寅	前 195 年 11 月 2 日	51	01：18	丙子 14：15	35h03m
十一月	丁未	12 月 1 日	550	14：03	丙午 06：31	31h32m
十二月	丁丑	12 月 31 日	109	02：47	丙子 00：51	25h56m
正月	丙午	前 194 年 1 月 29 日	608	15：31	乙巳 19：40	19h51m
二月	丙子	2 月 28 日	167	04：16	乙亥 13：28	14h48m
三月	乙巳	3 月 29 日	666	17：00	乙巳 05：16	11h44m
四月	乙亥	4 月 28 日	225	05：45	甲戌 18：40	11h05m
五月	甲辰	5 月 27 日	724	18：29	甲辰 05：43	12h46m
六月	甲戌	6 月 26 日	283	07：14	癸酉 14：49	16h25m
七月	癸卯	7 月 25 日	782	19：58	壬寅 22：45	21h13m

续表

月序	朔干支	公历	朔小余	相当时分	实际合朔日时分	后天数值
八月	癸酉	8月24日	341	08:42	壬申 06:33	26h09m
九月	壬寅	9月22日	840	21:27	辛丑 15:14	30h13m
后九月	壬申	10月22日	399	10:11	辛未 01:40	32h31m

惠帝二年

月序	朔干支	公历	朔小余	相当时分	实际合朔日时分	后天数值
十月	辛丑	前194年11月20日	898	22:56	庚子 14:10	32h46m
十一月	辛未	12月20日	457	11:40	庚午 04:37	31h03m
十二月	辛丑	前193年1月19日	16	00:25	己亥 20:32	27h53m
正月	庚午	2月17日	515	13:09	己巳 13:20	23h49m
二月	庚子	3月18日	74	01:53	己亥 06:20	19h33m
三月	己巳	4月16日	573	14:38	戊辰 22:39	15h59m
四月	己亥	5月16日	132	03:22	戊戌 13:22	14h00m
五月	戊辰	6月14日	631	16:07	戊辰 02:00	14h07m
六月	戊戌	7月14日	190	04:51	丁酉 12:41	16h10m
七月	丁卯	8月12日	689	17:35	丙寅 22:16	19h19m
八月	丁酉	9月11日	248	06:20	丙申 07:35	22h45m
九月	丙寅	10月10日	747	19:04	乙丑 17:24	25h40m

惠帝三年

月序	朔干支	公历	朔小余	相当时分	实际合朔日时分	后天数值
十月	丙申	前193年11月9日	306	07:49	乙未 04:04	27h45m
十一月	乙丑	12月8日	805	20:33	甲子 15:33	29h00m
十二月	乙未	前192年1月7日	364	09:18	甲午 03:51	29h27m
正月	甲子	2月5日	863	22:02	癸亥 17:08	28h54m

月序	朔干支	公历	朔小余	相当时分	实际合朔日时分	后天数值
二月	甲午	3月7日	422	10:46	癸巳 07:36	27h10m
三月	癸亥	4月5日	921	23:31	壬戌 23:03	24h28m
四月	癸巳	5月5日	480	12:15	壬辰 14:49	21h26m
五月	癸亥	6月4日	39	01:00	壬戌 06:01	18h59m
六月	壬辰	7月3日	538	13:44	辛卯 20:05	17h39m
七月	壬戌	8月2日	97	02:29	辛酉 09:01	17h28m
八月	辛卯	8月31日	596	15:13	庚寅 21:05	18h08m
九月	辛酉	9月30日	155	03:57	庚申 08:39	19h18m

惠帝四年

月序	朔干支	公历	朔小余	相当时分	实际合朔日时分	后天数值
十月	庚寅	前192年10月29日	654	16:42	己丑 19:51	20h51m
十一月	庚申	11月28日	213	05:26	己未 06:42	22h44m
十二月	己丑	12月27日	712	18:11	戊子 17:18	24h53m
正月	己未	前191年1月26日	271	06:55	戊午 04:01	26h54m
二月	戊子	2月24日	770	19:40	丁亥 15:18	28h22m
三月	戊午	3月26日	329	08:24	丁巳 03:29	28h55m
四月	丁亥	4月24日	828	21:08	丙戌 16:42	28h26m
五月	丁巳	5月24日	387	09:53	丙辰 06:47	27h06m
六月	丙戌	6月22日	886	22:37	乙酉 21:35	25h02m
七月	丙辰	7月22日	445	11:22	乙卯 12:50	22h32m
八月	丙戌	8月21日	4	00:06	乙酉 04:12	19h54m
九月	乙卯	9月19日	503	12:51	甲寅 19:06	17h45m
后九月	乙酉	10月19日	62	01:35	甲申 09:04	16h31m

惠帝五年

月序	朔干支	公历	朔小余	相当时分	实际合朔日时分	后天数值
十月	甲寅	前191年11月17日	561	14:01	癸丑 21:41	16h20m
十一月	甲申	12月17日	120	03:04	癸未 09:01	18h03m
十二月	癸丑	前190年1月15日	619	15:48	壬子 19:27	20h21m
正月	癸未	2月14日	178	04:33	壬午 05:20	23h13m
二月	壬子	3月15日	677	17:17	辛亥 15:01	26h16m
三月	壬午	4月14日	236	06:02	辛巳 00:51	29h11m
四月	辛亥	5月13日	735	18:46	庚戌 11:24	31h22m
五月	辛巳	6月12日	294	07:30	己卯 23:21	32h09m
六月	庚戌	7月11日	793	20:15	己酉 13:15	31h00m
七月	庚辰	8月10日	352	08:59	己卯 05:12	27h47m
八月	己酉	9月8日	851	21:44	戊申 22:26	23h18m
九月	己卯	10月8日	410	10:28	戊寅 15:42	18h46m

惠帝六年

月序	朔干支	公历	朔小余	相当时分	实际合朔日时分	后天数值
十月	戊申	前190年11月6日	909	23:13	戊申 07:48	15h25m
十一月	戊寅	12月6日	468	11:57	丁丑 22:09	13h48m
十二月	戊申	前189年1月5日	27	00:41	丁未 10:42	13h59m
正月	丁丑	2月3日	526	13:26	丙子 21:36	15h50m
二月	丁未	3月4日	86	02:12	丙午 07:01	19h11m
三月	丙子	4月2日	584	14:55	乙亥 15:17	23h38m
四月	丙午	5月2日	143	03:39	甲辰 23:07	28h32m
五月	乙亥	5月31日	642	16:23	甲戌 07:35	32h48m
六月	乙巳	6月30日	201	05:08	癸卯 17:50	35h18m
七月	甲戌	7月29日	700	17:52	癸酉 06:44	35h08m

续表

月序	朔干支	公历	朔小余	相当时分	实际合朔日时分	后天数值
八月	甲辰	8 月 28 日	259	06:37	壬寅 22:26	32h11m
九月	癸酉	9 月 26 日	758	19:21	壬申 16:15	27h06m
后九月	癸卯	10 月 26 日	317	08:06	壬寅 10:43	21h23m

惠帝七年

月序	朔干支	公历	朔小余	相当时分	实际合朔日时分	后天数值
十月	壬申	前 189 年 11 月 24 日	816	20:50	壬申 04:51	15h59m
十一月	壬寅	12 月 24 日	375	09:34	辛丑 21:24	12h10m
十二月	辛未	前 188 年 1 月 22 日	874	22:19	辛未 11:37	10h42m
正月	辛丑	2 月 21 日	433	11:03	庚子 23:09	115h4m
二月	庚午	3 月 22 日	932	23:48	庚午 08:13	15h25m
三月	庚子	4 月 21 日	491	12:32	己亥 15:33	20h59m
四月	庚午	5 月 21 日	50	01:17	戊辰 22:17	27h00m
五月	己亥	6 月 19 日	549	14:01	戊戌 05:39	32h22m
六月	己巳	7 月 19 日	108	02:45	丁卯 14:46	35h59m
七月	戊戌	8 月 17 日	607	15:30	丁酉 02:23	37h07m
八月	戊辰	9 月 16 日	166	04:14	丙寅 16:51	35h23m
九月	丁酉	10 月 15 日	665	16:59	丙申 10:01	30h58m

高后元年

月序	朔干支	公历	朔小余	相当时分	实际合朔日时分	后天数值
十月	丁卯	前 188 年 11 月 14 日	224	05:43	丙寅 05:08	24h35m
十一月	丙申	12 月 13 日	723	18:28	丙申 00:47	17h41m
十二月	丙寅	前 187 年 1 月 12 日	282	07:12	乙丑 19:08	12h04m
正月	乙未	2 月 10 日	781	19:56	乙未 10:39	09h17m

续表

月序	朔干支	公历	朔小余	相当时分	实际合朔日时分	后天数值
二月	乙丑	3 月 12 日	340	08：41	甲子 22：47	09h54m
三月	甲午	4 月 10 日	839	21：25	甲午 08：03	13h22m
四月	甲子	5 月 10 日	398	10：10	癸亥 15：28	18h42m
五月	癸巳	6 月 8 日	897	22：54	壬辰 22：14	24h40m
六月	癸亥	7 月 8 日	456	11：39	壬戌 05：22	30h17m
七月	癸巳	8 月 7 日	15	00：23	辛卯 13：44	34h39m
八月	壬戌	9 月 5 日	514	13：07	辛酉 00：04	37h03m
九月	壬辰	10 月 5 日	73	01：52	庚寅 13：04	36h48m

高后二年

月序	朔干支	公历	朔小余	相当时分	实际合朔日时分	后天数值
十月	辛酉	前 187 年 11 月 3 日	572	14：03	庚申 05：10	32h53m
十一月	辛卯	12 月 3 日	131	03：21	己丑 23：48	27h33m
十二月	庚申	前 186 年 1 月 1 日	630	16：05	己未 19：45	20h20m
正月	庚寅	1 月 31 日	189	04：50	己丑 14：44	14h06m
二月	己未	3 月 1 日	688	17：34	己未 07：05	10h29m
三月	己丑	3 月 31 日	247	06：18	戊子 20：16	10h02m
四月	戊午	4 月 29 日	746	19：03	戊午 06：44	12h19m
五月	戊子	5 月 29 日	305	07：47	丁亥 15：17	16h30m
六月	丁巳	6 月 27 日	804	20：32	丙辰 22：46	21h46m
七月	丁亥	7 月 27 日	363	09：16	丙戌 06：03	27h13m
八月	丙辰	8 月 25 日	862	22：01	乙卯 13：58	32h03m
九月	丙戌	9 月 24 日	421	10：45	甲申 23：28	35h17m
后九月	乙卯	10 月 23 日	920	23：29	甲寅 11：26	36h03m

高后三年

月序	朔干支	公历	朔小余	相当时分	实际合朔日时分	后天数值
十月	乙酉	前 186 年 11 月 22 日	479	12:14	甲申 02:17	33h57m
十一月	乙卯	12 月 22 日	38	00:58	癸丑 19:40	29h18m
十二月	甲申	前 185 年 1 月 20 日	537	13:43	癸未 14:16	23h27m
正月	甲寅	2 月 19 日	96	02:27	癸丑 08:33	17h54m
二月	癸未	3 月 19 日	595	15:11	癸未 01:15	13h56m
三月	癸丑	4 月 18 日	154	03:56	壬子 15:47	12h09m
四月	壬午	5 月 17 日	653	16:40	壬午 03:58	12h42m
五月	壬子	6 月 16 日	212	05:25	辛亥 14:03	15h22m
六月	辛巳	7 月 15 日	711	18:09	庚辰 22:36	19h33m
七月	辛亥	8 月 14 日	270	06:54	庚戌 06:31	24h23m
八月	庚辰	9 月 12 日	769	19:38	己卯 14:50	28h48m
九月	庚戌	10 月 12 日	328	08:22	己酉 00:28	31h54m

高后四年

月序	朔干支	公历	朔小余	相当时分	实际合朔日时分	后天数值
十月	己卯	前 185 年 11 月 10 日	827	21:07	戊寅 12:01	33h06m
十一月	己酉	12 月 10 日	386	09:51	戊申 01:31	32h20m
十二月	戊寅	前 184 年 1 月 8 日	885	22:36	丁丑 16:32	30h04m
正月	戊申	2 月 7 日	444	11:20	丁未 08:39	26h41m
二月	戊寅	3 月 9 日	3	00:05	丁丑 01:21	22h44m
三月	丁未	4 月 7 日	502	12:49	丙午 17:55	18h54m
四月	丁丑	5 月 7 日	61	01:33	丙子 09:28	16h05m
五月	丙午	6 月 5 日	560	14:18	乙巳 23:16	15h02m
六月	丙子	7 月 5 日	119	03:02	乙亥 11:05	15h57m
七月	乙巳	8 月 3 日	618	15:47	甲辰 21:20	18h27m

续表

月序	朔干支	公历	朔小余	相当时分	实际合朔日时分	后天数值
八月	乙亥	9月2日	177	04:31	甲戌 06:54	21h37m
九月	甲辰	10月1日	676	17:16	癸卯 16:37	24h39m

高后五年

月序	朔干支	公历	朔小余	相当时分	实际合朔日时分	后天数值
十月	甲戌	前184年10月31日	235	06:00	癸酉 03:00	27h00m
十一月	癸卯	11月29日	734	18:44	壬寅 14:08	28h36m
十二月	癸酉	12月29日	293	07:29	壬申 01:56	29h33m
正月	壬寅	前183年1月27日	792	20:13	辛丑 14:29	29h44m
二月	壬申	2月26日	351	08:58	辛未 04:03	28h55m
三月	辛丑	3月27日	850	21:42	庚子 18:47	26h55m
四月	辛未	4月26日	409	10:27	庚午 10:17	24h10m
五月	庚子	5月25日	908	23:11	庚子 01:47	21h24m
六月	庚午	6月24日	467	11:55	己巳 16:31	19h24m
七月	庚子	7月24日	26	00:40	己亥 06:11	18h29m
八月	己巳	8月22日	525	13:24	戊辰 18:54	18h30m
九月	己亥	9月21日	84	02:09	戊戌 06:58	19h11m
后九月	戊辰	10月20日	583	14:53	丁卯 18:35	20h18m

高后六年

月序	朔干支	公历	朔小余	相当时分	实际合朔日时分	后天数值
十月	戊戌	前183年11月19日	142	03:38	丁酉 05:44	21h54m
十一月	丁卯	12月18日	641	16:22	丙寅 16:26	23h56m
十二月	丁酉	前182年1月17日	200	05:06	丙申 03:02	26h04m
正月	丙寅	2月15日	699	17:51	乙丑 13:43	28h08m

续表

月序	朔干支	公历	朔小余	相当时分	实际合朔日时分	后天数值
二月	丙申	3 月 17 日	258	06:35	乙未 01:05	29h30m
三月	乙丑	4 月 15 日	757	19:20	甲子 13:27	29h53m
四月	乙未	5 月 15 日	316	08:04	甲午 02:51	29h13m
五月	甲子	6 月 13 日	815	20:49	癸亥 17:12	27h37m
六月	甲午	7 月 13 日	374	09:33	癸巳 08:20	25h13m
七月	癸亥	8 月 11 日	873	22:17	壬戌 23:56	22h21m
八月	癸巳	9 月 10 日	432	11:02	壬辰 15:30	19h32m
九月	壬戌	10 月 9 日	931	23:46	壬戌 06:19	17h27m

高后七年

月序	朔干支	公历	朔小余	相当时分	实际合朔日时分	后天数值
十月	壬辰	前 182 年 11 月 8 日	490	06:31	辛卯 19:51	10h40m
十一月	壬戌	12 月 8 日	49	01:15	辛酉 07:54	17h21m
十二月	辛卯	前 181 年 1 月 6 日	548	13:59	庚寅 18:41	19h18m
正月	辛酉	2 月 5 日	107	02:44	庚申 04:39	22h05m
二月	庚寅	3 月 5 日	606	15:28	己丑 14:11	25h17m
三月	庚申	4 月 4 日	165	04:13	戊午 23:38	28h35m
四月	己丑	5 月 3 日	664	16:57	戊子 09:32	31h25m
五月	己未	6 月 2 日	223	05:42	丁巳 20:33	33h09m
六月	戊子	7 月 1 日	722	18:26	丁亥 09:23	33h03m
七月	戊午	7 月 31 日	281	07:10	丁巳 00:25	30h45m
八月	丁亥	8 月 29 日	780	19:55	丙戌 17:20	26h35m
九月	丁巳	9 月 28 日	339	08:39	丙辰 11:01	21h38m

高后八年

月序	朔干支	公历	朔小余	相当时分	实际合朔日时分	后天数值
十月	丙戌	前181年10月27日	838	21:24	丙戌 04:04	17h20m
十一月	丙辰	11月26日	397	10:08	乙卯 19:29	14h39m
十二月	乙酉	12月25日	896	22:53	乙酉 08:58	13h55m
正月	乙卯	前180年1月24日	455	11:37	甲寅 20:36	15h01m
二月	乙酉	2月23日	14	00:21	甲申 06:43	17h38m
三月	甲寅	3月24日	153	03:54	癸丑 15:18	12h36m
四月	甲申	4月23日	72	01:50	壬午 23:03	26h47m
五月	癸丑	5月22日	571	14:35	壬子 06:52	31h43m
六月	癸未	6月21日	130	03:19	辛巳 15:57	35h22m
七月	壬子	7月20日	629	16:04	辛亥 03:22	36h42m
八月	壬午	8月19日	188	04:48	庚辰 17:44	35h04m
九月	辛亥	9月17日	687	17:32	庚戌 10:45	30h53m
后九月	辛巳	10月17日	246	06:17	庚辰 05:20	24h57m

文帝前元元年

月序	朔干支	公历	朔小余	相当时分	实际合朔日时分	后天数值
十月	庚戌	前180年11月15日	745	19:01	庚戌 00:02	18h59m
十一月	庚辰	12月15日	304	07:46	己卯 17:35	14h11m
十二月	己酉	前179年1月13日	803	20:30	己酉 09:02	11h28m
正月	己卯	2月12日	362	09:15	戊寅 21:50	11h25m
二月	戊申	3月13日	861	21:59	戊申 07:55	14h04m
三月	戊寅	4月12日	420	10:43	丁丑 15:52	18h51m
四月	丁未	5月11日	919	23:28	丙午 22:38	24h50m
五月	丁丑	6月10日	478	12:12	丙子 05:28	30h44m
六月	丁未	7月10日	37	00:57	乙巳 13:35	35h22m

续表

月序	朔干支	公历	朔小余	相当时分	实际合朔日时分	后天数值
七月	丙子	8月8日	536	13:41	甲戌 23:56	37h45m
八月	丙午	9月7日	95	02:26	甲辰 13:04	37h22m
九月	乙亥	10月6日	594	15:10	甲戌 05:04	34h06m

文帝前元二年

月序	朔干支	公历	朔小余	相当时分	实际合朔日时分	后天数值
十月	乙巳	前179年11月5日	153	03:54	癸卯 23:27	28h27m
十一月	甲戌	12月4日	652	16:39	癸酉 19:06	21h33m
十二月	甲辰	前178年1月3日	211	05:23	癸卯 14:19	15h04m
正月	癸酉	2月1日	710	18:08	癸酉 07:19	10h49m
二月	癸卯	3月3日	269	06:52	壬寅 21:02	09h50m
三月	壬申	4月1日	768	19:37	壬申 07:36	12h01m
四月	壬寅	5月1日	327	08:21	辛丑 15:45	16h36m
五月	辛未	5月30日	826	21:05	庚午 22:42	22h23m
六月	辛丑	6月29日	385	09:50	庚子 05:33	28h17m
七月	庚午	7月28日	884	22:34	己巳 13:15	33h19m
八月	庚子	8月27日	443	11:19	戊戌 22:34	36h45m
九月	庚午	9月26日	2	00:03	戊辰 10:14	37h49m
后九月	己亥	10月25日	501	12:47	戊戌 00:46	36h01m

文帝前元三年

月序	朔干支	公历	朔小余	相当时分	实际合朔日时分	后天数值
十月	己巳	前178年11月24日	60	01:32	丁卯 18:17	31h15
十一月	戊戌	12月23日	559	14:16	丁酉 13:49	24h27
十二月	戊辰	前177年1月22日	118	03:01	丁卯 09:26	17h35

续表

月序	朔干支	公历	朔小余	相当时分	实际合朔日时分	后天数值
正月	丁酉	2 月 20 日	617	15:45	丁酉 03:06	12h39
二月	丁卯	3 月 21 日	176	04:30	丙寅 17:45	10h45
三月	丙申	4 月 19 日	675	17:14	丙申 05:25	11h51
四月	丙寅	5 月 19 日	234	05:58	乙丑 14:48	15h10
五月	乙未	6 月 17 日	733	18:43	甲午 22:46	19h57
六月	乙丑	7 月 17 日	292	07:27	甲子 06:09	25h18
七月	甲午	8 月 15 日	791	20:12	癸巳 13:47	30h25
八月	甲子	9 月 14 日	350	08:56	壬戌 22:32	34h24
九月	癸巳	10 月 13 日	849	21:41	壬辰 09:18	36h23

文帝前元四年

月序	朔干支	公历	朔小余	相当时分	实际合朔日时分	后天数值
十月	癸亥	前 177 年 11 月 12 日	408	10:25	辛酉 22:45	35h40m
十一月	壬辰	12 月 11 日	907	23:09	辛卯 14:55	32h14m
十二月	壬戌	前 176 年 1 月 10 日	466	11:54	辛酉 08:57	26h57m
正月	壬辰	2 月 9 日	25	00:38	辛卯 03:22	21h16m
二月	辛酉	3 月 10 日	524	13:23	庚申 20:46	16h37m
三月	辛卯	4 月 9 日	83	02:07	庚寅 12:18	13h49m
四月	庚申	5 月 8 日	582	14:52	庚申 01:34	13h18m
五月	庚寅	6 月 7 日	141	03:36	己丑 12:47	14h49m
六月	己未	7 月 6 日	640	16:20	戊午 22:12	18h08m
七月	己丑	8 月 5 日	199	05:05	戊子 06:32	22h33m
八月	戊午	9 月 3 日	698	17:49	丁巳 14:44	27h05m
九月	戊子	10 月 3 日	257	06:34	丙戌 23:48	30h46m

文帝前元五年

月序	朔干支	公历	朔小余	相当时分	实际合朔日时分	后天数值
十月	丁巳	前 176 年 11 月 1 日	756	19:18	丙辰 10:26	32h52m
十一月	丁亥	12 月 1 日	315	08:03	乙酉 22:56	33h07m
十二月	丙辰	12 月 30 日	814	20:47	乙卯 13:05	31h42m
正月	丙戌	前 175 年 1 月 29 日	373	09:31	乙酉 04:29	29h02m
二月	乙卯	2 月 27 日	872	22:16	甲寅 20:41	25h35m
三月	乙酉	3 月 29 日	431	11:00	甲申 13:10	21h50m
四月	甲寅	4 月 27 日	930	23:45	甲寅 05:11	18h34m
五月	甲申	5 月 27 日	489	12:29	癸未 19:56	16h33m
六月	甲寅	6 月 26 日	48	01:14	癸丑 08:51	16h23m
七月	癸未	7 月 25 日	547	13:58	壬午 20:00	17h58m
八月	癸丑	8 月 24 日	106	02:42	壬子 06:02	20h40m
九月	壬午	9 月 22 日	605	15:27	辛巳 15:49	23h38m
后九月	壬子	10 月 22 日	164	04:11	辛亥 02:02	26h09m

文帝前元六年

月序	朔干支	公历	朔小余	相当时分	实际合朔日时分	后天数值
十月	辛巳	前 175 年 11 月 20 日	663	18:36	庚辰 12:54	29h42m
十一月	辛亥	12 月 20 日	222	05:40	庚戌 00:19	29h21m
十二月	庚辰	前 174 年 1 月 18 日	721	18:25	己卯 12:18	30h07m
正月	庚戌	2 月 17 日	280	07:09	己酉 01:04	30h05m
二月	己卯	3 月 18 日	779	19:53	戊寅 14:57	28h56m
三月	己酉	4 月 17 日	338	08:38	戊申 05:53	26h45m
四月	戊寅	5 月 16 日	837	21:22	丁丑 21:10	24h12m
五月	戊申	6 月 15 日	396	10:07	丁未 12:23	21h44m
六月	丁丑	7 月 14 日	895	22:51	丁丑 02:47	20h04m

续表

月序	朔干支	公历	朔小余	相当时分	实际合朔日时分	后天数值
七月	丁未	8月13日	454	11:35	丙午 16:15	19h20m
八月	丁丑	9月11日	13	00:20	丙子 04:58	19h22m
九月	丙午	10月11日	512	13:04	乙巳 17:07	19h57m

文帝前元七年

月序	朔干支	公历	朔小余	相当时分	实际合朔日时分	后天数值
十月	丙子	前174年11月10日	71	01:49	乙亥 04:43	21h06m
十一月	乙巳	12月9日	570	14:33	甲辰 15:42	22h51m
十二月	乙亥	前173年1月8日	129	03:18	甲戌 02:10	25h08m
正月	甲辰	2月6日	628	16:02	癸卯 12:29	27h33m
二月	甲戌	3月7日	187	04:46	壬申 23:12	29h34m
三月	癸卯	4月5日	686	17:31	壬寅 10:46	30h45m
四月	癸酉	5月5日	245	06:15	辛未 23:26	30h49m
五月	壬寅	6月3日	744	19:00	辛丑 13:12	29h48m
六月	壬申	7月3日	303	07:44	辛未 03:59	27h45m
七月	辛丑	8月1日	802	20:29	庚子 19:32	24h57m
八月	辛未	8月31日	361	09:13	庚午 11:27	21h46m
九月	庚子	9月29日	860	21:57	庚子 03:02	18h55m

文帝前元八年

月序	朔干支	公历	朔小余	相当时分	实际合朔日时分	后天数值
十月	庚午	前173年10月29日	419	10:42	己巳 17:30	17h12m
十一月	己亥	11月27日	918	23:26	己亥 06:25	17h01m
十二月	己巳	12月27日	477	12:11	戊辰 17:49	18h22m
正月	己亥	前172年1月26日	36	00:55	戊戌 04:02	20h53m

续表

月序	朔干支	公历	朔小余	相当时分	实际合朔日时分	后天数值
二月	戊辰	2 月 24 日	535	13:40	丁卯 13:33	24h07m
三月	戊戌	3 月 26 日	94	02:24	丙申 22:45	27h39m
四月	丁卯	4 月 24 日	593	15:08	丙寅 08:08	31h00m
五月	丁酉	5 月 24 日	152	03:53	乙未 18:20	33h33m
六月	丙寅	6 月 22 日	651	16:37	乙丑 06:00	34h37m
七月	丙申	7 月 22 日	210	05:22	甲午 19:53	33h29m
八月	乙丑	8 月 20 日	709	18:06	甲子 12:04	30h02m
九月	乙未	9 月 19 日	268	06:51	甲午 05:48	25h03m
后九月	甲子	10 月 18 日	767	19:35	癸亥 23:38	19h57m

文帝前元九年

月序	朔干支	公历	朔小余	相当时分	实际合朔日时分	后天数值
十月	甲午	前 172 年 11 月 17 日	326	08:19	癸巳 16:13	16h06m
十一月	癸亥	12 月 16 日	825	21:04	癸亥 06:50	14h14m
十二月	癸巳	前 171 年 1 月 15 日	384	09:48	壬辰 19:24	14h24m
正月	壬戌	2 月 13 日	883	22:33	壬戌 06:05	16h28m
二月	壬辰	3 月 15 日	442	11:17	辛卯 15:09	20h08m
三月	壬戌	4 月 14 日	1	00:02	庚申 23:03	24h59m
四月	辛卯	5 月 13 日	500	12:46	庚寅 06:32	30h14m
五月	辛酉	6 月 12 日	59	01:30	己未 14:45	34h45m
六月	庚寅	7 月 11 日	558	14:15	己丑 00:51	37h24m
七月	庚申	8 月 10 日	117	02:59	戊午 13:46	37h13m
八月	己丑	9 月 8 日	616	15:44	戊子 05:40	34h04m
九月	己未	10 月 8 日	175	04:28	丁巳 23:49	28h39m

文帝前元十年

月序	朔干支	公历	朔小余	相当时分	实际合朔日时分	后天数值
十月	戊子	前 171 年 11 月 6 日	674	17:13	丁亥 18:50	22h23m
十一月	戊午	12 月 6 日	233	05:57	丁巳 13:13	16h44m
十二月	丁亥	前 170 年 1 月 4 日	732	18:41	丁亥 05:49	12h52m
正月	丁巳	2 月 3 日	291	07:26	丙辰 19:55	11h31m
二月	丙戌	3 月 4 日	790	20:10	丙戌 07:12	12h58m
三月	丙辰	4 月 3 日	349	08:55	乙卯 15:59	16h54m
四月	乙酉	5 月 2 日	848	21:39	甲申 23:05	22h34m
五月	乙卯	6 月 1 日	407	10:23	甲寅 05:39	28h44m
六月	甲申	6 月 30 日	906	23:08	癸未 12:58	34h10m
七月	甲寅	7 月 30 日	465	11:52	壬子 22:11	37h41m
八月	甲申	8 月 29 日	24	00:37	壬午 09:55	38h42m
九月	癸丑	9 月 27 日	523	13:21	壬子 00:33	36h48m
后九月	癸未	10 月 27 日	82	02:06	辛巳 17:54	32h12m

文帝前元十一年

月序	朔干支	公历	朔小余	相当时分	实际合朔日时分	后天数值
十月	壬子	前 170 年 11 月 25 日	581	14:50	辛亥 13:09	25h41m
十一月	壬午	12 月 25 日	140	03:34	辛巳 08:51	18h43m
十二月	辛亥	前 169 年 1 月 23 日	639	16:19	辛亥 03:09	13h10m
正月	辛巳	2 月 22 日	198	05:03	庚辰 18:32	10h31m
二月	庚戌	3 月 22 日	697	17:48	庚戌 06:31	11h17m
三月	庚辰	4 月 21 日	256	06:32	己卯 15:39	14h53m
四月	己酉	5 月 20 日	755	19:17	戊申 23:00	20h17m
五月	己卯	6 月 19 日	314	08:01	戊寅 05:47	26h14m
六月	戊申	7 月 18 日	813	20:45	丁未 13:01	31h44m

续表

月序	朔干支	公历	朔小余	相当时分	实际合朔日时分	后天数值
七月	戊寅	8月17日	372	09:30	丙子 21:33	35h57m
八月	丁未	9月15日	871	22:14	丙午 08:05	38h09m
九月	丁丑	10月15日	430	10:59	乙亥 21:14	37h45m

文帝前元十二年

月序	朔干支	公历	朔小余	相当时分	实际合朔日时分	后天数值
十月	丙午	前169年11月13日	929	23:43	乙巳 13:21	34h22m
十一月	丙子	12月13日	488	12:28	乙亥 08:02	28h26m
十二月	丙午	前168年1月12日	47	01:12	乙巳 03:45	21h27m
正月	乙亥	2月10日	546	13:56	甲戌 22:28	15h28m
二月	乙巳	3月12日	105	02:41	甲辰 14:33	12h08m
三月	甲戌	4月10日	604	15:25	甲戌 03:33	11h52m
四月	甲辰	5月10日	163	04:10	癸卯 13:57	14h11m
五月	癸酉	6月8日	662	16:54	壬申 22:33	18h21m
六月	癸卯	7月8日	221	05:39	壬寅 06:14	23h25m
七月	壬申	8月6日	720	18:23	辛未 13:46	28h37m
八月	壬寅	9月5日	279	07:07	庚子 22:09	32h58m
九月	辛未	10月4日	778	19:52	庚午 07:54	35h58m

文帝前元十三年

月序	朔干支	公历	朔小余	相当时分	实际合朔日时分	后天数值
十月	辛丑	前168年11月3日	337	08:36	己亥 19:59	36h37m
十一月	庚午	12月2日	836	21:21	己巳 10:45	34h36m
十二月	庚子	前167年1月1日	395	10:05	己亥 03:49	30h16m
正月	己巳	1月30日	894	22:50	戊辰 21:58	24h52m

续表

月序	朔干支	公历	朔小余	相当时分	实际合朔日时分	后天数值
二月	己亥	3 月 1 日	453	11:34	戊戌 15:47	19h53m
三月	己巳	3 月 31 日	12	00:18	戊辰 08:11	16h07m
四月	戊戌	4 月 29 日	511	13:03	丁酉 22:36	14h27m
五月	戊辰	5 月 29 日	70	01:47	丁卯 10:54	14h53m
六月	丁酉	6 月 27 日	569	14:32	丙申 21:16	17h16m
七月	丁卯	7 月 27 日	128	03:16	丙寅 06:13	21h03m
八月	丙申	8 月 25 日	627	16:01	乙未 14:34	25h27m
九月	丙寅	9 月 24 日	186	04:45	甲子 23:17	29h28m
后九月	乙未	10 月 23 日	685	17:29	甲午 09:13	32h16m

文帝前元十四年

月序	朔干支	公历	朔小余	相当时分	实际合朔日时分	后天数值
十月	乙丑	前 167 年 11 月 22 日	244	06:14	癸亥 20:50	33h24m
十一月	甲午	12 月 21 日	743	18:58	癸巳 10:07	32h51m
十二月	甲子	前 166 年 1 月 20 日	302	07:43	癸亥 00:46	30h57m
正月	癸巳	2 月 18 日	801	20:27	壬辰 16:21	28h06m
二月	癸亥	3 月 20 日	360	09:11	壬戌 08:30	24h41m
三月	壬辰	4 月 18 日	859	21:56	壬辰 00:40	21h16m
四月	壬戌	5 月 18 日	418	10:40	辛酉 16:04	18h36m
五月	辛卯	6 月 16 日	917	23:25	辛卯 05:50	17h35m
六月	辛酉	7 月 16 日	476	12:09	庚申 18:10	17h59m
七月	辛卯	8 月 15 日	35	00:54	庚寅 04:54	20h00m
八月	庚申	9 月 13 日	534	13:38	己未 14:58	22h40m
九月	庚寅	10 月 13 日	93	02:22	己丑 01:15	25h07m

文帝前元十五年

月序	朔干支	公历	朔小余	相当时分	实际合朔日时分	后天数值
十月	己未	前 166 年 11 月 11 日	592	15:07	戊午 11:56	27h11m
十一月	己丑	12 月 11 日	151	03:51	丁亥 23:05	28h46m
十二月	戊午	前 165 年 1 月 9 日	650	16:36	丁巳 10:38	29h58m
正月	戊子	2 月 8 日	209	05:20	丙戌 22:40	30h40m
二月	丁巳	3 月 8 日	708	18:05	丙辰 11:36	30h29m
三月	丁亥	4 月 7 日	267	06:49	丙戌 01:42	29h07m
四月	丙辰	5 月 6 日	766	19:33	乙卯 16:44	26h49m
五月	丙戌	6 月 5 日	325	08:18	乙酉 08:05	24h13m
六月	乙卯	7 月 4 日	824	21:02	甲寅 23:02	22h00m
七月	乙酉	8 月 3 日	383	09:47	甲申 13:11	20h36m
八月	甲寅	9 月 1 日	882	22:31	甲寅 02:31	20h00m
九月	甲申	10 月 1 日	441	11:16	癸未 15:13	20h03m

文帝前元十六年

月序	朔干支	公历	朔小余	相当时分	实际合朔日时分	后天数值
十月	甲寅	前 165 年 10 月 31 日	0	00:00	癸丑 03:19	20h41m
十一月	癸未	11 月 19 日	499	12:44	壬午 14:43	22h01m
十二月	癸丑	12 月 29 日	58	01:29	壬子 01:23	24h06m
正月	壬午	前 164 年 1 月 27 日	557	14:13	辛巳 11:34	26h39m
二月	壬子	2 月 26 日	116	02:58	庚戌 21:46	29h12m
三月	辛巳	3 月 27 日	615	15:42	庚辰 08:35	31h07m
四月	辛亥	4 月 26 日	174	04:27	己酉 20:37	31h50m
五月	庚辰	5 月 25 日	673	17:11	己卯 09:30	31h41m
六月	庚戌	6 月 24 日	232	05:55	戊申 23:45	30h10m
七月	己卯	7 月 23 日	731	18:40	戊寅 15:03	27h37m

续表

月序	朔干支	公历	朔小余	相当时分	实际合朔日时分	后天数值
八月	己酉	8月22日	290	07:24	戊申 07:05	24h19m
九月	戊寅	9月20日	789	20:09	丁丑 23:13	20h56m
后九月	戊申	10月20日	348	08:53	丁未 14:36	18h17m

文帝后元元年

月序	朔干支	公历	朔小余	相当时分	实际合朔日时分	后天数值
十月	丁丑	前164年11月18日	829	21:10	丁丑 04:34	16h36m
十一月	丁未	12月18日	388	09:54	丙午 16:47	17h07m
十二月	丙子	前163年1月16日	887	22:39	丙子 03:30	19h09m
正月	丙午	2月15日	446	11:23	乙巳 13:09	22h14m
二月	丙子	3月17日	5	00:08	甲戌 22:13	25h55m
三月	乙巳	4月15日	504	12:52	甲辰 07:11	29h41m
四月	乙亥	5月15日	63	01:36	癸酉 16:39	32h57m
五月	甲辰	6月13日	562	14:21	癸卯 03:21	35h00m
六月	甲戌	7月13日	121	03:05	壬申 16:03	35h02m
七月	癸卯	8月11日	620	15:50	壬寅 07:13	32h37m
八月	癸酉	9月10日	179	04:34	壬申 00:30	28h04m
九月	壬寅	10月9日	678	17:19	辛丑 18:44	22h35m

文帝后元二年

月序	朔干支	公历	朔小余	相当时分	实际合朔日时分	后天数值
十月	壬申	前163年11月8日	237	06:03	辛未 12:18	17h45m
十一月	辛丑	12月7日	736	18:47	辛丑 04:04	14h43m
十二月	辛未	前162年1月6日	295	07:32	庚午 17:39	13h53m
正月	庚子	2月4日	794	20:16	庚子 05:09	15h07m

续表

月序	朔干支	公历	朔小余	相当时分	实际合朔日时分	后天数值
二月	庚午	3月6日	353	09:01	己巳 14:50	18h11m
三月	己亥	4月4日	852	21:45	戊戌 23:04	22h41m
四月	己巳	5月4日	411	10:30	戊辰 06:29	28h01m
五月	戊戌	6月2日	910	23:14	丁酉 14:05	33h09m
六月	戊辰	7月2日	469	11:58	丙寅 23:03	36h55m
七月	戊戌	8月1日	28	00:43	丙申 10:30	38h13m
八月	丁卯	8月30日	527	13:27	丙寅 01:03	36h24m
九月	丁酉	9月29日	86	02:12	乙未 18:23	31h49m
后九月	丙寅	10月28日	585	14:56	乙丑 13:19	25h37m

文帝后元三年

月序	朔干支	公历	朔小余	相当时分	实际合朔日时分	后天数值
十月	丙申	前162年11月27日	144	03:41	乙未 08:11	19h30m
十一月	乙丑	12月26日	643	16:25	乙丑 01:54	14h29m
十二月	乙未	前161年1月25日	202	05:09	甲午 17:21	11h48m
正月	甲子	2月23日	701	17:54	甲子 06:00	11h54m
二月	甲午	3月24日	260	06:38	癸巳 15:52	14h46m
三月	癸亥	4月22日	759	19:23	壬戌 23:35	19h48m
四月	癸巳	5月22日	318	08:07	壬辰 06:11	25h56m
五月	壬戌	6月20日	817	20:52	辛酉 12:56	31h56m
六月	壬辰	7月20日	376	09:36	庚寅 21:03	36h33m
七月	辛酉	8月18日	875	22:20	庚申 07:29	38h51m
八月	辛卯	9月17日	434	11:05	己丑 20:46	38h19m
九月	庚申	10月16日	933	23:49	己未 12:56	34h53m

文帝后元四年

月序	朔干支	公历	朔小余	相当时分	实际合朔日时分	后天数值
十月	庚寅	前161年11月15日	492	12:34	己丑07:27	29h07m
十一月	庚申	12月15日	51	01:18	己未03:09	22h09m
十二月	己丑	前160年1月13日	550	14:03	戊子22:19	15h44m
正月	己未	2月12日	109	02:47	戊午15:12	11h35m
二月	戊子	3月13日	608	15:31	戊子04:46	10h45m
三月	戊午	4月12日	167	04:16	丁巳15:07	13h09m
四月	丁亥	5月11日	666	17:00	丙戌23:09	17h51m
五月	丁巳	6月10日	225	05:45	丙辰06:05	23h40m
六月	丙戌	7月9日	724	18:29	乙酉13:02	29h27m
七月	丙辰	8月8日	283	07:14	甲寅20:56	34h18m
八月	乙酉	9月6日	782	19:58	甲申06:31	37h27m
九月	乙卯	10月6日	341	08:42	癸丑18:24	38h18m

文帝后元五年

月序	朔干支	公历	朔小余	相当时分	实际合朔日时分	后天数值
十月	甲申	前160年11月4日	840	21:27	癸未09:05	36h22m
十一月	甲寅	12月4日	399	10:11	癸丑02:35	31h36m
十二月	癸未	前159年1月2日	898	22:56	壬午21:46	25h10m
正月	癸丑	2月1日	457	11:40	壬子17:05	18h35m
二月	癸未	3月3日	16	00:25	壬午10:30	13h55m
三月	壬子	4月1日	515	13:09	壬子00:59	12h10m
四月	壬午	5月1日	74	01:53	辛巳12:36	13h17m
五月	辛亥	5月30日	573	14:38	庚戌22:05	16h33m
六月	辛巳	6月29日	132	03:22	庚辰06:14	21h08m
七月	庚戌	7月28日	631	16:07	己酉13:55	26h12m

续表

月序	朔干支	公历	朔小余	相当时分	实际合朔日时分	后天数值
八月	庚辰	8 月 27 日	190	04:51	戊寅 21:53	30h58m
九月	己酉	9 月 25 日	689	17:35	戊申 06:56	34h39m
后九月	己卯	10 月 25 日	248	06:20	丁丑 17:53	36h27m

文帝后元六年

月序	朔干支	公历	朔小余	相当时分	实际合朔日时分	后天数值
十月	戊申	前 159 年 11 月 23 日	747	19:04	丁未 07:19	35h45m
十一月	戊寅	12 月 23 日	306	07:49	丙子 23:14	32h35m
十二月	丁未	前 158 年 1 月 21 日	805	20:33	丙午 16:49	27h44m
正月	丁丑	2 月 20 日	364	09:18	丙子 10:45	22h33m
二月	丙午	3 月 21 日	863	22:02	丙午 03:45	18h17m
三月	丙子	4 月 20 日	422	10:46	乙亥 19:05	15h41m
四月	乙巳	5 月 19 日	921	23:31	乙巳 08:25	15h06m
五月	乙亥	6 月 18 日	480	12:15	甲戌 19:48	16h27m
六月	乙巳	7 月 18 日	39	01:00	甲辰 05:33	19h27m
七月	甲戌	8 月 16 日	538	13:44	癸酉 14:18	23h26m
八月	甲辰	9 月 15 日	97	02:29	壬寅 22:55	27h34m
九月	癸酉	10 月 14 日	596	15:13	壬申 08:20	32h53m

文帝后元七年

月序	朔干支	公历	朔小余	相当时分	实际合朔日时分	后天数值
十月	癸卯	前 158 年 11 月 13 日	155	03:57	辛丑 19:11	32h46m
十一月	壬申	12 月 12 日	654	16:42	辛未 07:38	33h04m
十二月	壬寅	前 157 年 1 月 11 日	213	05:26	庚子 21:29	31h57m
正月	辛未	2 月 9 日	712	18:11	庚午 12:19	29h52m

续表

月序	朔干支	公历	朔小余	相当时分	实际合朔日时分	后天数值
二月	辛丑	3 月 10 日	271	06:55	庚子 03:54	27h01m
三月	庚午	4 月 8 日	770	19:40	己巳 19:52	23h48m
四月	庚子	5 月 8 日	329	08:24	己亥 11:38	20h46m
五月	己巳	6 月 6 日	828	21:08	己巳 02:26	18h42m
六月	己亥	7 月 6 日	387	09:53	戊戌 15:42	18h11m
七月	戊辰	8 月 4 日	886	22:37	戊辰 03:23	19h14m
八月	戊戌	9 月 3 日	445	11:22	丁酉 14:00	21h22m
九月	戊辰	10 月 3 日	4	00:06	丁卯 00:19	23h47m

景帝前元元年

月序	朔干支	公历	朔小余	相当时分	实际合朔日时分	后天数值
十月	丁酉	前 157 年 11 月 1 日	503	12:51	丙申 10:53	25h58m
十一月	丁卯	12 月 1 日	62	01:35	乙丑 21:53	27h42m
十二月	丙申	12 月 30 日	561	14:19	乙未 09:10	29h09m
正月	丙寅	前 156 年 1 月 29 日	120	03:04	甲子 20:43	30h21m
二月	乙未	2 月 27 日	619	15:48	甲午 08:53	30h55m
三月	乙丑	3 月 29 日	178	04:33	癸亥 22:06	30h27m
四月	甲午	4 月 27 日	677	17:17	癸巳 12:29	28h48m
五月	甲子	5 月 27 日	236	06:02	癸亥 03:40	26h22m
六月	癸巳	6 月 25 日	735	18:46	壬辰 18:55	23h51m
七月	癸亥	7 月 25 日	294	07:30	壬戌 09:40	21h50m
八月	壬辰	8 月 23 日	793	20:15	辛卯 23:39	20h36m
九月	壬戌	9 月 22 日	352	08:59	辛酉 12:57	20h02m
后九月	辛卯	10 月 21 日	851	21:44	辛卯 01:36	20h08m

景帝前元二年

月序	朔干支	公历	朔小余	相当时分	实际合朔日时分	后天数值
十月	辛酉	前 156 年 11 月 20 日	410	10:28	庚申 13:31	20h57m
十一月	庚寅	12 月 19 日	909	23:13	庚寅 00:33	22h40m
十二月	庚申	前 155 年 1 月 18 日	468	11:57	己未 10:49	35h08m
正月	庚寅	2 月 17 日	27	00:41	戊子 20:44	27h57m
二月	己未	3 月 18 日	526	13:26	戊午 06:59	30h27m
三月	己丑	4 月 17 日	86	02:12	丁亥 17:57	32h15m
四月	戊午	5 月 16 日	584	14:55	丁巳 06:08	32h47m
五月	戊子	6 月 15 日	143	03:39	丙戌 19:39	32h00m
六月	丁巳	7 月 14 日	642	16:23	丙辰 10:27	29h56m
七月	丁亥	8 月 13 日	201	05:08	丙戌 02:21	26h47m
八月	丙辰	9 月 11 日	700	17:52	乙卯 18:50	23h02m
九月	丙戌	10 月 11 日	259	06:37	乙酉 11:03	19h34m

景帝前元三年

月序	朔干支	公历	朔小余	相当时分	实际合朔日时分	后天数值
十月	乙卯	前 155 年 11 月 9 日	758	19:21	乙卯 02:04	17h17m
十一月	乙酉	12 月 9 日	317	08:06	甲申 15:16	16h50m
十二月	甲寅	前 154 年 1 月 7 日	816	20:50	甲寅 02:40	18h10m
正月	甲申	2 月 6 日	375	09:34	癸未 12:39	20h55m
二月	癸丑	3 月 7 日	874	22:19	壬子 21:45	24h34m
三月	癸未	4 月 6 日	433	11:03	壬午 06:29	28h34m
四月	壬子	5 月 5 日	932	23:48	辛亥 15:25	32h23m
五月	壬午	6 月 4 日	491	12:32	辛巳 01:16	35h16m
六月	壬子	7 月 4 日	50	01:17	庚戌 12:50	36h27m
七月	辛巳	8 月 2 日	549	14:01	庚辰 02:48	35h13m

续表

月序	朔干支	公历	朔小余	相当时分	实际合朔日时分	后天数值
八月	辛亥	9月1日	108	02:45	己酉 19:16	31h29m
九月	庚辰	9月30日	607	15:30	己卯 13:27	26h03m

景帝前元四年

月序	朔干支	公历	朔小余	相当时分	实际合朔日时分	后天数值
十月	庚戌	前154年10月30日	166	04:14	己酉 07:46	20h28m
十一月	己卯	11月28日	665	16:59	己卯 00:42	16h17m
十二月	己酉	12月28日	224	05:43	戊申 15:26	14h17m
正月	戊寅	前153年1月26日	723	18:28	戊寅 03:53	14h35m
二月	戊申	2月25日	282	07:12	丁未 14:18	16h54m
三月	丁丑	3月25日	781	19:56	丙子 23:10	20h46m
四月	丁未	4月24日	340	08:41	丙午 06:44	25h57m
五月	丙子	5月23日	839	21:25	乙亥 13:57	31h28m
六月	丙午	6月22日	398	10:10	甲辰 21:58	36h12m
七月	乙亥	7月21日	897	22:54	甲戌 08:00	38h54m
八月	乙巳	8月20日	456	11:39	癸卯 20:58	38h41m
九月	乙亥	9月19日	15	00:23	癸酉 13:05	35h18m
后九月	甲辰	10月18日	514	13:07	癸卯 07:32	29h35m

景帝前元五年

月序	朔干支	公历	朔小余	相当时分	实际合朔日时分	后天数值
十月	甲戌	前153年11月17日	73	01:52	癸酉 02:51	23h01m
十一月	癸卯	12月16日	572	14:36	壬寅 21:27	17h09m
十二月	癸酉	前152年1月15日	131	03:21	壬申 14:07	13h14m
正月	壬寅	2月13日	630	16:05	壬寅 04:06	11h59m

续表

月序	朔干支	公历	朔小余	相当时分	实际合朔日时分	后天数值
二月	壬申	3月15日	189	04:50	辛未 15:12	13h38m
三月	辛丑	4月13日	688	17:34	庚子 23:46	17h48m
四月	辛未	5月13日	247	06:18	庚午 06:41	23h37m
五月	庚子	6月11日	746	19:03	己亥 13:10	29h53m
六月	庚午	7月11日	305	07:47	戊辰 20:28	35h19m
七月	己亥	8月9日	804	20:32	戊戌 05:43	38h49m
八月	己巳	9月8日	363	09:16	丁卯 17:38	39h38m
九月	戊戌	10月7日	862	22:01	丁酉 08:30	37h31m

景帝前元六年

月序	朔干支	公历	朔小余	相当时分	实际合朔日时分	后天数值
十月	戊辰	前152年11月6日	421	10:45	丁卯 02:02	32h43m
十一月	丁酉	12月5日	920	23:29	丙申 21:21	26h08m
十二月	丁卯	前151年1月4日	479	12:14	丙寅 16:59	19h15m
正月	丁酉	2月3日	38	00:58	丙申 11:06	13h52m
二月	丙寅	3月4日	537	13:43	丙寅 02:16	11h27m
三月	丙申	4月3日	96	02:27	乙未 14:03	12h24m
四月	乙丑	5月2日	595	15:11	甲子 23:09	16h02m
五月	乙未	6月1日	154	03:56	甲午 06:30	21h26m
六月	甲子	6月30日	653	16:40	癸亥 13:22	27h18m
七月	甲午	7月30日	212	05:25	壬辰 20:46	32h39m
八月	癸亥	8月28日	711	18:09	壬戌 05:32	36h37m
九月	癸巳	9月27日	270	06:54	辛卯 16:17	38h37m
后九月	壬戌	10月26日	769	19:38	辛酉 05:32	38h06m

景帝前元七年

月序	朔干支	公历	朔小余	相当时分	实际合朔日时分	后天数值
十月	壬辰	前 151 年 11 月 25 日	328	08:22	庚寅 21:36	34h46m
十一月	辛酉	12 月 24 日	827	21:07	庚申 16:05	29h02m
十二月	辛卯	前 150 年 1 月 23 日	386	09:51	庚寅 11:30	22h21m
正月	庚申	2 月 21 日	885	22:36	庚申 05:54	16h42m
二月	庚寅	3 月 23 日	444	11:20	己丑 21:46	13h34m
三月	庚申	4 月 22 日	3	00:05	己未 10:41	13h24m
四月	己丑	5 月 21 日	502	12:49	戊子 21:08	15h41m
五月	己未	6 月 20 日	61	01:33	戊午 05:55	19h38m
六月	戊子	7 月 19 日	560	14:18	丁亥 13:52	24h26m
七月	戊午	8 月 18 日	119	03:02	丙辰 21:45	29h17m
八月	丁亥	9 月 16 日	618	15:47	丙戌 06:20	33h27m
九月	丁巳	10 月 16 日	177	04:31	乙卯 16:23	36h08m

景帝中元元年

月序	朔干支	公历	朔小余	相当时分	实际合朔日时分	后天数值
十月	丙戌	前 150 年 11 月 14 日	676	17:16	乙酉 04:35	36h41m
十一月	丙辰	12 月 14 日	235	06:00	甲寅 19:15	34h45m
十二月	乙酉	前 149 年 1 月 12 日	734	18:44	甲申 11:59	30h45m
正月	乙卯	2 月 11 日	293	07:29	甲寅 05:40	25h49m
二月	甲申	3 月 11 日	792	20:13	癸未 23:02	21h11m
三月	甲寅	4 月 10 日	351	08:58	癸丑 15:06	17h52m
四月	癸未	5 月 9 日	850	21:42	癸未 05:24	16h18m
五月	癸丑	6 月 8 日	409	10:27	壬子 17:47	16h40m
六月	壬午	7 月 7 日	908	23:11	壬午 04:30	18h41m
七月	壬子	8 月 6 日	467	11:55	辛亥 13:54	22h01m

续表

月序	朔干支	公历	朔小余	相当时分	实际合朔日时分	后天数值
八月	壬午	9月3日	26	00:40	庚辰 22:44	25h56m
九月	辛亥	10月4日	525	13:24	庚戌 07:52	29h32m

景帝中元二年

月序	朔干支	公历	朔小余	相当时分	实际合朔日时分	后天数值
十月	辛巳	前149年11月3日	84	02:09	己卯 18:03	32h06m
十一月	庚戌	12月2日	583	14:53	己酉 05:42	33h11m
十二月	庚辰	前148年1月1日	142	03:38	戊寅 18:44	32h54m
正月	己酉	1月30日	641	16:22	戊申 08:51	31h31m
二月	己卯	3月1日	200	05:06	丁丑 23:48	29h18m
三月	戊申	3月30日	699	17:51	丁未 15:22	26h29m
四月	戊寅	4月29日	258	06:35	丁丑 07:09	23h26m
五月	丁未	5月28日	757	19:20	丙午 22:29	20h51m
六月	丁丑	6月27日	316	08:04	丙子 12:40	19h24m
七月	丙午	7月26日	815	20:49	丙午 01:18	19h31m
八月	丙子	8月25日	374	09:33	乙亥 12:38	20h55m
九月	乙巳	9月23日	873	22:17	甲辰 23:16	23h01m
后九月	乙亥	10月23日	432	11:02	甲戌 09:53	25h09m

景帝中元三年

月序	朔干支	公历	朔小余	相当时分	实际合朔日时分	后天数值
十月	甲辰	前148年11月21日	931	23:46	癸卯 20:47	26h59m
十一月	甲戌	12月21日	490	12:31	癸酉 07:54	28h37m
十二月	甲辰	前147年1月20日	49	01:15	壬寅 19:09	30h06m
正月	癸酉	2月18日	548	13:59	壬申 06:43	31h16m

月序	朔干支	公历	朔小余	相当时分	实际合朔日时分	后天数值
二月	癸卯	3月20日	107	02:44	辛丑 19:04	31h40m
三月	壬申	4月18日	606	15:28	辛未 08:36	30h52m
四月	壬寅	5月18日	165	04:13	庚子 23:18	28h55m
五月	辛未	6月16日	664	16:57	庚午 14:35	26h22m
六月	辛丑	7月16日	223	05:42	庚子 05:37	24h05m
七月	庚午	8月14日	722	18:26	己巳 20:16	22h10m
八月	庚子	9月13日	281	07:10	己亥 10:16	20h54m
九月	己巳	10月12日	780	19:55	戊辰 23:35	20h20m

景帝中元四年

月序	朔干支	公历	朔小余	相当时分	实际合朔日时分	后天数值
十月	己亥	前147年11月11日	339	08:39	戊戌 12:08	20h31m
十一月	戊辰	12月10日	838	21:24	丁卯 23:42	23h42m
十二月	戊戌	前146年1月9日	397	10:08	丁酉 10:16	23h52m
正月	丁卯	2月7日	896	22:53	丙寅 20:06	26h47m
二月	丁酉	3月9日	455	11:37	丙申 05:47	29h50m
三月	丁卯	4月8日	14	00:21	乙丑 16:02	32h19m
四月	丙申	5月7日	153	03:54	乙未 03:21	24h33m
五月	丙寅	6月6日	72	01:50	甲子 16:03	33h47m
六月	乙未	7月5日	571	14:35	甲午 06:13	32h22m
七月	乙丑	8月4日	130	03:19	癸亥 21:44	29h35m
八月	甲午	9月2日	629	16:04	癸巳 14:14	25h50m
九月	甲子	10月2日	188	04:48	癸亥 06:59	21h49m

景帝中元五年

月序	朔干支	公历	朔小余	相当时分	实际合朔日时分	后天数值
十月	癸巳	前146年10月31日	687	17:32	壬辰 22:57	18h35m
十一月	癸亥	11月30日	246	06:17	壬戌 13:15	17h02m
十二月	壬辰	12月29日	745	19:01	壬辰 01:32	17h29m
正月	壬戌	前145年1月28日	304	07:46	辛酉 12:04	19h42m
二月	辛卯	2月26日	803	20:30	庚寅 21:22	23h08m
三月	辛酉	3月27日	362	09:15	庚申 06:01	27h14m
四月	庚寅	4月25日	861	21:59	己丑 14:34	31h25m
五月	庚申	5月25日	420	10:43	戊午 23:43	35h00m
六月	己丑	6月23日	919	23:28	戊子 10:14	37h14m
七月	己未	7月23日	478	12:12	丁巳 22:57	37h15m
八月	己丑	8月22日	37	00:57	丁亥 14:10	34h47m
九月	戊午	9月20日	536	13:41	丁巳 07:50	29h51m
后九月	戊子	10月20日	95	02:26	丁亥 02:33	23h53m

景帝中元六年

月序	朔干支	公历	朔小余	相当时分	实际合朔日时分	后天数值
十月	丁巳	前145年11月18日	594	15:10	丙辰 20:34	18h36m
十一月	丁亥	12月18日	153	03:54	丙戌 12:36	15h18m
十二月	丙辰	前144年1月16日	652	16:39	丙辰 02:14	14h25m
正月	丙戌	2月15日	211	05:23	乙酉 13:34	15h49m
二月	乙卯	3月16日	710	18:08	甲寅 22:57	19h11m
三月	乙酉	4月15日	269	06:52	甲申 06:52	24h00m
四月	甲寅	5月14日	768	19:37	癸丑 14:00	29h37m
五月	甲申	6月13日	327	08:21	壬午 21:24	34h57m
六月	癸丑	7月12日	826	21:05	壬子 06:16	38h49m

续表

月序	朔干支	公历	朔小余	相当时分	实际合朔日时分	后天数值
七月	癸未	8 月 11 日	385	09:50	辛巳 17:44	40h06m
八月	壬子	9 月 9 日	884	22:34	辛亥 08:25	38h09m
九月	壬午	10 月 9 日	443	11:19	辛巳 02:01	33h18m

景帝后元元年

月序	朔干支	公历	朔小余	相当时分	实际合朔日时分	后天数值
十月	壬子	前 144 年 11 月 17 日	2	00:03	庚戌 21:14	26h49m
十一月	辛巳	12 月 7 日	501	12:47	庚辰 16:27	20h20m
十二月	辛亥	前 143 年 1 月 6 日	60	01:32	庚戌 10:13	15h19m
正月	庚辰	2 月 4 日	559	14:16	庚辰 01:13	13h03m
二月	庚戌	3 月 6 日	118	03:01	己酉 13:56	13h05m
三月	己卯	4 月 4 日	617	15:45	戊寅 23:35	16h10m
四月	己酉	5 月 4 日	176	04:30	戊申 07:06	21h24m
五月	戊寅	6 月 2 日	675	17:14	丁丑 13:35	27h39m
六月	戊申	7 月 2 日	234	05:58	丙午 20:20	33h38m
七月	丁丑	7 月 31 日	733	18:43	丙子 04:33	38h10m
八月	丁未	8 月 30 日	292	07:27	乙巳 15:12	40h15m
九月	丙子	9 月 28 日	791	20:12	乙亥 04:38	39h34m
后九月	丙午	10 月 28 日	350	08:56	甲辰 20:55	36h01m

景帝后元二年

月序	朔干支	公历	朔小余	相当时分	实际合朔日时分	后天数值
十月	乙亥	前 143 年 11 月 26 日	849	21:41	甲戌 15:29	30h12m
十一月	乙巳	12 月 26 日	408	10:25	甲辰 11:08	23h17m
十二月	甲戌	前 142 年 1 月 24 日	907	23:09	甲戌 06:11	16h58m

续表

月序	朔干支	公历	朔小余	相当时分	实际合朔日时分	后天数值
正月	甲辰	2月23日	466	11:54	癸卯 22:53	13h01m
二月	甲戌	3月25日	25	00:38	癸酉 12:19	12h19m
三月	癸卯	4月23日	524	13:23	壬寅 22:35	14h48m
四月	癸酉	5月23日	83	02:07	壬申 06:37	19h30m
五月	壬寅	6月21日	582	14:52	辛丑 13:37	25h15m
六月	壬申	7月21日	141	03:36	庚午 20:44	30h52m
七月	辛丑	8月19日	640	16:20	庚子 04:52	35h28m
八月	辛未	9月18日	199	05:05	己巳 14:41	38h24m
九月	庚子	10月17日	698	17:49	己亥 02:44	39h05m

景帝后元三年

月序	朔干支	公历	朔小余	相当时分	实际合朔日时分	后天数值
十月	庚午	前142年11月16日	257	06:34	戊辰 17:25	37h09m
十一月	己亥	12月15日	756	19:18	戊戌 10:45	32h33m
十二月	己巳	前141年1月14日	315	08:03	戊辰 05:47	26h16m
正月	戊戌	2月12日	814	20:47	戊戌 00:45	20h02m
二月	戊辰	3月13日	373	09:31	丁卯 17:51	15h40m
三月	丁酉	4月11日	872	22:16	丁酉 08:07	14h09m
四月	丁卯	5月11日	431	11:00	丙寅 19:41	15h19m
五月	丙申	6月9日	930	23:45	丙申 05:15	18h30m
六月	丙寅	7月9日	489	12:29	乙丑 13:39	22h50m
七月	丙申	8月8日	48	01:14	甲午 21:38	27h36m
八月	乙丑	9月6日	547	13:58	甲子 05:58	32h00m
九月	乙未	10月6日	106	02:42	癸巳 15:28	35h14m

武帝建元元年

月序	朔干支	公历	朔小余	相当时分	实际合朔日时分	后天数值
十月	甲子	前141年11月4日	605	15:27	癸亥 02h34m	36h53m
十一月	甲午	12月4日	164	04:11	壬辰 15h55m	36h16m
十二月	癸亥	前140年1月2日	663	16:56	壬戌 07h31m	33h25m
正月	癸巳	2月1日	222	05:40	壬辰 00h36m	29h04m
二月	壬戌	3月2日	721	18:25	辛酉 17h59m	24h26m
三月	壬辰	4月1日	280	07:09	辛卯 10h35m	20h34m
四月	辛酉	4月30日	779	19:53	辛酉 01h44m	18h09m
五月	辛卯	5月30日	338	08:38	庚寅 15h10m	17h28m
六月	庚申	6月28日	837	21:22	庚申 02h51m	18h31m
七月	庚寅	7月28日	396	10:07	己丑 13h03m	21h04m
八月	己未	8月26日	895	22:51	戊午 22h17m	24h34m
九月	己丑	9月25日	454	11:35	戊子 07h23m	28h12m
后九月	己未	10月25日	13	00:20	丁巳 17h08m	30h52m

武帝建元二年

月序	朔干支	公历	朔小余	相当时分	实际合朔日时分	后天数值
十月	戊子	前140年11月23日	512	13:04	丁亥 04:06	32h58m
十一月	戊午	12月23日	71	01:49	丙辰 16:23	33h26m
十二月	丁亥	前139年1月21日	570	14:33	丙戌 05:49	32h44m
正月	丁巳	2月20日	129	03:18	乙卯 20:07	31h11m
二月	丙戌	3月21日	628	16:02	乙酉 11:07	28h55m
三月	丙辰	4月20日	187	04:46	乙卯 02:37	26h09m
四月	乙酉	5月19日	686	17:31	甲申 18:10	23h21m
五月	乙卯	6月18日	245	06:15	甲寅 09:04	21h11m
六月	甲申	7月17日	744	19:00	癸未 22:40	20h20m

续表

月序	朔干支	公历	朔小余	相当时分	实际合朔日时分	后天数值
七月	甲寅	8月16日	303	07:44	癸丑 10:51	20h53m
八月	癸未	9月14日	802	20:29	壬午 22:00	22h29m
九月	癸丑	10月14日	361	09:13	壬子 08:48	24h25m

武帝建元三年

月序	朔干支	公历	朔小余	相当时分	实际合朔日时分	后天数值
十月	壬午	前139年11月12日	860	21:57	辛巳 19:50	26h07
十一月	壬子	12月12日	419	10:42	辛亥 06:53	27h49
十二月	辛巳	前138年1月10日	918	23:26	庚辰 17:57	29h29
正月	辛亥	2月9日	477	12:11	庚戌 05:03	31h08
二月	辛巳	3月11日	36	00:55	己卯 16:36	32h19
三月	庚戌	4月9日	535	13:40	己酉 05:10	32h30
四月	庚辰	5月9日	94	02:24	戊寅 19:03	31h21
五月	己酉	6月7日	593	15:08	戊申 09:59	29h09
六月	己卯	7月7日	152	03:53	戊寅 01:22	26h31
七月	戊申	8月5日	651	16:37	丁未 16:32	24h05
八月	戊寅	9月4日	210	05:22	丁丑 07:08	22h14
九月	丁未	10月3日	709	18:06	丙午 21:05	21h01

武帝建元四年

月序	朔干支	公历	朔小余	相当时分	实际合朔日时分	后天数值
十月	丁丑	前138年11月2日	268	06:51	丙子 10:15	20h36m
十一月	丙午	12月1日	767	19:35	乙巳 22:28	21h07m
十二月	丙子	12月31日	326	08:19	乙亥 09:30	22h49m
正月	乙巳	前137年1月29日	825	21:04	甲辰 19:30	25h34m

续表

月序	朔干支	公历	朔小余	相当时分	实际合朔日时分	后天数值
二月	乙亥	2 月 28 日	384	09:48	甲戌 04:58	28h50m
三月	甲辰	3 月 28 日	883	22:33	癸卯 14:36	31h57m
四月	甲戌	4 月 27 日	442	11:17	癸酉 01:06	34h10m
五月	甲辰	5 月 27 日	1	00:02	壬寅 12:55	35h07m
六月	癸酉	6 月 25 日	500	12:46	壬申 02:17	34h29m
七月	癸卯	7 月 25 日	59	01:30	辛丑 17:12	32h18m
八月	壬申	8 月 23 日	558	14:15	辛未 09:28	28h47m
九月	壬寅	9 月 22 日	117	02:59	辛丑 02:29	24h30m
后九月	辛未	10 月 21 日	616	15:44	庚午 19:14	20h30m

武帝建元五年

月序	朔干支	公历	朔小余	相当时分	实际合朔日时分	后天数值
十月	辛丑	前 137 年 11 月 20 日	175	04:28	庚子 10:38	17h50m
十一月	庚午	12 月 19 日	674	17:13	庚午 00:05	17h08m
十二月	庚子	前 136 年 1 月 18 日	233	05:57	己亥 11:25	18h32m
正月	己巳	2 月 16 日	732	18:41	戊辰 21:08	21h33m
二月	己亥	3 月 18 日	291	07:26	戊戌 05:51	25h35m
三月	戊辰	4 月 16 日	790	20:10	丁卯 14:08	30h02m
四月	戊戌	5 月 16 日	349	08:55	丙申 22:41	34h14m
五月	丁卯	6 月 14 日	848	21:39	丙寅 08:15	37h24m
六月	丁酉	7 月 14 日	407	10:23	乙未 19:41	38h42m
七月	丙寅	8 月 12 日	906	23:08	乙丑 09:43	37h25m
八月	丙申	9 月 11 日	465	11:52	乙未 02:29	33h23m
九月	丙寅	10 月 11 日	24	00:37	甲子 21:06	27h31m

武帝建元六年

月序	朔干支	公历	朔小余	相当时分	实际合朔日时分	后天数值
十月	乙未	前 136 年 11 月 9 日	523	13:21	甲午 15:52	21h29
十一月	乙丑	12 月 9 日	82	02:06	甲子 09:08	16h58
十二月	甲午	前 135 年 1 月 7 日	581	14:50	癸巳 23:58	14h52
正月	甲子	2 月 6 日	140	03:34	癸亥 12:20	15h14
二月	癸巳	3 月 7 日	639	16:19	壬辰 22:30	17h49
三月	癸亥	4 月 6 日	198	05:03	壬戌 06:56	22h07
四月	壬辰	5 月 5 日	697	17:48	辛卯 14:13	27h35
五月	壬戌	6 月 4 日	256	06:32	庚申 21:15	33h17
六月	辛卯	7 月 3 日	755	19:17	庚寅 05:12	38h05
七月	辛酉	8 月 2 日	314	08:01	己未 15:17	40h44
八月	庚寅	8 月 31 日	813	20:45	己丑 04:26	40h19
九月	庚申	9 月 30 日	372	09:30	戊午 20:48	36h42

武帝元光元年

月序	朔干支	公历	朔小余	相当时分	实际合朔日时分	后天数值
十月	己丑	前 135 年 10 月 29 日	871	22:14	戊子 15:33	30h41m
十一月	己未	11 月 28 日	430	10:59	戊午 11:04	23h55m
十二月	戊子	12 月 27 日	929	23:43	戊子 05:44	17h59m
正月	戊午	前 134 年 1 月 26 日	488	12:28	丁巳 22:16	14h12m
二月	戊子	2 月 25 日	47	01:12	丁亥 12:07	13h05m
三月	丁巳	3 月 26 日	546	13:56	丙辰 23:02	14h54m
四月	丁亥	4 月 25 日	105	02:41	丙戌 07:26	19h15m
五月	丙辰	5 月 24 日	604	15:25	乙卯 14:15	25h10m
六月	丙戌	6 月 23 日	163	04:10	甲申 20:42	31h28m
七月	乙卯	7 月 22 日	662	16:54	甲寅 04:04	36h50m

续表

月序	朔干支	公历	朔小余	相当时分	实际合朔日时分	后天数值
八月	乙酉	8 月 21 日	221	05:39	癸未 13:26	40h13m
九月	甲寅	9 月 19 日	720	18:23	癸丑 01:32	40h51m
后九月	甲申	10 月 19 日	279	07:07	壬午 16:32	38h35m

武帝元光二年

月序	朔干支	公历	朔小余	相当时分	实际合朔日时分	后天数值
十月	癸丑	前 134 年 11 月 17 日	778	19:52	壬子 10:07	33h45m
十一月	癸未	12 月 17 日	337	08:36	壬午 05:23	27h13m
十二月	壬子	前 133 年 1 月 15 日	836	21:21	壬子 00:52	20h29m
正月	壬午	2 月 14 日	395	10:05	辛巳 18:48	15h17m
二月	辛亥	3 月 14 日	894	22:50	辛亥 09:48	13h02m
三月	辛巳	4 月 13 日	453	11:34	庚辰 21:30	14h04m
四月	辛亥	5 月 13 日	12	00:18	庚戌 06:28	17h50m
五月	庚辰	6 月 11 日	511	13:03	己卯 13:52	23h11m
六月	庚戌	7 月 11 日	70	01:47	戊申 20:52	28h55m
七月	己卯	8 月 9 日	569	14:32	戊寅 04:32	34h00m
八月	己酉	9 月 8 日	128	03:16	丁未 13:34	37h42m
九月	戊寅	10 月 7 日	627	16:01	丁丑 00:34	39h27m

武帝元光三年

月序	朔干支	公历	朔小余	相当时分	实际合朔日时分	后天数值
十月	戊申	前 133 年 11 月 6 日	186	04:45	丙午 13:58	38h47m
十一月	丁丑	12 月 5 日	685	17:29	丙子 06:00	35h29m
十二月	丁未	前 132 年 1 月 4 日	244	06:14	丙午 00:14	30h00m
正月	丙子	2 月 2 日	743	18:58	乙亥 19:17	23h41m

续表

月序	朔干支	公历	朔小余	相当时分	实际合朔日时分	后天数值
二月	丙午	3月4日	302	07:43	乙巳 13:10	18h33m
三月	乙亥	4月2日	801	20:27	乙亥 04:49	15h38m
四月	乙巳	5月2日	360	09:11	甲辰 17:42	15h29m
五月	甲戌	5月31日	859	21:56	甲戌 04:16	17h40m
六月	甲辰	6月30日	418	10:40	癸卯 13:18	21h22m
七月	癸酉	7月29日	917	23:25	壬申 21:35	25h50m
八月	癸卯	8月28日	476	12:09	壬寅 05:53	30h16m
九月	癸酉	9月27日	35	00:54	辛未 14:49	34h05m
后九月	壬寅	10月26日	534	13:38	辛丑 01:05	36h33m

武帝元光四年

月序	朔干支	公历	朔小余	相当时分	实际合朔日时分	后天数值
十月	壬申	前132年11月25日	93	02:22	庚午 13:18	37h04m
十一月	辛丑	12月24日	592	15:07	庚子 03:43	35h24m
十二月	辛未	前131年1月23日	151	03:51	己巳 19:59	31h52m
正月	庚子	2月21日	650	16:36	己亥 13:06	27h30m
二月	庚午	3月23日	209	05:20	己巳 05:58	23h22m
三月	己亥	4月21日	708	18:05	戊戌 21:45	20h20m
四月	己巳	5月21日	267	06:49	戊辰 12:02	18h47m
五月	戊戌	6月19日	766	19:33	戊戌 00:40	18h53m
六月	戊辰	7月19日	325	08:18	丁卯 11:45	20h33m
七月	丁酉	8月17日	824	21:02	丙申 21:37	23h25m
八月	丁卯	9月16日	383	09:47	丙寅 06:55	26h52m
九月	丙申	10月15日	882	22:31	乙未 16:26	30h05m

武帝元光五年

月序	朔干支	公历	朔小余	相当时分	实际合朔日时分	后天数值
十月	丙寅	前 131 年 11 月 14 日	441	11:16	乙丑 02:51	32h25m
十一月	丙申	12 月 14 日	0	00:00	甲午 14:29	33h31m
十二月	乙丑	前 130 年 1 月 12 日	499	12:44	甲子 03:14	33h30m
正月	乙未	2 月 11 日	58	01:29	癸巳 16:52	32h37m
二月	甲子	3 月 12 日	557	14:13	癸亥 07:09	31h04m
三月	甲午	4 月 11 日	116	02:58	壬辰 22:08	28h50m
四月	癸亥	5 月 10 日	615	15:42	壬戌 13:33	26h09m
五月	癸巳	6 月 9 日	174	04:27	壬辰 04:52	23h35m
六月	壬戌	7 月 8 日	673	17:11	辛酉 19:21	21h50m
七月	壬辰	8 月 7 日	232	05:55	辛卯 08:32	21h23m
八月	辛酉	9 月 5 日	731	18:40	庚申 20:29	22h11m
九月	辛卯	10 月 5 日	290	07:24	庚寅 07:41	23h43m

武帝元光六年

月序	朔干支	公历	朔小余	相当时分	实际合朔日时分	后天数值
十月	庚申	前 130 年 11 月 3 日	789	20:09	己未 18:43	25h26m
十一月	庚寅	12 月 3 日	348	08:53	己丑 05:48	27h05m
十二月	己未	前 129 年 1 月 1 日	847	21:38	戊午 16:49	28h49m
正月	己丑	1 月 31 日	406	10:22	戊子 03:41	30h41m
二月	戊午	2 月 29 日	905	23:06	丁巳 14:40	32h26m
三月	戊子	3 月 30 日	464	11:51	丁亥 02:23	33h28m
四月	戊午	4 月 29 日	23	00:35	丙辰 15:22	33h13m
五月	丁亥	5 月 28 日	522	13:20	丙戌 05:41	31h39m
六月	丁巳	6 月 27 日	81	02:04	乙卯 20:56	29h08m
七月	丙戌	7 月 26 日	580	14:49	乙酉 12:25	26h24m

续表

月序	朔干支	公历	朔小余	相当时分	实际合朔日时分	后天数值
八月	丙辰	8月25日	139	03：33	乙卯 03：35	23h58m
九月	乙酉	9月23日	638	16：17	甲申 18：10	22h07m
后九月	乙卯	10月23日	197	05：02	甲寅 08：00	21h02m

武帝元朔元年

月序	朔干支	公历	朔小余	相当时分	实际合朔日时分	后天数值
十月	甲申	前129年11月21日	696	17：46	癸未 20：53	20h53m
十一月	甲寅	12月21日	255	06：31	癸丑 08：33	21h58m
十二月	癸未	前128年1月19日	754	19：15	壬午 18：56	24h19m
正月	癸丑	2月18日	313	07：59	壬子 04：24	27h25m
二月	壬午	3月19日	812	20：44	辛巳 13：36	31h08m
三月	壬子	4月18日	371	09：28	庚戌 23：24	34h04m
四月	辛巳	5月17日	870	22：13	庚辰 10：15	35h58m
五月	辛亥	6月16日	429	10：57	己酉 22：40	36h17m
六月	庚辰	7月15日	928	23：42	己卯 12：47	34h55m
七月	庚戌	8月14日	487	12：26	己酉 04：32	31h54m
八月	庚辰	9月13日	46	01：10	戊寅 21：31	27h39m
九月	己酉	10月12日	545	13：55	戊申 14：52	23h03m

武帝元朔二年

月序	朔干支	公历	朔小余	相当时分	实际合朔日时分	后天数值
十月	己卯	前128年11月11日	104	02：39	戊寅 07：22	19h17m
十一月	戊申	12月10日	603	15：24	丁未 21：59	17h25m
十二月	戊寅	前127年1月9日	162	04：08	丁丑 10：19	17h49m
正月	丁未	2月7日	661	16：53	丙午 20：39	20h14m

续表

月序	朔干支	公历	朔小余	相当时分	实际合朔日时分	后天数值
二月	丁丑	3月9日	220	05:37	丙子 05:37	24h00m
三月	丙午	4月7日	719	18:21	乙巳 13:50	28h31m
四月	丙子	5月7日	278	07:06	甲戌 22:00	33h06m
五月	乙巳	6月5日	777	19:50	甲辰 06:50	37h00m
六月	乙亥	7月5日	336	08:35	癸酉 17:10	39h25m
七月	甲辰	8月3日	835	21:19	癸卯 05:53	39h26m
八月	甲戌	9月2日	394	10:04	壬申 21:27	36h37m
九月	癸卯	10月1日	893	22:48	壬寅 15:30	31h18m

武帝元朔三年

月序	朔干支	公历	朔小余	相当时分	实际合朔日时分	后天数值
十月	癸酉	前127年10月31日	452	11:32	壬申 10:37	24h55m
十一月	癸卯	11月30日	11	00:17	壬寅 04:57	19h20m
十二月	壬申	12月29日	510	13:01	辛未 21:07	15h54m
正月	壬寅	前126年1月28日	69	01:46	辛丑 10:38	15h08m
二月	辛未	2月26日	568	14:30	庚午 21:44	16h46m
三月	辛丑	3月28日	127	03:15	庚子 06:49	20h26m
四月	庚午	4月26日	626	15:59	己巳 14:26	25h33m
五月	庚子	5月26日	185	04:43	戊戌 21:30	31h13m
六月	己巳	6月24日	684	17:28	戊辰 04:46	36h42m
七月	己亥	7月24日	243	06:12	丁酉 13:36	40h36m
八月	戊辰	8月22日	742	18:57	丁卯 01:09	41h48m
九月	戊戌	9月21日	301	07:41	丙申 16:00	39h41m
后九月	丁卯	10月20日	800	20:26	丙寅 09:48	34h38m

武帝元朔四年

月序	朔干支	公历	朔小余	相当时分	实际合朔日时分	后天数值
十月	丁酉	前126年11月19日	359	09:10	丙申 05:14	27h56m
十一月	丙寅	12月18日	858	21:54	丙寅 00:35	21h19m
十二月	丙申	前125年1月17日	417	10:39	乙未 18:21	16h18m
正月	乙丑	2月15日	916	23:23	乙丑 09:33	13h50m
二月	乙未	3月16日	475	12:08	甲午 21:48	14h20m
三月	乙丑	4月15日	34	00:52	甲子 07:16	17h36m
四月	甲午	5月14日	533	13:37	癸巳 14:40	22h57m
五月	甲子	6月13日	92	02:21	壬戌 21:08	29h13m
六月	癸巳	7月12日	591	15:05	壬辰 03:56	35h09m
七月	癸亥	8月11日	150	03:50	辛酉 12:17	39h33m
八月	壬辰	9月8日	649	16:34	庚寅 23:04	41h30m
九月	壬戌	10月9日	208	05:19	庚申 12:44	40h35m

武帝元朔五年

月序	朔干支	公历	朔小余	相当时分	实际合朔日时分	后天数值
十月	辛卯	前125年11月7日	707	18:03	庚寅 05:09	36h54m
十一月	辛酉	12月7日	266	06:47	己未 23:44	31h03m
十二月	庚寅	前124年1月5日	765	19:32	己丑 19:14	24h18m
正月	庚申	2月4日	324	08:16	己未 14:02	18h14m
二月	己丑	3月5日	823	21:01	己丑 06:30	14h31m
三月	己未	4月4日	382	09:45	戊午 19:43	14h02m
四月	戊子	5月3日	881	22:30	戊子 05:53	16h37m
五月	戊午	6月2日	440	11:14	丁巳 13:55	21h19m
六月	丁亥	7月1日	939	23:58	丙戌 21:11	26h47m
七月	丁巳	7月31日	498	12:43	丙辰 04:32	32h11m

续表

月序	朔干支	公历	朔小余	相当时分	实际合朔日时分	后天数值
八月	丁亥	8 月 30 日	57	01:27	乙酉 12:57	36h30m
九月	丙辰	9 月 28 日	556	14:12	甲寅 23:01	39h11m
后九月	丙戌	10 月 28 日	115	02:56	甲申 11:12	39h44m

武帝元朔六年

月序	朔干支	公历	朔小余	相当时分	实际合朔日时分	后天数值
十月	乙卯	前 124 年 11 月 26 日	614	15:41	甲寅 01:50	37h51m
十一月	乙酉	12 月 26 日	173	04:25	癸未 18:55	33h30m
十二月	甲寅	前 123 年 1 月 24 日	672	17:09	癸丑 13:33	27h36m
正月	甲申	2 月 23 日	231	05:54	癸未 08:06	21h48m
二月	癸丑	3 月 24 日	730	18:38	癸丑 00:54	17h44m
三月	癸未	4 月 23 日	289	07:23	壬午 15:04	16h19m
四月	壬子	5 月 22 日	788	20:07	壬子 02:43	17h24m
五月	壬午	6 月 21 日	347	08:52	辛巳 12:30	20h22m
六月	辛亥	7 月 20 日	846	21:36	庚戌 21:13	24h23m
七月	辛巳	8 月 19 日	405	10:20	庚辰 05:37	28h43m
八月	庚戌	9 月 17 日	904	23:05	己酉 14:21	32h44m
九月	庚辰	10 月 17 日	463	11:49	己卯 00:01	35h48m

武帝元狩元年

月序	朔干支	公历	朔小余	相当时分	实际合朔日时分	后天数值
十月	庚戌	前 123 年 11 月 16 日	22	00:34	戊申 11:16	37h18m
十一月	己卯	12 月 15 日	521	13:18	戊寅 00:32	36h46m
十二月	己酉	前 122 年 1 月 14 日	80	02:03	丁未 15:47	34h16m
正月	戊寅	2 月 12 日	579	14:47	丁丑 08:22	30h25m

续表

月序	朔干支	公历	朔小余	相当时分	实际合朔日时分	后天数值
二月	戊申	3 月 14 日	138	03:31	丁未 01:13	26h18m
三月	丁丑	4 月 12 日	637	16:16	丙子 17:26	22h50m
四月	丁未	5 月 12 日	196	05:00	丙午 08:25	20h35m
五月	丙子	6 月 10 日	695	17:45	乙亥 21:56	19h49m
六月	丙午	7 月 10 日	254	06:29	乙巳 09:56	20h33m
七月	乙亥	8 月 8 日	753	19:14	甲戌 20:37	22h37m
八月	乙巳	9 月 7 日	312	07:58	甲辰 06:24	25h34m
九月	甲戌	10 月 6 日	811	20:42	癸酉 15:58	28h44m

武帝元狩二年

月序	朔干支	公历	朔小余	相当时分	实际合朔日时分	后天数值
十月	甲辰	前 122 年 11 月 5 日	370	09:27	癸卯 02:01	31h26m
十一月	癸酉	12 月 4 日	869	22:11	壬申 13:02	33h09m
十二月	癸卯	前 121 年 1 月 3 日	428	10:56	壬寅 01:07	33h49m
正月	壬申	2 月 1 日	927	23:40	辛未 14:03	33h37m
二月	壬寅	3 月 2 日	486	12:25	辛丑 03:43	32h42m
三月	壬申	4 月 1 日	45	01:09	庚午 18:05	31h04m
四月	辛丑	4 月 30 日	544	13:53	庚子 09:07	28h46m
五月	辛未	5 月 30 日	103	02:38	庚午 00:30	26h08m
六月	庚子	6 月 28 日	602	15:22	己亥 15:34	23h48m
七月	庚午	7 月 28 日	161	04:07	己巳 05:38	22h29m
八月	己亥	8 月 26 日	660	16:51	戊戌 18:25	22h26m
九月	己巳	9 月 25 日	219	05:35	戊辰 06:12	23h23m
后九月	戊戌	10 月 24 日	718	18:20	丁酉 17:30	24h50

武帝元狩三年

月序	朔干支	公历	朔小余	相当时分	实际合朔日时分	后天数值
十月	戊辰	前121年11月23日	277	07:04	丁卯 04:40	26h24m
十一月	丁酉	12月22日	776	19:49	丙申 15:44	28h05m
十二月	丁卯	前120年1月21日	335	08:33	丙寅 02:32	30h01m
正月	丙申	2月19日	834	21:18	乙未 13:10	32h08m
二月	丙寅	3月21日	393	10:02	乙丑 00:10	33h52m
三月	乙未	4月19日	892	22:46	甲午 12:12	34h34m
四月	乙丑	5月19日	451	11:31	甲子 01:41	33h50m
五月	乙未	6月18日	10	00:15	癸巳 16:29	31h46m
六月	甲子	7月17日	509	13:00	癸亥 08:01	28h59m
七月	甲午	8月16日	68	01:44	壬辰 23:29	26h15m
八月	癸亥	9月14日	567	14:29	壬戌 14:44	23h45m
九月	癸巳	10月14日	126	03:13	壬辰 05:18	21h55m

武帝元狩四年

月序	朔干支	公历	朔小余	相当时分	实际合朔日时分	后天数值
十月	壬戌	前120年11月12日	625	15:57	辛酉 18:58	20h59m
十一月	壬辰	12月12日	184	04:42	辛卯 07:24	21h18m
十二月	辛酉	前119年1月10日	683	17:26	庚申 18:22	23h04m
正月	辛卯	2月9日	242	06:11	庚寅 04:04	26h07m
二月	庚申	3月10日	741	18:55	己未 13:04	29h51m
三月	庚寅	4月9日	300	07:40	戊子 22:11	33h29m
四月	己未	5月8日	799	20:24	戊午 08:11	36h13m
五月	己丑	6月7日	358	09:08	丁亥 19:38	37h30m
六月	戊午	7月6日	857	21:53	丁巳 08:52	37h01m
七月	戊子	8月5日	416	10:37	丙戌 23:55	34h42m

续表

月序	朔干支	公历	朔小余	相当时分	实际合朔日时分	后天数值
八月	丁巳	9月3日	915	23:22	丙辰16:33	30h49m
九月	丁亥	10月3日	474	12:06	丙戌10:07	25h59m

武帝元狩五年

月序	朔干支	公历	朔小余	相当时分	实际合朔日时分	后天数值
十月	丁巳	前119年11月2日	33	00:51	丙辰03:26	21h25m
十一月	丙戌	12月1日	532	13:35	乙酉19:15	18h20m
十二月	丙辰	12月31日	91	02:19	乙卯08:45	17h34m
正月	乙酉	前118年1月29日	590	15:04	甲申19:57	19h07m
二月	乙卯	2月28日	149	03:48	甲寅05:21	22h27m
三月	甲申	3月29日	648	16:33	癸未13:40	26h53m
四月	甲寅	4月28日	207	05:17	壬子21:36	31h41m
五月	癸未	5月27日	706	18:02	壬午05:52	36h10m
六月	癸丑	6月26日	265	06:46	辛亥15:17	39h29m
七月	壬午	7月25日	764	19:30	辛巳02:43	40h47m
八月	壬子	8月24日	323	08:15	庚戌16:55	39h20m
九月	辛巳	9月22日	822	20:59	庚辰09:51	35h08m
后九月	辛亥	10月22日	381	09:44	庚戌04:51	28h53m

武帝元狩六年

月序	朔干支	公历	朔小余	相当时分	实际合朔日时分	后天数值
十月	庚辰	前118年11月20日	880	22:28	庚辰00:01	22h27m
十一月	庚戌	12月20日	439	11:13	己酉17:31	17h42m
十二月	己卯	前117年1月18日	938	23:57	己卯08:24	15h33m
正月	己酉	2月17日	497	12:41	戊申20:38	16h03m

续表

月序	朔干支	公历	朔小余	相当时分	实际合朔日时分	后天数值
二月	己卯	3月18日	56	01:26	戊寅 06:33	18h53m
三月	戊申	4月16日	555	14:10	丁未 14:43	23h27m
四月	戊寅	5月16日	114	02:55	丙子 21:47	29h08m
五月	丁未	6月14日	613	15:39	丙午 04:41	34h58m
六月	丁丑	7月14日	172	04:23	乙亥 12:35	39h48m
七月	丙午	8月12日	671	17:08	甲辰 22:43	42h25m
八月	丙子	9月11日	230	05:52	甲戌 11:59	41h53m
九月	乙巳	10月10日	729	18:37	甲辰 04:33	38h04m

武帝元鼎元年

月序	朔干支	公历	朔小余	相当时分	实际合朔日时分	后天数值
十月	乙亥	前117年11月9日	288	07:21	癸酉 23:29	31h52m
十一月	甲辰	12月8日	787	20:06	癸卯 19:08	24h58m
十二月	甲戌	前116年1月7日	346	08:50	癸酉 13:49	19h01m
正月	癸卯	2月5日	845	21:34	癸卯 06:19	15h15m
二月	癸酉	3月7日	404	10:19	壬申 19:57	14h22m
三月	壬寅	4月5日	903	23:03	壬寅 06:39	16h24m
四月	壬申	5月5日	462	11:48	辛未 14:53	20h55m
五月	壬寅	6月4日	21	00:32	庚子 21:39	26h53m
六月	辛未	7月3日	520	13:17	庚午 04:09	33h08m
七月	辛丑	8月2日	79	02:01	己亥 11:40	38h21m
八月	庚午	8月31日	578	14:45	戊辰 21:16	41h29m
九月	庚子	9月30日	137	03:30	戊戌 09:35	41h55m

武帝元鼎二年

月序	朔干支	公历	朔小余	相当时分	实际合朔日时分	后天数值
十月	己巳	前 116 年 10 月 29 日	636	16:14	戊辰 00:41	39h33m
十一月	己亥	11 月 28 日	195	04:59	丁酉 18:15	34h44m
十二月	戊辰	12 月 27 日	694	17:43	丁卯 13:22	28h21m
正月	戊戌	前 115 年 1 月 26 日	253	06:28	丁酉 08:37	21h51m
二月	丁卯	2 月 24 日	752	19:12	丁卯 02:19	16h53m
三月	丁酉	3 月 26 日	311	07:56	丙申 17:10	14h46m
四月	丙寅	4 月 24 日	810	20:41	丙寅 04:48	15h53m
五月	丙申	5 月 24 日	369	09:25	乙未 13:49	19h36m
六月	乙丑	6 月 22 日	868	22:10	甲子 21:20	24h50m
七月	乙未	7 月 22 日	427	10:54	甲午 04:35	30h19m
八月	甲子	8 月 20 日	926	23:39	癸亥 12:31	35h08m
九月	甲午	9 月 19 日	485	12:23	壬辰 21:52	38h31m
后九月	甲子	10 月 19 日	44	01:07	壬戌 09:03	40h04m

武帝元鼎三年

月序	朔干支	公历	朔小余	相当时分	实际合朔日时分	后天数值
十月	癸巳	前 115 年 11 月 17 日	543	13:52	辛卯 22:38	39h14m
十一月	癸亥	12 月 17 日	102	02:36	辛酉 14:18	36h18m
十二月	壬辰	前 114 年 1 月 15 日	601	15:21	辛卯 08:09	31h12m
正月	壬戌	2 月 14 日	160	04:05	辛酉 02:45	25h20m
二月	辛卯	3 月 15 日	659	16:50	庚寅 20:24	20h26m
三月	辛酉	4 月 14 日	218	05:34	庚申 11:49	17h45m
四月	庚寅	5 月 13 日	717	18:18	庚寅 00:38	17h40m
五月	庚申	6 月 12 日	276	07:03	己未 11:19	19h44m
六月	己丑	7 月 11 日	775	19:47	戊子 20:37	23h10m

续表

月序	朔干支	公历	朔小余	相当时分	实际合朔日时分	后天数值
七月	己未	8 月 10 日	334	08:32	戊午 05:17	27h15m
八月	戊子	9 月 8 日	833	21:16	丁亥 13:59	31h22m
九月	戊午	10 月 8 日	392	10:01	丙辰 23:17	34h44m

武帝元鼎四年

月序	朔干支	公历	朔小余	相当时分	实际合朔日时分	后天数值
十月	丁亥	前 114 年 11 月 6 日	891	22:45	丙戌 09:46	36h59m
十一月	丁巳	12 月 6 日	450	11:29	乙卯 22:03	37h26m
十二月	丁亥	前 113 年 1 月 5 日	9	00:14	乙酉 12:09	36h05m
正月	丙辰	2 月 3 日	508	12:58	乙卯 03:52	33h06m
二月	丙戌	3 月 4 日	67	01:43	甲申 20:23	29h20m
三月	乙卯	4 月 2 日	566	14:27	甲寅 12:45	25h42m
四月	乙酉	5 月 2 日	125	03:11	甲申 04:17	22h54m
五月	甲寅	5 月 31 日	624	15:56	癸丑 18:36	21h20m
六月	甲申	6 月 30 日	183	04:40	癸未 07:32	21h08m
七月	癸丑	7 月 29 日	682	17:25	壬子 19:06	22h19m
八月	癸未	8 月 28 日	241	06:09	壬午 05:31	24h38m
九月	壬子	9 月 26 日	740	18:54	辛亥 15:20	27h34m
后九月	壬午	10 月 26 日	299	07:38	辛巳 01:15	30h23m

武帝元鼎五年

月序	朔干支	公历	朔小余	相当时分	实际合朔日时分	后天数值
十月	辛亥	前 113 年 11 月 24 日	798	20:22	庚戌 11:49	32h33m
十一月	辛巳	12 月 24 日	357	09:07	己卯 23:20	33h47m
十二月	庚戌	前 112 年 1 月 22 日	856	21:51	己酉 11:41	34h10m

续表

月序	朔干支	公历	朔小余	相当时分	实际合朔日时分	后天数值
正月	庚辰	2月21日	415	10:36	己卯 00:44	33h52m
二月	己酉	3月22日	914	23:20	戊申 14:27	32h53m
三月	己卯	4月21日	473	12:05	戊寅 04:55	31h10m
四月	己酉	5月21日	32	00:49	丁未 20:04	28h45m
五月	戊寅	6月19日	531	13:33	丁丑 11:24	26h09m
六月	戊申	7月19日	90	02:18	丁未 02:11	24h07m
七月	丁丑	8月17日	589	15:02	丙子 15:52	23h10m
八月	丁未	9月16日	148	03:47	丙午 04:23	23h24m
九月	丙子	10月15日	647	16:31	乙亥 16:07	24h24m

武帝元鼎六年

月序	朔干支	公历	朔小余	相当时分	实际合朔日时分	后天数值
十月	丙午	前112年11月14日	206	05:16	乙巳 03:29	25h47m
十一月	乙亥	12月13日	705	18:00	甲戌 14:40	27h20m
十二月	乙巳	前111年1月12日	264	06:44	甲辰 01:38	29h06m
正月	甲戌	2月10日	763	19:29	癸酉 12:06	31h23m
二月	甲辰	3月12日	322	08:13	壬寅 22:31	33h42m
三月	癸酉	4月10日	821	20:58	壬申 09:37	35h21m
四月	癸卯	5月10日	380	09:42	辛丑 22:04	35h38m
五月	壬申	6月8日	879	22:27	辛未 12:05	34h22m
六月	壬寅	7月8日	438	11:11	辛丑 03:21	31h50m
七月	辛未	8月6日	937	23:55	庚午 19:10	28h45m
八月	辛丑	9月5日	496	12:40	庚子 10:54	25h46m
九月	辛未	10月5日	55	01:24	庚午 02:08	23h16m

武帝元封元年

月序	朔干支	公历	朔小余	相当时分	实际合朔日时分	后天数值
十月	庚子	前 111 年 11 月 3 日	554	14:09	己亥 16:32	22h37m
十一月	庚午	12 月 3 日	113	02:53	己巳 05:45	21h08m
十二月	己亥	前 110 年 1 月 1 日	612	15:38	戊戌 17:27	22h11m
正月	己巳	1 月 31 日	171	04:22	戊辰 03:37	24h45m
二月	戊戌	3 月 1 日	670	17:06	丁酉 12:41	28h25m
三月	戊辰	3 月 31 日	229	05:51	丙寅 21:24	32h27m
四月	丁酉	4 月 29 日	728	18:35	丙申 06:39	35h56m
五月	丁卯	5 月 29 日	287	07:20	乙丑 17:10	38h10m
六月	丙申	6 月 27 日	786	20:04	乙未 05:25	38h39m
七月	丙寅	7 月 27 日	345	08:49	甲子 19:35	37h14m
八月	乙未	8 月 25 日	844	21:33	甲午 11:39	33h54m
九月	乙丑	9 月 24 日	403	10:17	甲子 05:06	29h11m
后九月	甲午	10 月 23 日	902	23:02	癸巳 22:57	24h05m

武帝元封二年

月序	朔干支	公历	朔小余	相当时分	实际合朔日时分	后天数值
十月	甲子	前 110 年 11 月 22 日	461	11:46	癸亥 15:51	19h55m
十一月	甲午	12 月 22 日	20	00:31	癸巳 06:38	17h53m
十二月	癸亥	前 109 年 1 月 20 日	519	13:15	壬戌 18:59	18h16m
正月	癸巳	2 月 19 日	78	01:59	壬辰 05:06	20h53m
二月	壬戌	3 月 19 日	577	14:44	辛酉 13:43	25h01m
三月	壬辰	4 月 18 日	136	03:28	庚寅 21:33	29h55m
四月	辛酉	5 月 17 日	635	16:13	庚申 05:24	34h49m
五月	辛卯	6 月 16 日	194	04:57	己丑 13:59	38h58m
六月	庚申	7 月 15 日	693	17:42	己未 00:14	41h28m

续表

月序	朔干支	公历	朔小余	相当时分	实际合朔日时分	后天数值
七月	庚寅	8月14日	252	06:26	戊子 12:58	41h28m
八月	己未	9月12日	751	19:10	戊午 04:44	38h26m
九月	己丑	10月12日	310	07:55	丁亥 23:07	32h48m

武帝元封三年

月序	朔干支	公历	朔小余	相当时分	实际合朔日时分	后天数值
十月	戊午	前109年11月10日	809	20:39	丁巳 18:37	26h02m
十一月	戊子	12月10日	368	09:24	丁亥 13:14	20h10m
十二月	丁巳	前108年1月8日	867	22:08	丁巳 05:30	16h38m
正月	丁亥	2月7日	426	10:53	丙戌 18:57	15h56m
二月	丙辰	3月8日	925	23:37	丙辰 05:50	17h47m
三月	丙戌	4月7日	484	12:21	乙酉 14:40	21h41m
四月	丙辰	5月7日	43	01:06	甲寅 22:04	27h02m
五月	乙酉	6月5日	542	13:50	甲申 04:52	32h58m
六月	乙卯	7月5日	101	02:35	癸丑 12:07	38h28m
七月	甲申	8月3日	600	15:19	壬午 21:02	42h17m
八月	甲寅	9月2日	159	04:04	壬子 08:45	43h19m
九月	癸未	10月1日	658	16:48	辛巳 23:50	40h58m

武帝元封四年

月序	朔干支	公历	朔小余	相当时分	实际合朔日时分	后天数值
十月	癸丑	前108年10月31日	217	05:32	辛亥 17:51	35h41m
十一月	壬午	11月29日	716	18:17	辛巳 13:26	28h51m
十二月	壬子	12月29日	275	07:01	辛亥 08:47	22h14m
正月	辛巳	前107年1月27日	774	19:46	辛巳 02:25	17h21m

续表

月序	朔干支	公历	朔小余	相当时分	实际合朔日时分	后天数值
二月	辛亥	2月26日	333	08:30	庚戌 17:24	15h06m
三月	庚辰	3月27日	832	21:15	庚辰 05:29	15h46m
四月	庚戌	4月26日	391	09:59	己酉 14:51	19h08m
五月	己卯	5月25日	890	22:43	戊寅 22:12	24h31m
六月	己酉	6月24日	449	11:28	戊申 04:42	30h46m
七月	己卯	7月24日	8	00:12	丁丑 11:38	36h34m
八月	戊申	8月22日	507	12:57	丙午 20:09	40h37m
九月	戊寅	9月21日	66	01:41	丙子 07:08	42h33m
后九月	丁未	10月20日	565	14:26	乙巳 20:55	41h31m

武帝元封五年

月序	朔干支	公历	朔小余	相当时分	实际合朔日时分	后天数值
十月	丁丑	前107年11月19日	124	03:10	乙亥 13:22	37h48m
十一月	丙午	12月18日	623	15:54	乙巳 07:47	32h07m
十二月	丙子	前106年1月17日	182	04:39	乙亥 03:03	25h36m
正月	乙巳	2月15日	681	17:23	甲辰 21:35	19h48m
二月	乙亥	3月17日	240	06:08	甲戌 13:50	16h18m
三月	甲辰	4月15日	739	18:52	甲辰 02:58	15h54m
四月	甲戌	5月15日	298	07:37	癸酉 13:09	18h28m
五月	癸卯	6月13日	797	20:21	壬寅 21:19	23h02m
六月	癸酉	7月13日	356	09:05	壬申 04:40	28h02m
七月	壬寅	8月11日	855	21:50	辛丑 12:19	33h31m
八月	壬申	9月10日	414	10:34	庚午 21:03	37h31m
九月	辛丑	10月9日	913	23:19	庚子 07:24	39h55m

武帝元封六年

月序	朔干支	公历	朔小余	相当时分	实际合朔日时分	后天数值
十月	辛未	前106年11月8日	472	12∶03	己巳 19∶44	40h19m
十一月	辛丑	12月8日	31	00∶47	己亥 10∶20	38h27m
十二月	庚午	前105年1月6日	530	13∶32	己巳 03∶07	34h25m
正月	庚子	2月5日	89	02∶16	戊戌 21∶20	28h56m
二月	己巳	3月5日	588	15∶01	戊辰 15∶27	23h34m
三月	己亥	4月4日	147	03∶45	戊戌 07∶47	19h58m
四月	戊辰	5月3日	646	16∶30	丁卯 21∶53	18h37m
五月	戊戌	6月2日	205	05∶14	丁酉 09∶39	19h35mm
六月	丁卯	7月1日	704	17∶58	丙寅 19∶44	22h14m
七月	丁酉	7月31日	263	06∶43	丙申 04∶52	25h51m
八月	丙寅	8月29日	762	19∶27	乙丑 13∶43	29h44m
九月	丙申	9月28日	321	08∶12	甲午 22∶51	33h21m
后九月	乙丑	10月27日	820	20∶56	甲子 08∶47	36h09m

武帝太初元年

月序	朔干支	公历	朔小余	相当时分	实际合朔日时分	后天数值
十月	乙未	前105年11月26日	379	09∶41	癸巳 20∶05	37h36m
十一月	甲子	12月25日	878	22∶25	癸亥 09∶08	37h17m
十二月	甲午	前104年1月24日	437	11∶09	壬辰 23∶55	35h14m
正月	癸亥	2月22日	936	23∶54	壬戌 15∶53	32h01m
二月	癸巳	3月24日	495	12∶38	壬辰 08∶10	28h28m
三月	癸亥	4月23日	54	01∶23	辛酉 24∶00	25h23m
四月	壬辰	5月22日	553	14∶07	辛卯 14∶54	23h13m
五月	壬戌	6月21日	112	02∶52	辛酉 04∶37	22h15m
六月	——	——	——	——	——	——

续表

月序	朔干支	公历	朔小余	相当时分	实际合朔日时分	后天数值
七月	——	——	——	——	——	——
八月	——	——	——	——	——	——
九月	——	——	——	——	——	——

参考文献

（以编著者拼音排序）

安徽省文物工作队等

《阜阳双古堆西汉汝阴侯墓发掘简报》,《文物》1978 年第 8 期。

白光琦

《论颛顼历》,《中国天文学史文集》第三集,北京:科学出版社,
1984 年。

《春秋历法探略》,《中国天文学史文集》第六集,北京:科学出版社,
1994 年。

班固〔汉〕

《汉书》,北京:中华书局,1962 年。

薄树人

《〈三统历〉和〈太初历〉》,《薄树人文集》,合肥:中国科学技术出版社,
2003 年。

常玉芝

《殷商历法研究》,长春:吉林文史出版社,1998 年。

陈久金

《从马王堆帛书〈五星占〉的出土试探我国古代的岁星纪年问题》,《中
国天文学史文集》,北京:科学出版社,1978 年。

《关于岁星纪年若干问题》,《学术研究》1980 年第 6 期。

《敦煌、居延汉简中的历谱》,《中国古代天文文物论集》,北京:文物出
版社,1989 年。

《中国星占术的特点》,《广西民族学院学报》(自然科学版)2004 年第
1 期。

陈久金、陈美东

《临沂出土汉初古历初探》,《文物》1974 年第 3 期。

《从元光历谱及马王堆帛书〈五星占〉的出土再探颛顼历问题》,《中

天文学史文集》,北京:科学出版社,1978 年。

《从元光历谱及马王堆帛书天文资料试探颛顼历问题》,《中国古代天文文物论集》,北京:文物出版社,1989 年。

陈久金、杨怡

《中国古代的天文与历法》,北京:商务印书馆,1998 年。

陈久金、张明昌

《在中国天文大发现》,济南:山东画报出版社,2008 年。

陈梦家

《汉简缀述·汉简年历表叙》,北京:中华书局,1980 年。

陈美东

《论我国古代年月长度的测定》,《自然辩证法通讯》1981 年第 1 期。

《论我国古代冬至时刻的测定及郭守敬等人的贡献》,《自然科学史研究》1983 年第 1 期。

《观测实践与我国古代历法的演进》,《历史研究》1983 年第 4 期。

《日躔表之研究》,《自然科学史研究》1984 年第 4 期。

《我国古代的中心差算式及其精度》,《自然科学史研究》1986 年第 4 期。

《古历新探》,沈阳:辽宁教育出版社,1995 年。

《鲁国历谱及春秋西周历法》,《自然科学史研究》2000 年第 2 期。

《中国科学技术史·天文卷》,北京:科学出版社,2003 年。

陈美东、张培瑜

《月离表初探》,《自然科学史研究》1987 年第 2 期。

陈松长

《岳麓书院所藏秦简综述》,《文物》2009 年第 3 期。

陈曜钧、阎频

《江陵张家山汉墓的年代及相关问题》,《考古》1985 年第 12 期。

陈垣

《二十史朔闰表》,北京:中华书局,1962 年。

陈直

《居延汉简研究》,天津:天津古籍出版社,1986 年。

陈遵妫

　　《中国天文学史》（六卷本），台湾：明文书局，1988 年。

　　《中国天文学史》（三卷本），上海：上海人民出版社，2006 年。

邓文宽

　　《传统历书以二十八宿注历的连续性》，《历史研究》2000 年第 6 期。

　　《出土秦汉简牍"历日"正名》，《文物》2003 年第 4 期。

董作宾

　　《中国年历总谱》，香港：香港大学出版社，1960 年。

敦煌市博物馆

　　《敦煌汉代烽燧遗址调查所获简牍释文》，《文物》1991 年第 8 期。

方诗铭、方小芬

　　《中国史历日和中西历日对照》，上海：上海人民出版社，2007 年。

傅举有、陈松长

　　《马王堆汉墓文物》，长沙：湖南出版社，1992 年。

弗拉马利翁

　　《大众天文学》，北京：科学出版社，1965 年。

甘肃文物考古研究所

　　《秦汉简牍论文集》，兰州：甘肃人民出版社，1989 年。

高平子

　　《学历散论》，台北：中央研究院数学研究所，1969 年。

顾观光［清］

　　《六历通考》，《武陵山人遗书》，独山：莫祥芝刻本，光绪九年。

顾颉刚

　　《五德终始说下的政治和历史》，《古史辨自序》，石家庄：河北教育出版
　　社，2003 年。

关立行、关立言

　　《春秋时期鲁国历法研究的一些新观点》，《自然科学史研究》2007 年
　　第 4 期。

何爱华

　　《中国历法三正论、殷历、周历、干支纪年起源考》，《学习与探索》1992
　　年第 5 期。

何双全

《天水放马滩秦简综述》,《文物》1989 年第 2 期。

胡平生

《阜阳双古堆汉简数术书简论》,《出土文献研究》第四辑,北京:中华书局,1998 年。

胡平生等

《敦煌悬泉汉简释粹》,上海:上海古籍出版社,2001 年。

胡文辉

《〈日书〉起源考——兼论春秋战国时期的历法问题》,《简帛研究》第 2 辑,法律出版社,1996 年。

《中国早期方术与文献丛考》,广州:中山大学出版社,2000 年。

湖北省荆州地区博物馆

《江陵高台 18 号墓发掘简报》,《文物》1993 年第 8 期。

湖北省荆州市周梁玉桥遗址博物馆

《关沮秦汉墓简牍》,北京:中华书局,2001 年。

《关沮秦汉墓清理简报》,《文物》1999 年第 6 期。

湖北省文物考古研究所

《江陵凤凰山 168 号汉墓》,《考古学报》1993 年第 4 期。

湖南省博物馆等

《长沙马王堆二、三号墓发掘简报》,《文物》1974 年第 7 期。

湖南省文物考古研究所

《湖南龙山里耶战国—秦代古城一号井发掘简报》,《文物》2003 年第 1 期。

《里耶发掘报告》,长沙:岳麓书社,2007 年。

《里耶秦简(壹)》,北京:文物出版社,2012 年。

湖南省文物考古研究所等

《湘西里耶秦代简牍选释》,《中国历史文物》2003 年第 1 期。

黄开国

《〈太玄〉与西汉天文历法》,《江淮论坛》1990 年第 2 期。

黄盛璋

《从铜器铭刻试论西周历法若干问题》,《亚洲文明论丛》,成都:四川人民出版社,1986 年。

黄一农

《汉初百年朔闰析究——兼订〈史记〉和〈汉书〉纪日干支讹误》,《历史语言研究所集刊》第 72 本第 4 分册。

《秦汉之际(前 220～前 202 年)朔闰考》,《文物》2001 年第 5 期。

《秦王政时期历法新考》,《华学》第五辑,广州:中山大学出版社,2001 年。

《中国史历表朔闰订正举隅——以唐〈麟德历〉运用时期为例》,《汉学研究》第 10 卷第 2 期。

《江陵张家山出土汉初历谱考》,《考古》2002 年第 2 期。

《周家台 30 号秦墓历谱新探》,《文物》2002 年第 10 期。

《张家山汉汉墓竹简〈奏谳书〉纪日干支小考》,《考古》2005 年第 10 期。

季勋

《云梦睡虎地秦简概述》,《文物》1976 年第 6 期。

荆州地区博物馆

《江陵张家山两座汉墓出土大批竹简》,《文物》1992 年第 9 期。

李鉴澄

《论西汉四分历的晷景、太阳去极和昼夜漏刻三种记录》,《天文学报》1962 年第 10 卷第 1 期。

李解民

《秦汉时期的一日十六时制》,《简帛研究》第 2 辑,长沙:湖南人民出版社,1996 年。

李均明、何双全

《散见简牍合辑》,北京:文物出版社,1990 年。

李零

《简帛古书与学术源流》,上海:三联书店,2004 年。

《中国方术正考》,北京:中华书局,2006 年。

《中国方术续考》,北京:中华书局,2006 年。

李文林

《论汉历上元积年的推算》,《科技史文集》第 3 期,上海:上海出版社,1982 年。

李学勤

《睡虎地秦简中的〈艮山图〉》,《文物天地》1991 年第 4 期。

《初读里耶秦简》,《文物》2003 年第 1 期。

李俨

《中算家的内插法研究》,北京:科学出版社,1957 年。

李勇

《用天文方法建立商后期甲骨文年代序列的新途径——解析殷历月法》,《天文学报》2001 年第 2 期。

《试论月龄历谱的数理结构及其编排规则》,《自然科学史研究》2001年第 4 期。

《用月龄历谱法求解西周既望历日及其年代》,《天文学报》2002 年第3 期。

李勇、张培瑜

《中国古历定朔推步综述》,《天文学进展》1996 年第 1 期。

李振宏

《汉简甲子纪日错乱考》,《中原文物》1989 年第 2 期。

李志超、华同旭

《司马迁与太初历》,《中国天文学史文集》第五集,北京:科学出版社,1989 年。

李忠林

《周家台秦简历谱试析》,《中国科技史杂志》2009 年第 3 期。

《周家台秦简历谱系年与秦时期历法》,《历史研究》2010 年第 6 期。

《岳麓书院藏秦简〈质日〉历朔检讨——兼论竹简日志类记事簿册与历谱之区别》,《历史研究》2012 年第 1 期。

《秦至汉初(前 246 至前 104)历法研究——以出土历简为中心》,《中国史研究》2012 年第 2 期。

《从历法后天看汉初历改的原因》,《史学月刊》2014 年第 8 期。

刘操南

《元光元年历谱考释》,《古籍整理研究学刊》1995 年第 1—2 期。

刘朝阳

《中国古代天文历法史研究的矛盾形势和今后的出路》,《天文学报》

1953 年第 1 卷第 1 期。

刘次沅

《两汉以前的古代大食分日食记录》,《天体物理学报》1985 年第 4 期。

刘洪涛

《古代历法计算法》,天津:南开大学出版社,2003 年。

刘乐贤

《睡虎地秦简日书研究》,台北:文津出版社,1994 年。

刘羲叟[宋]

《长历》,北京:中国书店,1986 年。

刘信芳

《〈天水放马滩秦简综述〉质疑》,《文物》1990 年第 9 期。

《云梦龙岗秦简》,北京:科学出版社,1997 年。

《周家台秦简历谱校正》,《文物》2002 年第 10 期。

刘昭瑞

《汉魏石刻文字系年》,香港:新文丰出版公司,2000 年。

卢央

《〈黄帝内经〉中的天文历法问题》,《科技史文集》第 10 卷,1983 年。

陆增祥[清]

《八琼室金石补正》,北京:文物出版社,1985 年。

罗福颐

《临沂汉简概述》,《文物》1974 年第 2 期。

罗见今

《〈居延新简——甲渠侯官〉中的月朔简年代考释》,《中国科技史》1997 年第 3 期。

《〈居延新简——甲渠侯官〉六年历谱散简年代考释》,《文史》第 46 辑,1999 年第 1 期。

《居延汉简中月朔简年代考释》,《汉学研究》1999 年第 2 期。

《敦煌汉简中历谱年代之再研究》,《敦煌研究》1999 年第 3 期。

《关于居延新简及其历谱年代的对话》,《内蒙古师大学报》(哲社版)2000 年第 2 期。

《今用历谱与〈史记〉汉初历日不合例证举隅》,《内蒙古师范大学学报》2004 年第 6 期。

罗见今、关守义

　　《敦煌、居延若干历简年代考释与质疑》,《汉学研究》1997 年第 2 期。

　　《敦煌汉简中月朔简年代考释》,《敦煌研究》1998 年第 1 期。

罗振玉、王国维

　　《流沙坠简》,北京:中华书局,1993 年。

吕子方

　　《我对新城新藏关于三统上元、四元上元及干支纪年法起源的进一步
　　看法》,《中国科学技术史论文集》上册,成都:四川人民出版社,
　　1983 年。

马承源

　　《西周金文和周历的研究》,《上海博物馆集刊》第 2 期,上海古籍出版
　　社,1983 年。

彭锦华

　　《周家台 30 号秦墓竹简"秦始皇三十四年历谱"释文与考释》,《文物》
　　1999 年第 6 期。

骈宇骞、段书安

　　《二十世纪出土简帛综述》,北京:文物出版社,2006 年。

钱宝琮

　　《钱宝琮科学史论文选集》,北京:科学出版社,1983 年。

钱塘[清]

　　《淮南子·天文训补注》,上海:上海古籍出版社,1996 年。

瞿昙悉达[唐]

　　《开元占经》,北京:中央编译出版社,2006 年。

曲安京

　　《东汉到刘宋时期历法上元积年计算》,《天文学报》1991 年第 4 期。

　　《东汉到刘宋时期历法五星回合周期数源》,《天文学报》1992 年第 1 期。

　　《中国古代历法中的计时制度》,《汉学研究》1994 年第 2 期。

饶尚宽

　　《再论秦封宗邑瓦书的日辰与历法问题》,《考古与文物》1993 年第 2 期。

　　《古历论稿》,乌鲁木齐:新疆科技卫生出版社,1994 年。

《春秋战国秦汉朔闰表》,北京:商务印书馆,2006 年。

饶宗颐、曾宪通

　　《云梦秦简日书研究》,香港:香港中文大学中国文化研究所中国考古艺术中心专刊(三),1982 年。

阮元[清]

　　《畴人传》,扬州:广陵书社,2006 年。

森鹿三[日]

　　《论敦煌和居延出土的汉历》,《简牍研究译丛》第一辑,北京:中国社会科学出版社,1983 年。

尚民杰

　　《从〈日书〉看十六时制》,《文博》1996 年第 4 期。

　　《云梦〈日书〉十二时名称考辨》,《华夏考古》1997 年第 3 期。

沈约[梁]

　　《宋书》,北京:中华书局,1974 年。

石云里

　　《中国古代科学技术史纲·天文卷》,沈阳:辽宁教育出版社,1996 年。

睡虎地秦墓竹简整理小组

　　《睡虎地秦墓竹简》,北京:文物出版社,1978 年。

司马光[宋]

　　《资治通鉴目录》,上海:商务印书馆,1936 年。

司马迁[汉]

　　《史记》,北京:中华书局,1982 年。

斯琴毕力格

　　《太初历再研究》,内蒙古师范大学硕士论文,2004 年。

　　《简牍发现百年与科学史研究》,《中国科技史杂志》2007 年 4 期。

斯琴毕力格、关守义、罗见今

　　《太初历特殊置闰问题》,《内蒙古师范大学学报》(自然科学汉文版)2007 年第 6 期。

宋会群、李振宏

　　《秦汉时制研究》,《历史研究》1993 年第 6 期。

薮内清［日］

　　《中国天文历法概说》，《科学史译丛》1981 年第 2 期。

唐如川

　　《秦至汉初一直行〈颛顼历〉——对〈中国先秦史历表·秦汉朔闰表〉质疑》，《自然科学史研究》1990 年第 4 期。

　　《后汉〈四分历〉中两个庞大年数及有关数据的勘误与补遗》，《自然科学史研究》1986 年第 1 期。

滕四方

　　《略叙"自然历法"》，《辽宁大学学报》1991 年第 5 期。

王焕林

　　《里耶秦简校诂》，北京：中国文联出版社，2007 年。

王辉

　　《秦出土文献编年》，香港：新文丰出版公司，2000 年。

王胜利

　　《关于楚国历法的建正问题》，《中国史研究》1988 年第 2 期。

　　《再谈楚国历法的建正问题》，《文物》1990 年第 3 期。

　　《包山楚简历法刍议》，《江汉论坛》1997 年第 2 期。

王韬［清］

　　《春秋历学三种》，北京：中华书局，1959 年。

王应伟

　　《中国古历通解》，沈阳：辽宁教育出版社，1998 年。

汪曰桢［清］

　　《历代长术辑要》，《丛书集成续编》第七十九册，台北：新文丰出版公司，1997 年。

吴世昌

　　《金文历朔疏证》，北京：北京图书馆出版社，2004 年。

武家璧

　　《观象授时：楚国的天文历法》，武汉：湖北教育出版社，2001 年。

席泽宗（刘云友）

　　《中国天文学史上的一个重要发现》，《文物》1974 年第 11 期。

　　《中国天文学史的一个重要发现——马王堆汉墓帛书中的〈五行

星〉》,本书编辑部《中国天文学史文集》,北京:科学出版社,1978 年。

夏日新

《腊日和腊八日》,《江汉论坛》1998 年第 2 期。

谢桂华

《居延汉简释文合校》,北京:文物出版社,1987 年。

新城新藏[日]

《东洋天文学史研究》,上海:中华学艺社,1933 年。

邢钢

《中国早期历法的计算机模拟分析与综合研究》,中国科技大学博士论文,2005 年。

邢钢、石云里

《〈汉简历谱〉补释》,《中国科技史料》2004 年第 3 期。

宣焕灿

《天文学史》,北京:高等教育出版社,1992 年。

徐森玉

《西汉石刻文字初探》,《文物》1964 年第 5 期。

徐锡祺

《西周(共和)至西汉历谱》,北京:北京科学技术出版社,1997 年。

晏昌贵

《读马王堆帛书〈式法〉》,《人文论丛》,2003 年。

严敦杰

《释四分历》,《中国古代天文文物论集》,北京:文物出版社,1989 年。

杨家骆

《中国天文历法史料》,台北:鼎文书局,1978 年。

杨武泉

《西汉历法及史实年代三议》,《中南民族学院学报》1983 年第 3 期。

姚文田[清]

《邃雅堂学古录》,归安:姚氏刻本,道光七年。

应劭[汉]

《风俗通议》,北京:北京图书馆出版社,2005 年。

于豪亮

　　《秦简〈日书〉记时记月诸问题》，《云梦秦简研究》，北京：中华书局，1981 年。

俞忠鑫

　　《汉简考历》，台北：文津出版社，1994 年。

曾次亮

　　《评刘朝阳先生〈中国古代天文历法史研究的矛盾形势和今后的出路〉》，《天文学报》1956 年第 4 卷第 2 期。

曾宪通

　　《秦汉时制刍议》，《中山大学学报》1992 年第 4 期。

张家山二四七号汉墓竹简整理小组

　　《张家山汉墓竹简〔二四七号墓〕》（释文修订本），北京：文物出版社，2006 年。

　　《江陵张家山汉简概述》，《文物》1985 年第 1 期。

　　《张家山汉墓竹简〔二四七号〕》，北京：文物出版社，2001 年。

张培瑜

　　《汉初历法探讨》，《中国天文学史文集》，北京：科学出版社，1978 年。

　　《历注简论》，《南京大学学报》（自然科学版）1984 年第 1 期。

　　《中国先秦史历表》，济南：齐鲁书社，1987 年。

　　《出土汉简帛书上的历注》，《出土文献研究续集》，北京：文物出版社，1989 年。

　　《新出土秦汉简牍中关于太初前历法的研究》，《中国古代天文文物论集》，北京：文物出版社 1989 年。

　　《三千五百年历日天象》，郑州：河南教育出版社，1990 年。

　　《西周年代历法与金文月相纪日》，《中原文物》1997 年第 1 期。

　　《根据新出历日简牍试论秦和汉初的历法》，《中原文物》2007 年第 5 期。

张培瑜、陈美东、薄树人

　　《中国天文学史大系·中国古代历法》，石家庄：河北科学技术出版社，2000 年。

张培瑜、韩延本

　　《八世纪前中国纪时日食观测和地球转速变化》,《天文学报》1995 年
　　第 3 期。

张培瑜、卢央、徐振韬

　　《春秋鲁国历法与古六历》,《南京大学学报》1985 年第 4 期。

张培瑜、彭锦华

　　《周家台三〇号秦墓历谱竹简与秦、汉初的历法》,《关沮秦汉墓简
　　牍》,北京:中华书局,2001 年。

张培瑜、张春龙

　　《秦代历法和颛顼历》,湖南省文物考古研究所《里耶发掘报告》,长
　　沙:岳麓书社,2007 年。

张培瑜、张健

　　《新出四组秦汉历谱与秦汉初历法》,《简牍学报》2002 年第 18 卷。

张培瑜、张健

　　《马王堆汉墓帛书刑德篇与干支纪年》,《华冈文科学报》2002 年第
　　25 期。

张汝洲

　　《二毋室古代天文历法论丛》,杭州:浙江古籍出版社,1987 年。

张万高

　　《江陵高台 18 号墓发掘简报》,《文物》1993 年第 8 期。

张闻玉

　　《古代历法的置闰》,《学术研究》1985 年第 6 期。

　　《元光历谱之研究》,《学术研究》1990 年第 5 期。

　　《古代天文历法论集》,贵阳:贵州人民出版社,1995 年。

　　《古代天文历法讲座》,桂林:广西师范大学出版社,2008 年。

张永山

　　《元延元年历谱及其相关问题》,《简帛研究 2001》,桂林:广西师范大
　　学出版社,2001 年。

　　《汉简历谱》,薄树人主编《中国科学技术典籍通汇・天文卷》(第一分
　　册),郑州:河南教育出版社,1997 年。

赵光贤

　　《"维秦八年岁在涒滩"释惑》,《人文杂志》1994 年第 3 期。

郑慧生

　　《古代天文历法研究》,开封:河南大学出版社,1995 年。

中国简牍集成编辑委员会

　　《中国简牍集成》第六册,兰州:敦煌文艺出版社,2001 年。

中国科学院考古研究所

　　《居延汉简甲乙编》,北京:中华书局,1980 年。

中国天文学史整理研究小组

　　《中国天文学史》,北京:科学出版社,1981 年。

中华书局编辑部

　　《历代天文律历等志汇编》,北京:中华书局,1976 年。

钟守华

　　《秦简〈天官书〉的中星与古度》,《文物》2005 年第 3 期。

朱桂昌

　　《秦汉史考订文集》,昆明:云南大学出版社,2009 年。

　　《颛顼历日表》,北京:中华书局,2012 年。

朱汉民,陈松长

　　《岳麓书院藏秦简(壹)》,上海:上海辞书出版社,2010 年。

朱文鑫

　　《历法通志》,上海:商务印书馆,1934 年。

　　《天文考古录》,上海:商务印书馆,1944 年。

庄雅州

　　《吕氏春秋之历法》,《国立中正大学学报》1991 年第 1 期第 2 卷。

邹汉勋

　　《颛顼历考》,新化邹氏学艺斋遗书,刻本,清末。

石合香[日]

　　《历法からみた汉火德说の再检讨》,《日本中国学会报》1996 年第 48 卷。

薮内清[日]

　　《中国的天文历法》,东京:平凡社,1969 年。

A. Pannekoek

 A History of Astronomy，Toronto：General Publishing Company，Ltd.，1989.

Christopher Cullen

 "A Chinese Eratosthenes of the flat earth：a study of a fragment of cosmology in *Huai nan tzu*"，*Bulletin of the School of Oriental and African Studies* 39 (1)，1976.

 "The first complete Chinese theory of the moon：the innovations of Liu Hong c. AD 200"，*Journal for the History of Astronomy* 33，2002.

Sun Xiaochun，Jacob Kistemaker

 "The ecliptic in Han times and in ptolemaic astronomy"，In *East Asian Science：Tradition and Beyond*，edited by K. Hashimoto et al. Osaka：Kansai University Press，1995.

后　记

　　这本即将付梓的小书,源起于 2004 年在南京大学读博士的时候。我的导师范毓周先生早年也曾对殷墟卜辞中的日月食做过研究,闲谈之时受先生的启发颇多。范先生后来还将自己珍藏多年的两本天文历法书籍赠送给我,以鼓励我在这方面做一些工作。

　　但工作的展开却是在四川大学师从彭裕商先生做博士后期间。由于没有读学位时的压力,时间也更充足一些,这才得以将秦至汉初的简牍历朔资料做一个系统的梳理。期间也发表过几篇论文,最后形成了出站报告。这份出站报告在 2011 年得到国家社科基金资助。

　　为了将原先和新出的简牍历朔资料更加全面地纳入分析,我于 2012 年至 2013 年期间在武汉大学简帛研究中心做了为期一年的访问学者,导师就是著名的简帛学家陈伟先生。武汉大学简帛中心是陈伟先生和他的同事们共同创建的一个以简帛研究为主的专业型学术重镇,这里资料齐备,学术信息丰富。除受到陈先生的悉心指导外,简帛中心的李天宏教授、彭浩研究员、刘国胜博士、宋华强博士、鲁家亮博士和李静女士等也提供了无私而热情的帮助。在这里,我有幸认识了来自陕西师范大学的朱湘蓉博士、来自日本的草野友子博士、来自台湾的游逸飞博士,以及我的同门窦磊博士。他们一丝不苟的治学精神感染着我,使我须臾不敢懈怠。

　　书稿有幸被安排在中华书局出版,负责出版的罗华彤先生、郭妍女士多次通过电话或邮件商讨编辑出版事宜,敬业精神让人感动。

　　书中使用了岳麓书院藏秦简、关沮周家台秦简、张家山汉简等简牍影像,在这里对原书的编著者一并致谢。

2015 年 3 月 30 日于兰州大学寓所